"十二五"国家重点图书出版规划项目

海河流域水循环演变机理与水资源高效利用丛书

海河流域生态系统演变、生态效应及其调控方法

欧阳志云 郑 华 彭世彰 严登华 等 著

科学出版社

北 京

内 容 简 介

本书以水分驱动下的海河流域生态演变机制与修复机理为核心，深入探讨了海河流域生态系统演变特征及水文生态效应、海河流域典型生态系统与水循环的耦合机制，系统研究了白洋淀水文变化特征、生态效应及其驱动机制，分析了海河流域生态系统服务功能空间格局，开展了海河流域生态功能区划，构建了大尺度流域生态-水文模型，提出了基于生态安全的水文调控方案。

本书适合生态学、环境科学、水文学等专业的科研和教学人员阅读，也可为流域生态系统管理和水文水资源管理人员提供参考。

图书在版编目(CIP)数据

海河流域生态系统演变、生态效应及其调控方法 / 欧阳志云等著. —北京：科学出版社，2014.1

(海河流域水循环演变机理与水资源高效利用丛书)

"十二五"国家重点图书出版规划项目

ISBN 978-7-03-038964-0

Ⅰ. 海… Ⅱ. 欧… Ⅲ. 海河-流域-水环境-生态环境-研究 Ⅳ. X321.221.013

中国版本图书馆 CIP 数据核字 (2013) 第 251561 号

责任编辑：李 敏 张 震 周 杰 / 责任校对：李 影
责任印制：钱玉芬 / 封面设计：王 浩

科学出版社 出版
北京东黄城根北街 16 号
邮政编码：100717
http://www.sciencep.com

中国科学院印刷厂 印刷

科学出版社发行 各地新华书店经销

*

2014 年 1 月第 一 版　开本：787×1092　1/16
2014 年 1 月第一次印刷　印张：14　插页：2
字数：500 000

定价：98.00 元
(如有印装质量问题，我社负责调换)

总　　序

　　流域水循环是水资源形成、演化的客观基础，也是水环境与生态系统演化的主导驱动因子。水资源问题不论其表现形式如何，都可以归结为流域水循环分项过程或其伴生过程演变导致的失衡问题；为解决水资源问题开展的各类水事活动，本质上均是针对流域"自然–社会"二元水循环分项或其伴生过程实施的基于目标导向的人工调控行为。现代环境下，受人类活动和气候变化的综合作用与影响，流域水循环朝着更加剧烈和复杂的方向演变，致使许多国家和地区面临着更加突出的水短缺、水污染和生态退化问题。揭示变化环境下的流域水循环演变机理并发现演变规律，寻找以水资源高效利用为核心的水循环多维均衡调控路径，是解决复杂水资源问题的科学基础，也是当前水文、水资源领域重大的前沿基础科学命题。

　　受人口规模、经济社会发展压力和水资源本底条件的影响，中国是世界上水循环演变最剧烈、水资源问题最突出的国家之一，其中又以海河流域最为严重和典型。海河流域人均径流性水资源居全国十大一级流域之末，流域内人口稠密、生产发达，经济社会需水模数居全国前列，流域水资源衰减问题十分突出，不同行业用水竞争激烈，环境容量与排污量矛盾尖锐，水资源短缺、水环境污染和水生态退化问题极其严重。为建立人类活动干扰下的流域水循环演化基础认知模式，揭示流域水循环及其伴生过程演变机理与规律，从而为流域治水和生态环境保护实践提供基础科技支撑，2006年科学技术部批准设立了国家重点基础研究发展计划（973计划）项目"海河流域水循环演变机理与水资源高效利用"（编号：2006CB403400）。项目下设8个课题，力图建立起人类活动密集缺水区流域二元水循环演化的基础理论，认知流域水循环及其伴生的水化学、水生态过程演化的机理，构建流域水循环及其伴生过程的综合模型系统，揭示流域水资源、水生态与水环境演变的客观规律，继而在科学评价流域资源利用效率的基础上，提出城市和农业水资源高效利用与流域水循环整体调控的标准与模式，为强人类活动严重缺水流域的水循环演变认知与调控奠定科学基础，增强中国缺水地区水安全保障的基础科学支持能力。

　　通过5年的联合攻关，项目取得了6方面的主要成果：一是揭示了强人类活动影响下的流域水循环与水资源演变机理；二是辨析了与水循环伴生的流域水化学与生态过程演化的原理和驱动机制；三是创新形成了流域"自然-社会"二元水循环及其伴生过程的综合模拟与预测技术；四是发现了变化环境下的海河流域水资源与生态环境演化规律；五是明晰了海河流域多尺度城市与农业高效用水的机理与路径；六是构建了海河流域水循环多维临界整体调控理论、阈值与模式。项目在 2010 年顺利通过科学技术部的验收，且在同批验收的资源环境领域 973 计划项目中位居前列。目前该项目的部分成果已获得了多项省部级科技进步奖一等奖。总体来看，在项目实施过程中和项目完成后的近一年时间内，许多成果已经在国家和地方重大治水实践中得到了很好的应用，为流域水资源管理与生态环境治理提供了基础支撑，所蕴藏的生态环境和经济社会效益开始逐步显露；同时项目的实施在促进中国水循环模拟与调控基础研究的发展以及提升中国水科学研究的国际地位等方面也发挥了重要的作用和积极的影响。

  本项目部分研究成果已通过科技论文的形式进行了一定程度的传播，为将项目研究成果进行全面、系统和集中展示，项目专家组决定以各个课题为单元，将取得的主要成果集结成为丛书，陆续出版，以更好地实现研究成果和科学知识的社会共享，同时也期望能够得到来自各方的指正和交流。

  最后特别要说的是，本项目从设立到实施，得到了科学技术部、水利部等有关部门以及众多不同领域专家的悉心关怀和大力支持，项目所取得的每一点进展、每一项成果与之都是密不可分的，借此机会向给予我们诸多帮助的部门和专家表达最诚挚的感谢。

  是为序。

海河 973 计划项目首席科学家
流域水循环模拟与调控国家重点实验室主任
中国工程院院士

2011 年 10 月 10 日

序

水文学研究将流域定义为以分水岭为边界的一个由河流、湖泊等水系所覆盖的区域以及由该水系形成的集水区；地学将流域定义为一片以水系为纽带、以分水岭为边界的既定土地或区域；而传统生态学则将其视为以分水岭为边界的既定区域内以生物为主体，以水文为纽带，以土壤为背景的自然生态系统；现代生态学认为流域是以水资源、水环境、水景观、水生境和水文化为纽带，以人类生产、生活活动为动因，流域自然、经济和社会组分融为一体的特定地域的社会–经济–自然复合生态系统。

海河流域位于我国华北地区，流域总面积为31.78万 km^2，包括北京、天津两市，河北省大部分，山西省东部、北部，山东、河南两省北部，以及内蒙古自治区、辽宁省的一小部分。海河流域是我国政治、经济、文化的中心，2010年总人口为1.52亿，国内生产总值达5万亿元，在我国经济社会发展格局中占有十分重要的战略地位。但海河流域人均水资源量极为紧缺，仅为全国平均数量的1%，其以不足全国1.3%的水资源量，承担着全国13%的人口、11%的耕地、13%的国内生产总值。长期的流域开发和水资源的过度利用，导致全流域生态系统分布与格局发生根本的变化，整个流域水系则是"有河皆干、有水皆污"，湿地锐减，生物多样性丧失，河流生态系统基本崩溃；同时水资源严重短缺、水环境污染严重、地面下沉，人与自然的关系严重失调，流域可持续发展面临严峻挑战。如何系统辨识高强度人类活动干扰下，海河流域复合生态系统的演变特征、驱动机制、生态后果，科学有效地调控人类活动，促进流域人与自然的协调发展，是海河流域经济社会可持续发展面临的重要议题。

该书是国家重点基础研究发展计划（973计划）项目"海河流域水循环演变机理与水资源高效利用"课题二"水分驱动下的海河流域生态演变机制与修复机理"的主要成果。其研究对象是流域，研究视角是生态，研究焦点是时间–空间–数量–结构和功序的演变过程、社会–经济–自然复合生态效应及开拓–适应–反馈–整合的生态调控方法。全书基于现代生态学理念和复合生态系统方法，围绕海河流域生态系统结构–过程–格局–服务功能以及人与自然的相互作用关系，阐明了自20世纪90年代以来海河流域生态系统类型与时空分布的演变特征、生态系统演变的水文效应，以及水文变化对生态服务功能的影响机制，揭示了海河流域生态系统敏感性和生态服务功能的空间格局，编制了海河流域生态功能区划方案，明确了流域重要生态功能区，构建了大尺度流域生态–水文模型、流域生态系统服务功能评价模型、流域水资源生态调度优化配置模型，探讨了海河流域河流生态水文调控策略。

　　该书的研究成果对进一步认识海河流域生态系统演变机理和发展趋势及水文复合生态效应，研究海河流域生态保护策略，促进海河流域"五位一体"的生态系统管理和生态文明建设具有重要的指导意义。同时该书凝练的流域生态系统研究思路和框架、技术方法和调控策略，对其他流域的生态系统研究和管理具有重要的借鉴意义和参考价值。

中国工程院院士　王如松
2013 年 10 月

前　言

　　人类活动和气候变化是影响流域水资源系统发生演变的重要驱动力。人类活动对流域水循环的影响主要体现在以下几个方面：通过在河流上修建水库和大坝，将河川径流量及径流过程进行重新分配，导致河川基流量发生变化；通过改变土地利用类型，改变流域的产汇流规律，导致流域产流系数发生变化；为满足工农业和生活用水需求，人工抽取地下水，使得地下水水资源量发生变化。人类活动影响下水循环的变化也将直接驱动生态系统发生变化，导致水体、湿地生态系统的退化。

　　海河流域既是我国政治文化的中心地区，也是全国重要的经济中心和粮食生产基地，其中环渤海经济带已成为继长江三角洲、珠江三角洲后国家经济发展的"第三极"，在全国经济社会发展格局中占有十分重要的战略地位。海河流域同时也是我国水资源最为紧缺的地区，人均水资源占有量居全国十大流域之末。流域内人口稠密、生产发达，水资源供需矛盾异常突出。迫于巨大的需水压力，海河流域内修建了大量的水库、引水工程以大规模开采地下水，导致河流湿地的水文发生了巨大的变化。因此流域内水生态系统退化严重，河道干涸、湿地面积大幅度减少、生态功能退化、生物多样性衰退、地面沉降、水旱灾害等水生态问题加剧，威胁河海流域经济社会的可持续发展。

　　为了阐明海河流域水分驱动下的生态系统演变特征及其生态水文效应，明确海河流域典型生态系统服务功能的空间特征、演变趋势与保护策略，提出基于流域生态水文过程的调控策略，973 计划项目"海河流域水循环演变机理与水资源高效利用"设置了第二课题"水分驱动下的海河流域生态演变机制与修复机理"，重点探讨海河流域生态演变机制及修复调控策略。

　　围绕海河流域生态系统结构–过程–格局–服务功能的相互作用关系，本书阐明了海河流域 20 世纪 90 年代以来生态系统类型与分布的演变特征、生态系统演变的水文效应以及水文变化对服务功能的影响机制；系统研究了白洋淀水文变化特征、生态效应及其驱动机制；揭示了海河流域生态系统敏感性和生态服务功能空间格局；编制了海河流域生态功能区划方案；明确了流域重要生态功能区；构建了大尺度流域生态–水文模型、流域与水相关的生态系统服务功能评价模型、水库生态调度模型、流域水资源生态调度优化配置模型，并在白洋淀、南水北调工程河北段、滦河流域等区域开展了实证研究，提出了基于生态安全的水文调控方案。

本书共 6 章，第 1 章由欧阳志云、白杨、段晓男、李云开、王效科撰写；第 2 章由彭世彰、王卫光、缴锡云、董增川撰写；第 3 章由欧阳志云、白杨、庄长伟、沈欣、徐卫华、郑华撰写；第 4 章由欧阳志云、白杨、郑华、江波、方瑜撰写；第 5 章由严登华、唐蕴、赵志轩撰写；第 6 章由欧阳志云、郑华撰写。全书由欧阳志云、郑华统稿。

由于作者研究领域和学识的限制，书中难免有不足之处，敬请读者不吝批评、赐教。

作　者
2013 年 7 月

目 录

总序
序
前言

第1章 海河流域生态系统演变特征及其水文效应 ·················· 1
  1.1 海河流域概况 ·················· 1
    1.1.1 地理位置及范围 ·················· 1
    1.1.2 地质地貌 ·················· 2
    1.1.3 气候 ·················· 2
    1.1.4 水文 ·················· 2
    1.1.5 土壤与植被 ·················· 3
    1.1.6 社会经济概况 ·················· 4
  1.2 海河流域生态环境问题分析 ·················· 4
    1.2.1 生态环境问题 ·················· 4
    1.2.2 海河流域生态环境问题的成因分析 ·················· 8
  1.3 海河流域生态系统格局演变特征 ·················· 10
    1.3.1 数据来源及处理方法 ·················· 10
    1.3.2 海河流域生态系统格局 ·················· 11
    1.3.3 海河流域生态系统格局演变 ·················· 14
    1.3.4 海河流域生态系统格局演变驱动因子分析 ·················· 17
  1.4 海河流域水文特征演变趋势 ·················· 21
    1.4.1 降水量演变特征 ·················· 21
    1.4.2 蒸发量演变特征 ·················· 22
    1.4.3 天然径流量演变特征 ·················· 22
    1.4.4 产流系数演变特征 ·················· 23
    1.4.5 地下水资源量和河川基流量演变特征 ·················· 23

第2章 典型生态系统与水循环系统间的耦合与适应机制 ·················· 25
  2.1 生态系统类型与水分补给模式的对应关系 ·················· 25
  2.2 海河流域的区域耗水演变趋势与演化特征 ·················· 27
    2.2.1 海河流域 RET 的空间变化特征 ·················· 28
    2.2.2 RET 和气象变量变化趋势分析 ·················· 30

2.2.3 定量评估不同气象变量对 RET 变化的影响 ·········· 33
2.2.4 RET 对气象变量的敏感性分析 ·········· 36
2.2.5 RET 相空间重构及混沌性识别 ·········· 37
2.2.6 混沌预测及结果分析 ·········· 39
2.3 气候变化及农田生态系统对水循环的影响 ·········· 41
2.3.1 滦河流域降水和温度的年值、季节值的每 10 年变化趋势 ·········· 41
2.3.2 滦河流域降水温度变化的空间分布 ·········· 42
2.3.3 潘家口水库上游径流深的变化趋势 ·········· 43
2.3.4 未来气候变化对潘家口水库水文水资源的影响 ·········· 44
2.3.5 农田生态系统变化对水文循环的影响 ·········· 47
2.4 农田生态系统物质循环对农田水循环变化的响应 ·········· 54
2.4.1 试验方法 ·········· 55
2.4.2 基于原位观测的包气带水盐肥运移规律分析 ·········· 55
2.4.3 棉花生育期包气带水盐肥联合运移数值模拟 ·········· 62
2.4.4 基于 HYDRUS 模拟的地下水变化条件下包气带水盐肥运移预测 ·········· 67
2.4.5 不同灌溉施肥制度下的土壤水分溶质运移模拟 ·········· 73
2.5 河流生态系统与水循环系统之间的耦合机制 ·········· 82
2.5.1 河流情势演变对生态系统的影响分析 ·········· 82
2.5.2 水文变化指数计算分析 ·········· 82
2.5.3 环境流量指数 ·········· 91
2.5.4 基于水文指数考虑生态目标的生态需水计算 ·········· 96

第 3 章 白洋淀水文变化特征、生态效应及其驱动机制 ·········· 101
3.1 湿地水分遥感预测方法 ·········· 101
3.2 白洋淀水文演变特征及其驱动机制 ·········· 102
3.3 白洋淀水文变化对湿地生态系统与生态服务功能的影响及其机制 ·········· 108

第 4 章 海河流域生态系统服务功能评价与生态功能区划 ·········· 119
4.1 海河流域生态系统服务功能评价 ·········· 119
4.1.1 森林生态系统服务功能特征 ·········· 120
4.1.2 草地生态系统服务功能特征 ·········· 125
4.1.3 湿地生态系统服务功能特征 ·········· 131
4.1.4 农田生态系统环境损益特征 ·········· 134
4.2 海河流域生态敏感性空间格局 ·········· 141
4.2.1 土壤侵蚀敏感性评价 ·········· 143
4.2.2 沙漠化敏感性评价 ·········· 144
4.2.3 地质灾害敏感性评价 ·········· 144
4.2.4 海河流域敏感性综合评价 ·········· 146

  4.3 海河流域生态服务功能空间格局 ·············· 147
  4.4 海河流域生态功能区划方案 ·············· 148
    4.4.1 生态功能区划内涵 ·············· 148
    4.4.2 海河流域生态功能区划目标 ·············· 149
    4.4.3 海河流域生态功能区划原则 ·············· 149
    4.4.4 海河流域生态功能区划方法 ·············· 150
    4.4.5 海河流域生态功能区划 ·············· 152
  4.5 海河流域重要生态功能区 ·············· 158
    4.5.1 水源涵养重要生态功能区 ·············· 159
    4.5.2 土壤保持重要生态功能区 ·············· 160
    4.5.3 防风固沙重要生态功能区 ·············· 160
    4.5.4 生物多样性保护重要生态功能区 ·············· 161

第5章 流域生态水文过程模拟与调控 ·············· 163

  5.1 海河流域生态水文模型构建与校验 ·············· 163
    5.1.1 统一物理机制下的生态水文模型构建思路 ·············· 163
    5.1.2 生态水文模型总体结构 ·············· 167
    5.1.3 海河流域生态水文模型校验 ·············· 168
  5.2 水分生态演变机理定量评价 ·············· 171
    5.2.1 典型生态系统水分生态演变表征指标体系构建 ·············· 171
    5.2.2 评价方法 ·············· 176
    5.2.3 评价结果分析 ·············· 179
  5.3 流域生态系统服务功能评估模型 ·············· 180
  5.4 海河流域河流生态的水文调控策略 ·············· 185
    5.4.1 海河流域河流生态修复布局分析 ·············· 186
    5.4.2 流域河流生态系统水文调控工程措施 ·············· 186
    5.4.3 流域河流生态系统水文调控非工程措施 ·············· 187
    5.4.4 流域水文调控实例——以海河流域内河北省南水北调受水区为例 ·············· 190

第6章 主要结论 ·············· 195

  6.1 海河流域生态系统演变特征及水文生态效应 ·············· 195
  6.2 海河流域典型生态系统与水循环的耦合机制 ·············· 195
  6.3 白洋淀水文变化特征、生态效应及其驱动机制 ·············· 197
  6.4 海河流域生态系统服务功能评估与生态功能区划 ·············· 198
  6.5 大尺度流域生态-水文模型与基于生态安全的水文调控方案 ·············· 198

参考文献 ·············· 201

第 1 章 海河流域生态系统演变特征及其水文效应

1.1 海河流域概况

1.1.1 地理位置及范围

海河流域位于 112°E~120°E、35°N~43°N,包括海河、滦河、徒骇马颊河等水系(图 1-1)。西以山西高原与黄河流域接界,北以蒙古高原与内陆河流域接界,东北与辽河流域接界,南以黄河为界,东临渤海。流域面积 31.78 万 km²,占全国总面积的 3.3%。流域地跨 8 省(自治区、直辖市),包括北京、天津两市,河北省大部,山西省东部、北部,山东省、河南省两省北部以及内蒙古自治区、辽宁省的一小部分。

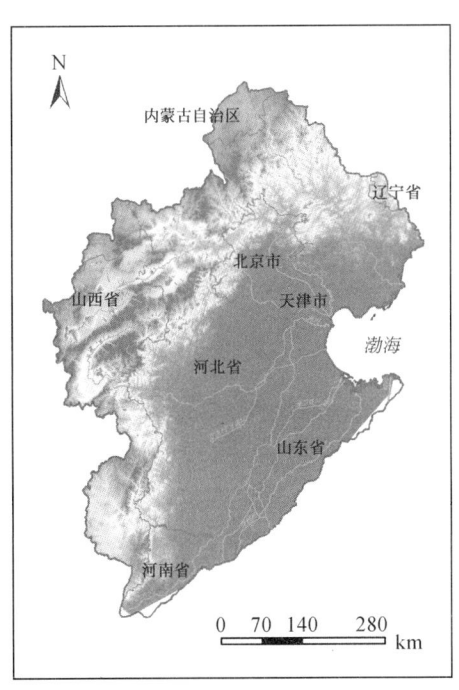

图 1-1 海河流域位置

1.1.2 地质地貌

海河流域西北高，东南低，总地势自西北、西南向渤海湾倾斜。经燕山期强烈造山运动和第三纪喜马拉雅运动，形成了现在的山区地势垂直差异和地貌分异。流域内西部和北部为山地和高原，东部和东南部属于华北平原。太行山、燕山山脉由西南至东北呈弧形分布，环抱平原，高程一般为 500~2000m，五台山主峰最高，达 3058m。各河流的上游直接与下游相接，几乎没有中游段。该流域冲积平原是由流域内多条河流和黄河泛滥冲积而成，微地形相当复杂，呈岗、坡、洼相间分布的条带状地形。沿海岸带为滨海冲积三角洲平原。流域西部分布着黄土丘陵，其植被覆盖较差，是该流域泥沙的主要来源。

1.1.3 气候

海河流域处于中国干旱和湿润气候的过渡地带，是东部沿海降水最少的地区，1956~1984 年多年年平均降水量为 546.6mm。由于气候、地形等因素的影响，降水量的分布呈较明显的地带性差异。沿太行山、燕山山脉迎风坡有一条年降水量达 600mm 的弧形多雨带，其间由北到南分布着大于 700~800mm 的多雨中心，五台山最大达 925mm。西北部的雁北和冀北山地大部分地区年降水量为 400~500mm，局部地区如阳原、大同盆地年降水量不足 400mm。平原地区年降水量一般为 500~600mm。由于受季风气候的影响，流域降水量年内分配很不均匀，75%~85% 集中于汛期，而汛期又往往集中于几场暴雨，流域内作物最需水的 3~5 月月平均降水量仅 50~100mm。降水量的年际变化很大，1964 年为最丰水年，流域年平均降水量达 798mm，比多年平均值偏丰 43%；1965 年为最枯水年，流域年平均降水量为 358mm，比多年平均值偏枯 36%，最丰水年年平均降水量是最枯水年年平均降水量的 2.23 倍。

1.1.4 水文

海河流域的水系分为滦河水系和海河水系。滦河水系分为滦河和冀东滦河以东诸河和冀东滦河以西诸河，这些河都是独立入海。海河水系分为北区和南区。北区主要是蓟运河、北运河、潮白新河和一条人工开挖的排洪新河道——永定新河。南区有永定河、大清河、子牙河、漳卫南运河和一些人工河道。此外还有两条流经山东省并独立入海的马颊河和徒骇河，习惯上归入海河水系。2008 年，海河流域年降水量 541.0mm，比多年平均降水量多 1.0%，属平水年；全流域地表水资源量为 126.93 亿 m^3，地下水资源量为 242.10 亿 m^3，水资源总量为 294.50 亿 m^3，占降水量的 17%；全流域 144 座大、中型水库年末蓄水总量为 74.09 亿 m^3，比上年末增加 6.39 亿 m^3。该流域水文特征主要表现为：①地表径流锐减，河道断流。近几十年来，人们为了解决水资源短缺问题，实现多目标综合兴利的目的，在海河流域各水系各支流的中上游地区，修建了大量的蓄水工程，并进行无节制梯级拦蓄河川径流,导致进入下游平原河道的径流量明显减少。②地下水储量减少。平原地区为满足工农业生产用水和居民生活用水,不得不大量超采地下水,结果引起地下水的采补失衡和水位的急剧下降,流域产流能力也随之衰减,最终造成河流在枯水季节出现经常性河道断流。③湿地面积缩减。随着水资源开发利用程度提高和降水减少,湿地面积大幅减少。20世纪80年代以后,由于水资源过度开发、不适当的土地开垦以及城市发展用地的挤占,湿地面积进一步缩减。④水质恶化。随着工农业生产的发展和人口的增加,用水量和排污量逐年加大,对水环境造成的污染越来越严重,特别是20世纪80年代以后,情况更为严重。目前,整个海河流域面临"有河皆干,有水皆污"的局面,水生态环境遭到了极大破坏。在张韶季(2006)等评价的19 645.41 km河长中,除干涸部分外,全年期综合评价水质为Ⅰ类的河长占总评价河长的1.74%,Ⅱ类占13.78%,Ⅲ类占12.62%,Ⅳ类占7.30%,Ⅴ类占5.7%,劣Ⅴ类占49.69%。Ⅰ~Ⅲ类河长仅占28.14%,而超标河长达到71.86%。

1.1.5 土壤与植被

西部、北部和西北部的山区主要是以褐土、棕壤、黄绵土为主,中部、东部、南部地势较为平坦的地方主要是潮土。

海河流域属于中纬度暖温带季风气候环境,自第四纪以来,没有受到大陆冰川的直接侵蚀,中亚的干燥气候对其影响不大,基本保留了第三纪植物区系的成分。该区历史悠久,人类活动强度大,天然植被多数已被破坏,仅存的植被大多分布于山区海拔差异较大的地区。从现有天然植被和次生植被来看,基本上呈地带性的特征。受纬度差异影响,南北种属有显著的差别。同时,由于水分条件差异,植被的经度递减变化也比较明显。该区植被大部分属于暖温带落叶阔叶林地带的北部落叶栎林亚地带;南、北一小部分分别属于暖温带南部落叶栎林亚地带和温带草原地带。植被分布的位置主要是太行山和燕山的山区,从海河流域的西南到东北,环抱平原,好像一个生态屏障。

具体地,流域的西部和北部多为山地,海拔一般超过1500m,甚至很多山峰超过2000m,海拔较高的区域植被垂直分布明显。从低海拔到高海拔,森林有三个明显的分布带,即山地落叶阔叶林带、山地寒温性针叶林带和亚高山灌丛草甸带。林带植物种分别以白桦、山杨林、辽东栎林、蒙古栎林、云杉、华北落叶松等为主;草甸植物种类以凤毛菊属、火绒草属、龙胆属、羊茅属的植物种为主。在流域的中部、东部和南部分布着广大的低山丘陵和平原,原生植被基本已遭破坏,现有森林多为人工林,主要是油松纯林和杨树纯林及其混交林,主要分布于河流、道路两边和城镇居民点、农田的四周,面积较小,呈条带状分布;其他次生植被多以灌丛和灌草丛为主,其种类繁多,主要有小叶鼠李、瑞香、绣线菊、虎榛子、胡枝子等。流域上游、太行山分水岭以西的区域为高原山地和一些盆地,主要分布着以油松、辽东栎林为主的植物种。由于该区域微地形复杂,植物种间的差异很大,区域变化很明显。在流域的西南部,由于水热条件较好,出现了很多亚热带区系的植物,地带性植物仍以栓皮栎为优势种的落叶阔叶林为主;在低山丘陵地区多分布着以荆条、山皂荚等为主的灌丛或灌草丛。

1.1.6 社会经济概况

截至 2006 年，全流域共有 1.18 亿人，约占全国的 10%。其中，城镇人口占 24%，农村人口占 76%。流域平均人口密度为 371 人/km²，为全国平均密度的 3.47 倍。各省（自治区、直辖市）人口密度很不平衡，为 56~784 人/km²。目前全流域共有 5 个省，1 个自治区，2 个直辖市，下辖 65 个地区级行政区划单位（北京、天津两市共 36 个区/县，都按地区级统计），235 个县级行政区划单位。全流域农业总产值 975 亿元，粮食总产量 4540 万 t，约占全国的 10%，人均占有粮食 385kg。工业总产值 6440 亿元（其中有 2700 亿元为乡镇企业产值，占 36.4%），约占全国的 15%。工农业总产值 7415 亿元，人均 6284 元。城镇年人均收入 2437 元，农村年人均收入 759 元。

1.2 海河流域生态环境问题分析

1.2.1 生态环境问题

(1) 水资源短缺，供需矛盾突出

海河流域是我国水资源短缺问题非常严重的地区之一，表现为水资源总量少、经常出现连续枯水年、水资源量逐年减少。海河流域属于严重缺水区，以其占全国 1.3% 的有限水资源，承担着 11% 的耕地面积和 10% 的人口的供水任务，水资源的承载力已远远不能满足工农业生产和人民生活用水的需要，处于供需严重失衡状态。按 1956~1998 年水文系列统计，海河流域多年平均总水资源量为 372 亿 m³，占全国的 1.3%；人均水资源占有量 305m³，仅为全国平均水资源占有水平的 1/7、世界平均水平的 1/27。

2005 年全流域地表水资源量为 121.9 亿 m³，地下水资源量为 215.5 亿 m³，水资源总量为 267.5 亿 m³。全流域各类供水工程总供水量为 380.46 亿 m³，其中当地地表水占 22.6%，地下水占 66.5%，引黄水占 9.8%，其他水源占 1.1%。全流域总用水量为 379.79 亿 m³，其中农业用水占 69.5%，工业用水占 14.9%，生活用水占 14.6%，生态环境用水占 1.0%。全流域用水消耗量为 266.31 亿 m³，占总用水量的 70.1%。

(2) 水污染严重

2005 年全流域废污水排放总量 44.85 亿 t，其中工业和建筑业废污水排放量 26.44 亿 t，占 59.0%；城镇居民生活污水排放量 10.80 亿 t，占 24.1%；第三产业污水排放量 7.60 亿 t，占 16.9%。

2005 年全流域参加评价的河长 11 808.1km，全年优于或达到Ⅲ类水质标准的河长 4751.1km，占评价河长的 40.2%。受污染的河长 7057.0km，占评价河长的 59.8%，其中严重污染（劣于Ⅴ类）的河长 6329.0km，占评价河长的 53.6%。历年污染河长占评价河长比例见表 1-1。

表 1-1　海河流域历年污染河长占评价河长比例

年份	1980	1985	1990	1995	2000	2005
污染河长占评价河长比例/%	14.6	58.6	65.9	53.0	66.5	59.8

地下水污染主要发生在城市及其周围和排污河道两侧，污染超标项目主要为总硬度、矿化度、锰、铁、氟化物、硫酸盐、挥发酚、铅、硝酸盐、氟、汞等。污染较严重的主要为北京、天津两市，其中北京市重污染区面积为 528km²，天津市重污染区面积为 32km²。此外，天津市的滨海区由于地下水超采而发生海水入侵，对地下水造成一定的污染。

由于水资源短缺，海河流域排放的废污水很大一部分被用于农业灌溉，绝大部分灌溉污水未经任何处理，给周边环境和人体健康带来危害。

（3）河道干涸，功能退化

50 年来流域内河流干枯断流现象从无到有，并且越来越严重（表 1-2）。由于水资源过度开发和水污染，海河流域水生态环境已严重恶化。中下游河道有 4000 多千米断流，其中断流 300 天以上的占 65.3%，有的河道甚至全年断流（表 1-2）。一些河道虽然有水，但主要是由城市废污水和灌溉退水组成，基本没有天然径流，"有河皆干，有水皆污"已成为海河流域的一个突出问题。河道干涸还引发河道内杂草丛生、土地沙化、土壤盐分累积。山前平原与河道两岸附近的浅层地下水位持续下降地区，河流冲积沙地和砂质褐土、砂质潮土、砂质草甸土等耕地沙化趋势严重，沙土随风迁移造成覆盖沙地。近 30 年来，流域内"沙化"土壤面积不断扩大。由于缺少入海水量，山区进入平原的径流、引黄水量和降水中带来的盐分不能排出，引起区域性的积盐。

表 1-2　海河水系河流平均断流天数　　　　　　　（单位：天）

河流	测站	1960~1969 年	1970~1979 年	1980~1989 年	1990~1999 年
潮白河	永坝闸上	—	41	195	110
永定河	三家店	86	282	299	全年
大清河	新盖房	75	—	283	189
滹沱河	献县	115	256	350	全年
滏阳河	衡水	94	200	216	—

（4）入海水量锐减，河口生态环境退化

统计表明，20 世纪 90 年代与 20 世纪 50 年代相比，流域年平均入海水量减少了 72%。20 世纪 90 年代年平均入海水量只有 68.15 亿 m³，只相当于总水资源量的 18%，而且 40% 集中在滦河及冀东沿海地区。由于入海径流减少，各河河口相继建闸拒咸蓄淡，引起闸下大量海相泥沙淤积。据统计，闸下泥沙总淤积量达 9500 万 m³，致使海河流域骨干行洪河道泄洪能力衰减 40%。另外，陆源污染也给河口近海地区造成很大影响。渤海湾收纳天津、北京两大城市的污水，无机氮、无机磷、化学耗氧量等指标严重超标。由于入海径流减少和严重的污染，河口地区具有经济价值的鱼类基本上绝迹，渤海湾著名的大黄鱼等优良鱼种基本消失。近 10 年来，渤海赤潮频频发生，造成了严重的经济损失。

（5）湿地大幅度减少，生物多样性衰退

20世纪50年代海河流域有万亩[①]以上的洼淀190多个，洼淀面积超过10 000km^2。现今，除白洋淀和部分洼淀修建成水库外，大部分的洼淀都已消失或退化，即使加上31座大型水库和100多座中型水库，湿地面积仅剩2000多平方千米。12个主要湿地的水面面积由50年代的3801km^{2}下降至2000年的538km^2（图1-2）。现存湿地白洋淀、北大港、南大港、团泊洼、千顷洼、草泊、七里海等，均面临着水源匮乏、水污染加剧的困境。

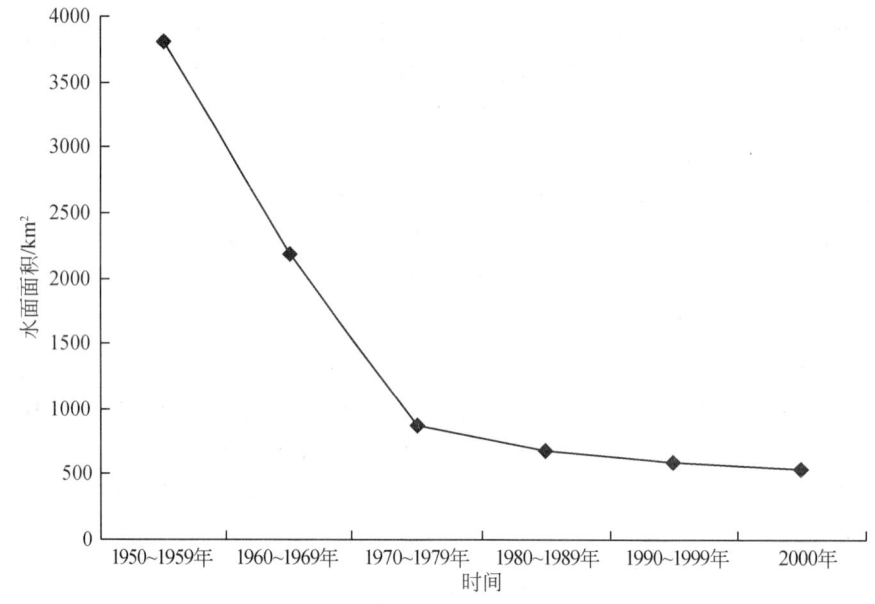

图1-2 海河流域主要湿地水面面积变化

在区域湖泊洼地演变过程中，人类活动干扰是其中最重要的驱动因素。以白洋淀为例，20世纪50年代以后，白洋淀上游兴建了总库容达36亿 m^3 的水库群，大大减少了入淀水量，1964~1981年，白洋淀因围垦造田减少了90%的湖面面积，导致1966~1995年出现5次干淀，1990~2000年又多次面临干淀的威胁，依靠定期补水才得以维持。随着湿地面积急剧减少，大量生物丧失了其生存的环境，湿地内生物资源退化严重，具体表现为植物群落、野生鱼蟹和鸟类等生物量的锐减。

（6）地下水严重超采，地面沉降严重

海河流域地下水大规模开采始于20世纪70年代。到1998年，扣除补给量后，全流域已累计消耗地下水储量896亿 m^3，其中浅层地下水471亿 m^3，深层水425亿 m^3。1958~1998年全流域地下水平均年超采量约22.4亿 m^3，其中浅层地下水超采11.78亿 m^3，深层水10.61亿 m^3。随着地下水的超采，地下水位持续下降，形成大面积降落漏斗区。其中，平原浅层地下水超采区，以北京、石家庄、保定、邢台、邯郸、唐山等城市为中心的漏斗区达

---

① 1亩≈666.7m^2。

4.1万km², 地下水埋深20~26m, 某些地区的含水层已疏干, 疏干面积10 500 km²; 以天津、衡水、沧州、廊坊等城市为中心的深层地下水超采区, 降落漏斗区面积达5.6万km², 漏斗中心水位降至32~95m。而且, 深层地下水漏斗区水位降落速度逐步加快, 如天津、沧州、黑龙港地区年降幅2.0~2.6m。

地下水过度开采造成了地面沉降、地裂和塌陷等一系列环境地质问题。据测绘部门观测, 河北省主要地面沉降区已发展到8个, 全部分布在京津以南平原区。截至1998年, 沉降量大于300mm的面积达15 253 km², 大于500mm的面积4000 km², 大于1000mm的面积421km²。另据河北省测绘局1998~2000年对沧州、保定、邯郸3个城市连续监测, 市区地面沉降有加速趋势。地面沉降的主要危害为: 城市地面低洼排水困难, 铁路、公路、桥梁等地面建筑物基础下沉、开裂, 地下管道等断裂, 机井报废, 河道排洪、排泄能力降低等。据统计, 平原区已发现地裂缝约200条, 涉及35个县（市）65个乡, 其长度由数米到数百米不等, 少数达千米, 最宽2m左右, 可见深度10m左右。白洋淀千里堤、滹沱河北大堤曾发现大的横穿裂缝, 严重影响防洪安全。截至1995年, 平原还发生地面塌陷17处, 保定市徐水县地面塌陷引发50户200余间房屋裂缝。

海河流域地下水资源系统在支撑流域社会经济发展的同时, 承受着巨大的压力。长期超量开采地下水, 导致地下水资源系统状态发生了一系列的变化。变化之一是平原区大面积地下水位持续下降, 1965~1998年不同区域下降幅度为4~20m。变化之二是在流域的山前平原至滨海平原, 形成了常年性大面积的、以城市为中心的浅层、深层地下水水位降落漏斗。5个典型漏斗中心石家庄漏斗（浅层水）、唐山漏斗（浅层水）、冀枣衡漏斗（深层水）、沧州漏斗（深层水）和天津漏斗（深层水）中心水位多年下降速率分别是1.03m/a、1.92m/a、1.95m/a、2.38m/a和2.54m/a。

（7）水土流失严重, 荒漠化、沙尘暴呈加剧之势

水土流失是海河流域主要自然灾害之一, 仍未得到有效遏制。海河流域年降水量虽然不大, 但降水集中, 多以暴雨形式出现, 而另一方面流域内山区地面坡度较大、土层浅薄, 森林覆盖率仅有10%, 导致流域内存在严重的水土流失问题。据全国第二次遥感调查结果, 海河流域目前水土流失面积为10.6万km², 约占全流域总面积的1/3, 占山区面积近2/3。其中, 水蚀面积9.87万km², 风蚀面积0.65万km², 工程侵蚀面积0.03万km²。

海河流域的土壤侵蚀, 按其成因分析, 以水力侵蚀为主, 其次是风力侵蚀、重力侵蚀和混合侵蚀。水土流失强度和分布如下：

1) 轻度侵蚀。全流域轻度侵蚀区面积5.10万km²（其中, 水蚀面积4.84万km², 风蚀面积0.26万km²）, 主要分布在滦河、永定河、子牙河和漳卫河水系。

2) 中度侵蚀。全流域中度侵蚀区面积4.91万km²（其中, 水蚀面积4.60万km², 风蚀面积0.31万km²）, 主要分布在滦河、子牙河、永定河和大清河水系。

3) 强度侵蚀。全流域强度侵蚀区面积0.48万km²（其中, 水蚀面积0.40万km², 风蚀面积0.08万km²）, 主要分布在永定河、子牙河和漳卫河水系。

4) 极强度侵蚀。全流域极强度侵蚀区面积0.025万km²（其中, 水蚀面积0.022万km², 风蚀面积0.003万km²）, 主要分布在永定河水系。

由于大量开采地下水,地下水位持续大幅度下降,地表植被生长困难,从而加剧了土地的沙化。同时,因地下水位大幅度下降,河水大量补给地下水,加速了河流的干涸,造成河床及其两岸的土地沙化。流域山区荒漠化、沙漠化加剧引发的沙尘暴危害了北京等大中城市的环境。在北京西面洋河、桑干河两岸形成了百里风沙线,在正北方向丰宁县一带有流动沙丘 100 多处,在东北方向围场一带形成了 4 条沙带。这些沙丘、沙带还在发展、蔓延,向北京逼近。可以说,北京处于沙的包围之中。

(8) 海水入侵、咸水下移,造成水质恶化

地下水位下降引发海水入侵和咸水入侵等问题,使得咸淡水边界向淡水区移动。河北省海水入侵均发生在冀东沿海基岩海岸和沙质海岸地带。据 1992 年调查,秦皇岛市海港区和抚宁县海水入侵面积已达 $55.4km^2$,海水入侵深入内地最远达 6.5km。海水入侵导致土壤盐碱化,抚宁县受灾面积 266.67 km^2,34% 的机井报废。

平原中东部咸水区,因深层地下淡水水位急剧下降,与上覆咸水形成了 40~80m 的水位差,加之凿井开采深层水,使上层咸水与下层淡水局部连通,造成咸水界面下移,并入侵深层淡水,使局部深层淡水水质遭到破坏。由于地下水的超采,唐山沿海地区南部边缘的地下水流从由北向南变成了由南向北,即渤海沿线海区的地下含水层正在给陆地地下水供水。因这层水数量有限而且在深水区与海水相连通,长此以往将会形成地下咸水倒灌,其后果是该区地下淡水将不复存在。

(9) 水旱灾害频繁

流域内水旱灾害发生频繁,在 1470~1989 年的 520 年中,就发生过 116 次淹地 3000 万亩以上的大洪涝年或洪涝年,大约平均每 4.5 年一次。1963 年 8 月上旬,流域中南部地区连降大雨,强度之大、范围之广是有水文记录以来最高一次,总计受灾面积 6600 万亩,粮食减产 60 亿斤①,棉花 250 万担②,倒塌房屋 1450 余万间,冲毁铁路 75km,直接经济损失达 60 亿元。20 世纪 70 年代末期以来,流域国民经济有了高速发展,一旦发生洪涝灾害,同等条件下其损失较之前要大许多。同时,旱灾也很突出,素有"十年九旱"之说。据统计,在 1368~1948 年的 581 年中,就发生过 337 次旱灾。受灾面积大,据 1950~1980 年 31 年的不完全统计,年平均旱灾面积约 2225 万亩,以 1972 年为最大,受旱面积 6118 万亩。

1.2.2 海河流域生态环境问题的成因分析

(1) 海河流域生态环境问题的自然成因

一般而言,在恶劣气候条件下形成的生态系统适应性较强,但是生产力较低;反之,生产力较高的生态系统对环境平稳性的要求较高,对气候环境变化的适应性较弱,或者说,是较为脆弱的生态系统。

---

① 1 斤 = 0.5kg。
② 1 担 = 50kg。

长期以来，黄河北流的自然作用与京杭运河修建的人为影响，形成了海河流域诸多河流汇聚天津入海的局面。平原上大量的湖泊洼淀是调蓄洪水的主要场所。这种环境下形成的生态系统，对海河流域的气候环境有较强的适应性与自我恢复能力。但是，这一生态系统的产出较低。

海河流域生态系统的灾难性威胁，首先是来自于不稳定的气候环境。我国东部地区受季风气候的影响，降水具有时空分布不均、年际变幅大的特点。而海河流域处于半湿润的过渡地带，大旱大涝、连旱连涝、旱涝交替伴生的现象更为显著。历史文献中常用"赤地千里，饿殍遍野"和"汪洋一片，灭顶之灾"一类的词语来描绘大旱、大涝后的情景。遭受一次严重的水旱灾害，数以万计的灾民会失去基本的生存条件，流离失所、背井离乡。灾区往往需要多年时间才能恢复到灾前的水平，同时水生、陆生的动植物种群也会濒临绝境。

可见，大旱大涝、连旱连涝的自然灾害一旦发生，不仅对人类生命财产的安全与社会的稳定发展构成严重的威胁，而且对于仅能适应气候环境一定变幅的自然生态系统，亦会带来灾难性的影响。20世纪80年代初，海河流域持续大旱，白洋淀干涸5年，若不是依靠筑库拦洪、机井抽水，历史上华北平原"赤地千里"的惨景必定重演，社会经济与生态系统整体上会受到更为灾难性的打击。

除了年内年际的旱涝变化之外，较长时间尺度的地球温暖化趋向也对海河流域产生了影响。地球气候在我国隋唐年间有过一个偏暖期，随后长期偏冷，直到19世纪后半叶，再次出现增暖的趋势，并在地球上部分地区带来降水量总体趋减的干旱化问题。我国东部地区近百年来也呈干旱化的趋势，"这种干旱化趋势与全球变暖有一定的联系。东部干旱最突出的是华北地区"。自20世纪60年代以来，海河流域呈现用水量增加而降水量总体下降的趋势，加之人口翻番，人均水资源量从700m³以上降到305m³。社会经济发展所需用水量持续增加，不断挤占流域中生态环境用水，使得保障经济发展与保护生态环境之间形成了尖锐的矛盾。

资源型缺水是海河流域生态环境恶化的自然原因。这一认识表明，在社会经济发展的进程中，海河流域固有生态系统的平衡必然要被打破。由于流域固有的"自然环境"既无力支撑当代社会经济的发展，也不能保障流域生态系统的安全，因此，生态环境的恢复决不能以回归从前的"平衡态"为目标，而需要发挥人类的能动力量重构新的平衡；在重构平衡的过程中，应注重考虑增强生态系的自调节与自恢复能力，以适应多变的环境。

然而，在资源型缺水的地区，人类重构平衡的力量何在，如何把握力的作用方向与力度，如何建立起人与自然之间良性互动的关系，则需要从海河流域生态环境危机的人为成因做进一步的探讨。

(2) 海河流域生态环境问题的人为成因

海河流域自古就是我国人类活动强度较大的地区。流域内的生态系统，早已不是单纯的自然生态系统，而是自然生态与人工生态混合系统。在该系统中，随着人工生态系统比例的不断加大，系统总体上对环境稳定性的要求越来越高，脆弱性也随之加大。因此，海河流域的发展，对水利的依赖性越来越大。从历史上开运河、筑堤防，到现代建水库、挖减河、打机井，直至跨流域引水，人类需要不断规划、建造出规模更为庞大的水利工程体系，增强对水时空分布的调控能力。对于人类来说，水利工程是将水害转化为水利必不可少的手段。一旦疏于治水，水旱灾害就会成为社会经济发展的制约因素。

近50年来，山区水库的大量兴建，使得流域中调蓄洪水的主要场所由下游平原搬到了上游山区。据统计，历史上淀泊总容积最大时为243亿m^3，几乎相当于今天海河流域1900多座水库的总库容。但是，如今湿地与水库面积的总和只有3852km^2，仅为20世纪50年代9000km^2湿地面积的2/5左右。水面减少，可以降低流域水资源的蒸发损失，增加大量耕地面积，满足了当时以粮为纲的发展需要。其间，地下水开发能力的不断提高，为保证大旱之年夺丰收，发挥了重要的作用。加上跨流域引水的措施，也支撑起了大城市的发展与扩张。然而，随着社会经济的发展，海河流域的水问题日益突出，并逐步演变为生态环境的危机。

1）由于连年干旱与需水量增加，水库成为重要的供水水源。水库过度拦截基流，导致河道相继断流，河流生态系统几近毁灭，并大大减少了下游平原地下水的补给源。

2）流域中大规模打井，无节制地超采地下水，使得地下水位急速下降，部分地区几近枯竭。一旦无水可抽，当前依靠超采地下水维持的经济必将遭受沉重的打击。

3）在流域中污水排放量成倍增长的情况下，水污染防治不力，"有河皆污"，更加剧了水资源短缺的矛盾。大量有毒有害物质沉积于流域之中，导致土壤与地下水的污染，华北平原将长期受到"尿毒症"的折磨。

4）山地开发、保护治理措施不力，加剧水土流失与土地石质化，最终失去了基本的生存条件。由于人与自然之间陷入了恶性互动的状态，人类为了谋求生存与发展的行为，反过来威胁到了自身的福利与可持续的发展。显然，人类活动失度、失当、失控是造成生态环境恶化的人为原因。

1.3 海河流域生态系统格局演变特征

海河流域的生态系统类型可分为森林、草地、湿地、农田、城市等，在本研究中，重点分析海河流域1990年、2000年与2005年生态系统分布及其格局的演变特征。

1.3.1 数据来源及处理方法

本研究的空间数据源包括1:25万地形图和DEM；1990年、2000年、2005年的空间分辨率为30 m的4、3、2波段假彩色合成的Landsat TM/ETM遥感影像，轨道号为12131～12536。将图像进行几何校正后拼接，图像处理好后通过计算机进行自动识别和人工解译的方法进行监督分类，采用最大似然监督分类方法，其分类原则是求出每个像元对应各类型的归属概率，把该像元分到归属概率最大的类型中去。训练样区尽量在各类型面积较大的中心选取，从而使其具有代表性。

在Arcview 3.3中将景观图转化成grid格式（网格大小100m×100m）并导入美国俄勒

冈州立大学开发的景观结构定量分析软件Fragstats 3.3（栅格版），在景观类型（class level）和景观（landscape level）两个尺度水平计算景观指数。选取的景观格局指数包括：斑块数、斑块总周长、总面积、斑块平均面积、类型边界密度（类型周长P类型面积）、各类型在整个景观中边界密度（类型周长P景观总面积）、斑块分维度指数、景观结合度指数、景观聚集度指数、景观多样性指数。所有指数的计算公式、取值范围见参考文献（张学玲等，2008；宗秀影等，2009）和Fragstats软件说明。

本研究中统计分析均是在SPSS 16.0软件下完成，各生态系统类型面积与海拔采用Spearman相关系数分析两两之间的相关性；按行政边界将流域划分为20个子区域，将各个子区域生态系统面积和社会经济因子做偏相关分析，得出影响生态系统类型面积变化的主要因子。

1.3.2 海河流域生态系统格局

海河流域总面积31.78万 km^2，分别属于6类生态系统、17个小类（图1-3）。根据其空间分布，得出各种生态系统类型分布特征如下。

1）森林生态系统。研究区植被大部分属于暖温带落叶阔叶林地带的北部落叶栎林亚地带；南、北一小部分，分别属于暖温带南部落叶栎林亚地带和温带草原地带，分布的位置主要是太行山和燕山的山区，面积65 815 km^2，占整个流域面积的18.98%。该流域森林类型可以分为阔叶林、针叶林、针阔混交林和灌丛。杨树林在流域内广泛分布，树种主要由分布于中低山地的山杨（*Populus davidiana* Dode.）、青杨（*Populus cathayana* Rehd.）和平原地区的毛白杨（*Populus tomentosa* Carr.）组成，垂直分布在2000m以下。栎属物种在流域内占有比较重要的地位，主要类型有辽东栎（*Quercus liaotungensis* Koidz.）、蒙古栎（*Quercus mongolica* Fischer ex Ledebour）、栓皮栎（*Quercus variabilis* Blume）等，从低山丘陵到中山都有分布，大致分布在海拔500~2300m。桦木属树种为次生植被，是中山地带栎林或针叶林被破坏后形成的群落类型，主要树种有白桦（*Betula platyphylla* Suk.）、糙皮桦（*Betula utilis* D. Don）、黑桦（*Betula dahurica* Pall.）等，垂直分布范围为1000~2600m。落叶松类主要是华北落叶松（*Larix principis-rupprechtii* Mayr）、云杉（*Picea asperata* Mast）群落，受人类活动影响，在该流域分布很少，常在海拔2200m以上区域形成单优群落或纯林。油松类主要是松树和侧柏属的树种组成。由于过度砍伐和松类更新缓慢，油松天然林已不多见，但油松人工林在流域内很常见，主要垂直分布海拔在700~1500m。针阔混交林在流域内比较常见，有油松和桦木、栎类混交，华北落叶松与桦类混交等。流域自然植被在人类长期活动影响下，森林植被严重退化，形成了大量不同种类的灌丛，其中主要以绣线菊（*Spiraea.*）、荆条（*Vitex negundo* var. *heterophylla* Rehd）、胡枝子（*Lespedeza bicolor* Turcz.）、虎榛子（*Ostryopsis davidiana* Decaisne）灌丛等最为常见。

2）草地生态系统。整个流域范围内草地均有分布，面积66 029.8 km^2，占整个流域面积的19.31%。受地形、人为干扰等因素影响，分布区域表现出一定的差异性。流域西北部，太行山和燕山的山区，地形起伏大，形成了很多山间盆地，使得该区域的植被类型出现暖温

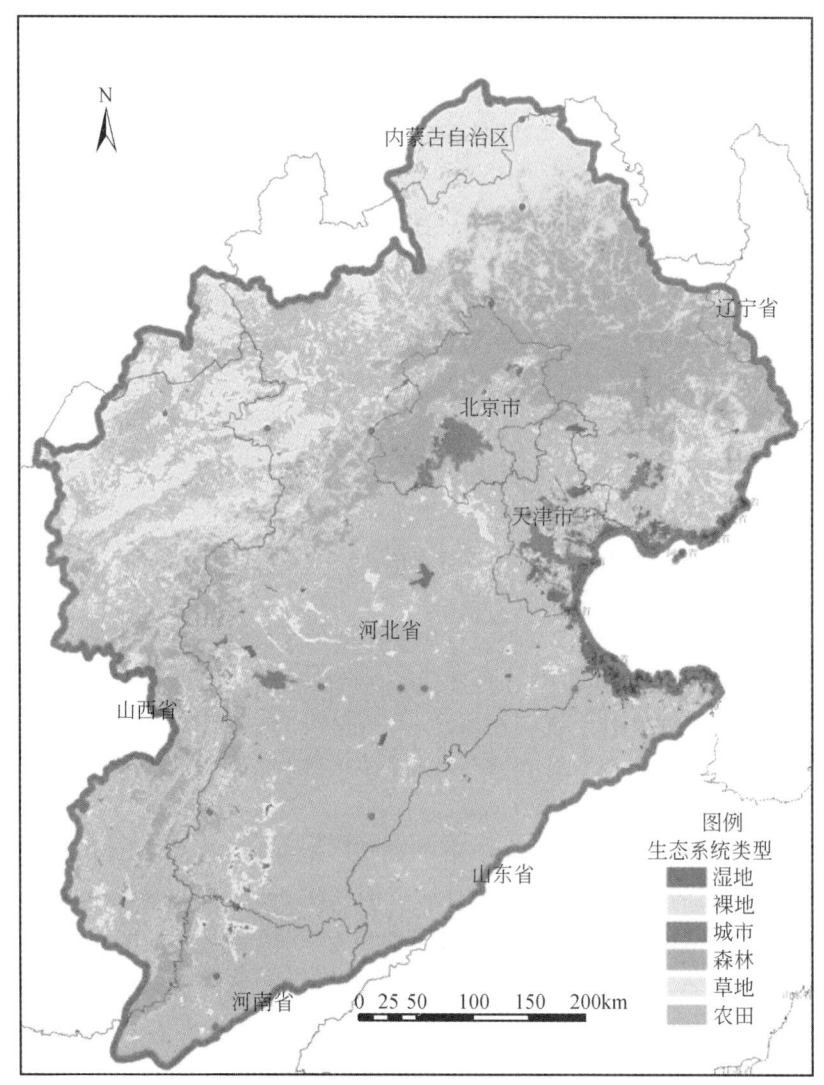

图 1-3 海河流域生态系统格局

带落叶阔叶林向温带草原过渡的特征。草地在该区域主要分布在低山和黄土丘陵区，其他中山区域也有一定分布。主要草本植物是针茅（*Stipa capillata* Linn.）、白羊草［*Bothriochloa ischcemum*（Linn.）Keng］、隐子草（*Cleistogenes*.）等。流域的中部和南部有河流流过的地方，分布着少量的暖温性草原，主要是百里香草原和克氏针茅草原。由于这些区域基本被农田侵占，草地主要呈斑块状嵌在其中。流域北部连接到蒙古高原，包括部分蒙古草原，植物区系主要以蒙古草原成分和亚洲中部草原成分为主，植物种以大针茅（*Stipa grandis* P. Smirn.）、克氏针茅（*Stipa krylovii* Roshev）、羊草［*Leymus chinensis*（Trin.）Tzvel.］等为主。

3）湿地生态系统。海河流域湿地类型丰富多样，有湖泊、河流、水库、沼泽等。区内拥有滦河、蓟运河、潮白河、北运河、永定河、大清河、子牙河、徒骇马颊河等众多水系，均被归入海河流域。湖泊、水库型湿地在流域内分布也很广泛，白洋淀、南大港、北大港、官厅水库、密云水库等呈块状镶嵌于华北平原上。目前流域内湿地总面积9620.1 km²，占整个流域面积的3.02%；湿地生态系统在整个海河流域基本均匀分布，呈块状或条状沿河流分布，比较集中的区域是在渤海入海口的位置。

4）城市生态系统。流域内城市化规模已经极大，集中了我国大、中、小各种城市。从行政区划上来看，包括了我国各种行政单元，范围涉及北京市、天津市、河北省、山西省、山东省、河南省、内蒙古自治区、辽宁省8个省（直辖市、自治区）。受地形影响，大部分城市集中分布在华北平原，在流域西边和北边的太行山和燕山山区则是零星分布。总面积25 161.76km²，占全流域面积的7.92%。

5）农田生态系统。流域中部、东部和南部地势非常平缓，海拔均在1000m以下，这个区域分布着大量的农田。但因为比较缺水，农田形式主要是以旱地为主，水田非常少，仅在入海口附近和个别山区地势平缓处有一些，面积4095km²，占整个流域面积的1.29%。旱地面积150 096.54km²，占整个流域面积的47.23%。

6）裸地生态系统。裸地在整个流域均有分布，面积1095.57km²，占整个流域面积的0.34%。

各种生态系统类型沿海拔表现出了不同的分布特征（表1-3）：森林主要分布在海拔200~2000m，面积随着海拔的增加呈现出先增加后减少的趋势，相关性分析显示森林的分布与海拔呈正相关，但并不显著。草地随海拔的变化也没有表现出明显的规律性，相关性分析表明，草地的面积和海拔变化呈正相关，相关性不显著。湿地主要分布在海拔低于1200m的区域，并且与海拔变化表现出了显著的负相关性。城市的分布主要在1000m以下的区域，尤其以200m以下最为集中，随海拔变化具有显著的负相关性。农田的分布主要在海拔1500m以下区域，同时也表现出与海拔变化具有极显著的负相关关系。裸地的分布没有太大规律，在各个海拔范围都有分布，相关性分析表明其面积变化与海拔具有负相关性，但不显著。

表1-3　不同海拔分级流域生态系统类型分布特征

生态系统类型		海拔分级/m							
		≤50	50~200	200~600	600~1 000	1 000~1 200	1 200~1 500	1 500~2 000	>2 000
森林	面积/km²	369.7	1 998.6	12 510.4	17 449.6	8 944.8	13 736.6	9 819.8	985.5
	比例/%	0.56	3.04	19.01	26.51	13.59	20.87	14.92	1.50
草地	面积/km²	1 496.5	2 462	11 089.6	12 308.1	10 840.5	20 196.1	7 353.8	283.2
	比例/%	2.27	3.73	16.79	18.64	16.42	30.59	11.14	0.43
湿地	面积/km²	6 495.30	1 148.90	602.80	417.00	137.80	793.10	25.20	0
	比例/%	67.52	11.94	6.27	4.33	1.43	8.24	0.26	0
城市	面积/km²	16 793.7	5 079.20	885.90	1 208.10	690.58	450.04	53.39	0.85
	比例/%	66.74	20.19	3.52	4.80	2.74	1.79	0.21	0

续表

生态系统类型		海拔分级/m							
		≤50	50~200	200~600	600~1 000	1 000~1 200	1 200~1 500	1 500~2 000	>2 000
农田	面积/km²	85 642.5	22 305.96	9 202.68	13 733.62	9 985.84	7 497.85	1 712.66	15.43
	比例/%	57.06	14.86	6.13	9.15	6.65	5.00	1.14	0.01
裸地	面积/km²	124.62	39.08	152.09	277.82	279.45	181.87	38.98	1.66
	比例/%	11.37	3.57	13.88	25.36	25.51	16.60	3.56	0.15

随海拔分布的各种生态系统之间的相关性分析（表1-4）表明：森林和草地显著正相关；湿地与城市、农田表现出了显著的正相关性；城市与农田也表现出了显著的正相关性；草地与裸地表现出了显著的正相关性。其他生态系统类型之间各自表现出了正或负的相关性，但均没有达到显著水平。从该节相关性分析的结果可以看出，湿地、农田和城市生态系统的面积变化随海拔变化的趋势是一致的，即面积随海拔增加而减少，它们相互间也表现出了显著的相关性。其他三类生态系统类型与海拔变化没有显著相关性，它们相互间相关性也表现出不同趋势。

表1-4 各生态系统类型与海拔及生态系统之间的相关性半矩阵

Spearman 相关系数	海拔	森林	草地	湿地	城市	农田	裸地
海拔	1						
森林	0.190	1					
草地	0.129	0.929**	1				
湿地	−0.857**	−0.119	0.119	1			
城市	−0.976**	−0.143	−0.474	0.833*	1		
农田	−0.929**	−0.190	−0.024	0.786*	0.976**	1	
裸地	−0.262	0.548	0.738*	0.214	0.310	0.381	1

*表示显著性0.05水平；**表示显著性0.01水平。全书同。

1.3.3 海河流域生态系统格局演变

本节主要从海河流域1990~2005年景观指数变化和面积转移两方面分析了海河流域生态系统格局演变特征。

(1) 基于景观指数的生态系统空间格局分析

本研究结合Fragstats软件分析结果，从面积形状、景观破碎度、景观连通性和多样性等方面，分析了海河流域生态系统空间格局特征。

1) 面积形状分析。如表1-5所示，流域内2005年各种生态系统类型面积大小顺序为：农田>草地>森林>城市>湿地>裸地。农田面积最大，占整个流域的47.2%；裸地最小，仅占0.3%。各类型间面积分配很不均匀，最大和最小间相差达149 000.97km²。从各景观类型斑块平均面积来看，它们之间的差别明显要小很多，其顺序为：农田>森林>草地>湿地>城市>裸地。农田和裸地的位置均没有发生变化，说明它们的斑块数也具有相同的特征；湿地、草地、森林和城市的位置发生了变化，说明它们的斑块数发生了相应的变化，尤其是裸地的斑块平均面积最小说明了裸地在该流域中多呈小斑块状零碎分布，而具有最大平均斑块面积的农田明显是该流域的基质。面积周长分维度指数的大小可以用来度量斑块或景观类型的复杂程度，也可以用来反映景观斑块形状的变化情况。从表1-5中可以看出，裸地的面积周长分维度指数最大，为1.60；城市的最小，为1.29。其顺序依次为：裸地>农田>湿地>草地>森林>城市。从该指数的值可以看出，裸地的斑块形状最为复杂，而城市斑块的形状则非常规则，趋于方形或圆形，反映了人类活动对不同景观类型的干扰强度。

从3个时间段不同的变化趋势来看，森林的面积先减少后增加，维持在流域面积的20%左右；草地、城市、裸地面积一直增加；湿地、农田面积先增加后减少。从斑块平均面积来看，森林、草地先减少后增加；城市、农田一直增加，裸地和湿地持续减少。受不同生态类型斑块平均面积变化趋势影响，整个流域斑块平均面积也呈现出先减少后增加的趋势。从面积周长分维度指数的变化来看，森林、草地、湿地先增加后减少；城市和裸地一直增加；农田一直减少。整个流域分维度指数的变化趋势与大多数生态系统类型的变化趋势一致，也是先增加后减少。从表1-5中可以看出，农田在3个时间段面积均最大，因此海河流域生态系统类型以农田为主。从斑块平均面积的变化趋势可以看出森林、草地和农田在流域内都有集中分布的趋势，而湿地和裸地趋于分散分布；从面积周长分维度指数的变化趋势可以看出，流域内城市和裸地的斑块形状有趋于复杂化的趋势，而农田、森林、草地和湿地的斑块形状则趋于简单化。

2）景观破碎度分析。海河流域2005年的边界密度为4.68km/km^2，各生态系统类型边界密度大小顺序为：裸地>森林>城市>湿地>草地>农田。裸地的值最大，为13.81，说明裸地在流域内被大量分割；农田的值最小，为2.84，说明农田作为基质被分割很少。从动态变化趋势来看，流域1990~2005年边界密度变化趋势先增加后减少。从不同生态系统类型的变化趋势来看，森林、裸地和湿地的边界密度持续增加；草地边界密度先增加后减少；城市、农田边界密度持续减少。上述分析说明，1990~2005年森林、湿地和裸地斑块被分割的程度加大，区域破碎化；城市、农田和草地斑块被分割的程度减小。从不同的生态系统类型来看，2005年边界密度的大小顺序为：农田>森林>草地>湿地>城市>裸地。该指数说明在人类干扰下，农田的分布大多是趋于集中，从而导致聚集度增高，破碎化降低（表1-5）。

3）景观连通性分析。采用结合度指数来反映流域内景观类型的连通性状况。结合度指数反映景观类型各斑块间的临近程度，该指数越大，说明斑块间距离越近，连通性越好。从表1-5可以看出，2005年各景观类型结合度指数大小趋势为：农田>森林>草地>湿地>裸地>城市。流域各生态类型中，农田的斑块数相对较少，斑块间结合紧密，连通性最好；城市在流域内呈点缀状分布，斑块与斑块间相隔较远且独立，从而连通性最低。该结果也与上述指数反映出来的生态系统格局相互印证。从流域整体连通性变化趋势来看，连通性呈现先下降后上升的趋势，但整体表现出上升的趋势。从不同生态系统类型变化趋势来看，森林、草地连通性先下降后上升；湿地先上升后下降；城市、农田持续上升；裸地持续下降。1990~2005年总体趋势是城市和农田之间连通性增加；湿地、森林、草地和裸地的连通性下降（表 1-5）。

表 1-5 1990~2005 年生态系统类型景观格局指数

年份	生态系统类型	面积/km²	面积比例/%	斑块数/个	斑块周长/km	斑块平均面积/km²	边界密度/(km/km²)	分维度	聚集度	结合度
1990	森林	72 778.9	22.9	26 895	358 285.7	2.71	4.92	1.45	90.49	99.79
	草地	58 704.3	18.5	25 732	379 054.4	2.28	6.46	1.48	84.62	99.67
	湿地	10 306.5	3.2	13 360	59 487.6	0.77	5.77	1.47	85.42	98.40
	城市	22 747.8	7.2	68 288	158 448.7	0.33	6.97	1.25	80.21	90.63
	农田	151 928.9	47.8	35 295	490 343.8	4.30	3.23	1.55	91.04	99.94
	裸地	1 333.8	0.4	1 492	7 026.5	0.89	5.27	1.37	85.35	96.35
2000	森林	60 340.9	19.0	25 636	343 829.5	2.35	5.70	1.49	88.07	99.52
	草地	62 492.1	19.7	35 886	470 625.9	1.74	7.53	1.53	82.25	99.56
	湿地	10 556.4	3.3	14 244	68 875.3	0.74	6.52	1.56	83.12	98.63
	城市	23 634.3	7.4	67 571	160 175.8	0.35	6.78	1.28	80.37	90.95
	农田	159 381.6	50.1	29 149	502 141.3	5.47	3.15	1.54	91.15	99.94
	裸地	1 414.7	0.4	1 624	8 602.1	0.87	6.08	1.41	82.93	96.15
2005	森林	65 815.0	20.71	19 165	454 457.8	3.43	6.91	1.48	90.48	99.71
	草地	66 029.8	20.78	26 655	380 552.1	2.50	5.70	1.50	86.80	99.63
	湿地	9 620.1	3.02	12 351	58 808.7	0.71	6.58	1.51	81.43	98.30
	城市	25 161.8	7.92	67 455	167 431.1	0.38	6.60	1.29	81.03	91.40
	农田	150 096.5	47.23	25 657	425 396.6	5.84	2.84	1.54	92.09	99.95
	裸地	1 095.57	0.34	5 684	15 159.8	0.19	13.83	1.60	62.01	93.01

4）多样性分析。生态系统多样性表示生态系统中各类型斑块的复杂性和变异性，即各种生态系统类型的多少及其所占面积变化。其值越大，反映了各景观类型所占比例差异越小，景观多样性程度越高。本研究计算了 Shannon 多样性指数和 Simpson 多样性指数，用来反映流域景观类型间多样性状况。从表 1-6 中可以看，流域尺度 2005 年的 Shannon 多样性指数为 1.45；Simpson 多样性指数为 0.68。1990~2005 年两种多样性指数的变化趋势是一致的，均呈增加趋势。说明流域内生态系统类型的多样性增加，各生态系统类型间面积比例的差异在减小。

表 1-6 海河流域生态系统整体特征

年份	斑块数	斑块周长/km	斑块平均面积/km²	边界密度/(km/km²)	分维度	聚集度	结合度	Shannon 多样性指数	Simpson 多样性指数
1990	171 062	1 452 646.7	1.86	4.57	1.44	88.75	99.86	1.39	0.67
2000	174 110	1 554 249.9	1.83	4.89	1.48	87.73	99.84	1.40	0.68
2005	156 967	1 487 599.7	2.10	4.68	1.46	89.52	99.87	1.45	0.68

（2）1990~2005 年生态系统类型面积转移特征分析

从表 1-7 可以看出，1990~2000 年森林主要转移为草地和旱地，只有 68.67% 的保留率;草地主要转移为森林和旱地;湿地、城市和水田主要转移为旱地;裸地主要转移为草地和旱地;旱地则主要转移为草地和城市,保留率最高,为90.59%。2000~2005年,森林的保留率较上一时间段提高了很多,达到87.89%,主要转移为草地和旱地。湿地主要转移为旱地,这是由于流域内水资源非常缺乏,尤其在第二阶段,湿地面积大量消失,很多以前是河道、湖泊或沼泽的地方被开垦为旱地。城市的保留率比较高,主要和旱地之间发生转移,但转移率不高,和其他类型的直接转移更少。裸地在两个时间段保留率都不高,从转移方向来看,主要是发生了自然演替,变成了草地。水田在第二阶段保留率只有15.35%,由于受湿地面积减少、水资源供应不足和水稻价格等因素影响,水田面积减少非常迅速,77.71%转移为旱地。旱地的保留率也比较高,随着城市化的进程,大面积的旱地被转移为城市;而受政策影响,如退耕还林还草,一部分旱地转移为草地和森林。

表1-7　1990~2005年各生态系统类型间转移比例　　　　(单位:%)

转移时间	类型	森林	草地	湿地	城市	裸地	水田	旱地
1990~2000年	森林	68.67	21.31	0.50	0.39	0.05	0.21	8.88
	草地	14.19	68.93	1.20	0.44	0.56	0.19	14.48
	湿地	0.97	3.44	77.65	3.38	0.13	4.14	10.29
	城市	0.55	0.75	0.51	84.21	0.01	0.33	13.63
	裸地	4.54	38.28	1.87	1.30	43.15	0.14	10.71
	水田	0.14	1.19	6.58	1.16	0.04	70.96	19.93
	旱地	1.04	3.18	0.89	2.49	0.33	1.49	90.59
2000~2005年	森林	87.89	10.08	0.10	0.15	0.03	0.01	1.75
	草地	18.18	76.36	1.48	0.76	0.37	0.03	2.82
	湿地	1.07	3.41	73.08	4.73	6.19	1.22	10.31
	城市	0.09	0.46	0.25	95.01	0.03	0.02	4.13
	裸地	0.89	81.74	7.02	0.38	7.77	0.02	2.16
	水田	0.42	0.97	4.48	0.98	0.09	15.35	77.71
	旱地	0.81	6.89	0.33	1.04	0.05	0.09	90.80
1990~2005年	森林	66.86	22.87	0.51	0.50	0.17	0.05	9.05
	草地	14.33	72.93	0.63	0.62	0.21	0.06	11.22
	湿地	1.07	5.92	61.93	7.42	4.38	1.43	17.86
	城市	0.51	1.26	0.43	82.06	0.06	0.06	15.62
	裸地	4.40	71.83	5.01	1.59	7.09	0.05	10.04
	水田	0.65	1.79	8.39	1.72	0.31	14.17	72.97
	旱地	1.54	8.37	0.81	3.16	0.15	0.24	85.73

1.3.4　海河流域生态系统格局演变驱动因子分析

(1) 海河流域生态系统格局自然成因

由于黄河北流的自然作用、京杭大运河的人为修建和太行山、燕山的环抱,形成了海河流域诸多河流汇集于天津入海的格局。流域的西部、北部和西北部为山地，海拔大多在1500m以上，地形起伏较大。流域的中部、东部和南部地势平坦，大多为平原和丘陵，海拔在1000m以下。流域受季风气候影响，降水量时空分布极不均匀且年际变化大，旱涝灾害严重，给人类活动和自然生态系统的稳定带来严重影响。由于干旱，流域内湿地大面积减少，地下水越采越深，使得华北地区成为我国缺水的主要地区之一。20世纪60年代以来，海河流域呈现用水量增加而降水量总体上下降的趋势，加之人口快速翻番，人均水资源量从700m³以上降到305m³。资源型缺水是海河流域生态环境恶化的自然原因，在一定程度上也是流域生态系统格局形成的原因。具体如何促成了海河流域目前这种生态系统格局，需要从海河流域生态环境状况的人为成因做进一步的探讨。

（2）海河流域生态系统格局人为因素

海河流域自古就是我国人类活动强度较大的地区。流域内的生态系统，早已不是单纯的自然生态系统，而是自然生态与人工生态混合系统。整体来看，人工生态系统占的比例明显要高于自然生态系统比例。

1）人口数量。1990~2005年，整个海河流域人口增加了1746.15多万人，总户数也由1990年的1295.7户，增加到2005年的3891.1户。人口的过快增长，对社会、经济和资源造成了巨大的压力。为了满足人口数量增加对占地的需求，流域内城市用地迅速增加，1990年城市面积为22 747.8km²，到2005年已经达到25 373.3km²，1990~2005年城市斑块平均面积指数持续增加、边界密度持续减少，说明单个城市的面积在不断地向外围扩张；城市聚集度指数和结合度指数也不断增加，说明城市的发展趋于集中，城市连通性增加。随着城市面积的增加，受影响最大的是湿地，期间湿地斑块平均面积指数减少、边界密度指数增加，结合度指数减少，说明湿地在人类活动干扰下面积减少，连通性下降，斑块组成趋于破碎化。从面积转移比例来看，1990~2000年，城市面积增加了886.5 km²，各种生态系统类型均或多或少地转移为城市，其中转入城市比例占其本身面积比例最多的是湿地，为3.38%；其次是旱地，为2.49%。2000~2005年城市面积增加了1739 km²，转入城市面积比例占其自身面积比例最多的还是湿地，达4.73%。由此可见，人口数量的增加、城市面积不断扩张直接导致了湿地面积的减少（图1-4~图1-7显示了3个时间段指数变化明显的生态系统类型与GDP和人口数量的关系）。

2）经济发展。经济的发展也是导致生态系统结构发生变化的主要因素之一。GDP作为一个地区经济发展状况的综合指标，其变化趋势可以反映该地区经济发展水平。1990~2005年，海河流域经济发展迅速，1990年总GDP为2195.83亿元，2000年为7847.76亿元，到2005年达到了21 881.51亿元。GDP的快速增长与高强度的人类活动是分不开的，人类活动在促进经济发展的同时，直接导致了生态系统类型之间发生转移。从1990~2005年面积变化的情况来看，转移比较剧烈的类型是在森林与草地之间、湿地与城市之间以及城市与农田之间（表1-7）。GDP的变化与主要生态系统类型面积变化关系如图1-4~图1-7所示，反映了随着GDP的增长，各种生态系统类型面积变化的趋势。

3）政策因素。历史上，对森林资源长期掠夺性地开采，导致流域内原生森林遗失殆尽，仅存的一些次生林和灌木大部分分布在西部和北部山区，形成了以森林和草地为主的

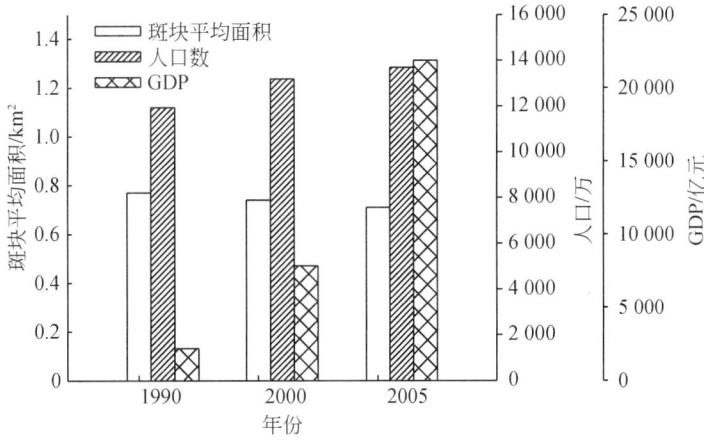

图 1-4　1990 年、2000 年、2005 年湿地斑块平均面积与人口和 GDP 对比数据

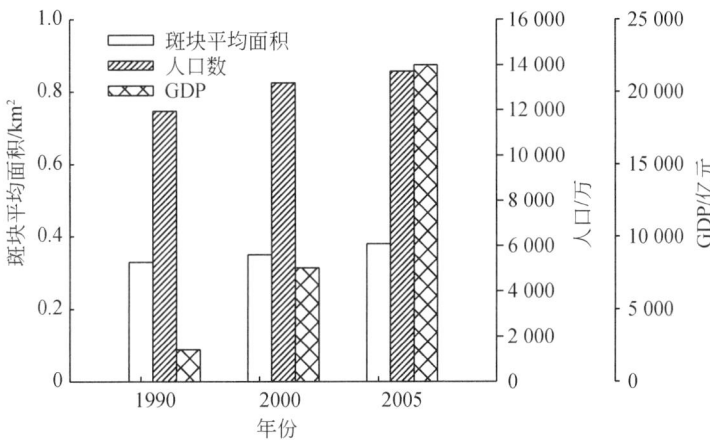

图 1-5　1990 年、2000 年、2005 年城市斑块平均面积与人口和 GDP 对比数据

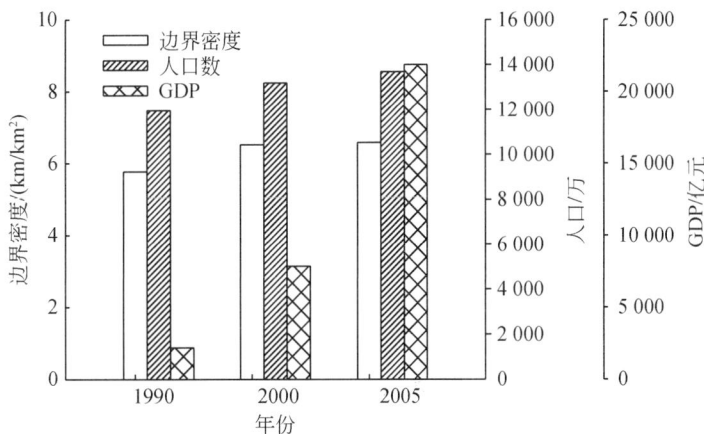

图 1-6　1990 年、2000 年、2005 年湿地边界密度与人口和 GDP 对比数据

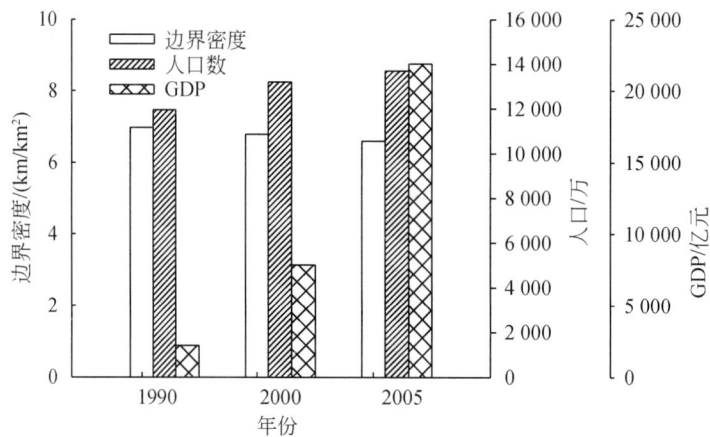

图 1-7　1990 年、2000 年、2005 年城市边界密度与人口和 GDP 对比数据

生态系统格局。1990~2000 年森林的面积呈现了明显的下降趋势。由于退耕还林还草、封山育林等政策的实施，2000~2005 年森林面积增加，草地面积也保持增加，说明政策的实施取得了明显的效果。对于农田而言，部分区域由于经济发展的需求增加，城市用地、道路等占用耕地的情况依然不可避免。

上述分析可见，海河流域生态系统格局变化的主要驱动因素是人口数量的增加、经济的发展、城市化和政策影响。为了追求 GDP 的增长，加之该流域本身的生态环境特点，目前已经出现了大面积生态环境问题，如流域内水污染严重、地下水位持续下降等，这些问题的出现将进一步促使海河流域生态系统格局的演变。如果不能合理有效地解决，在未来很长一段时间内将继续影响海河流域的生态系统格局。

4）相关性分析。将流域按行政边界划分为 20 个子区域，将各个子区域生态系统面积与对应的社会经济因子进行偏相关分析，结果如表 1-8 所示。

从表 1-8 中可以看出，流域内森林面积的变化跟人口密度具有显著关系，人口密度越大，森林面积越小。旱地面积的变化跟 GDP、总人口数、农业人口数呈显著相关关系，但是和 GDP 是呈负相关，和农村居民人均纯收入呈显著相关。草地面积的变化和农业从业人口数、大中型拖拉机台数和人口密度存在相关性。城市面积的变化和 GDP、人口数具有显著相关关系。裸地面积变化和总户数、人口密度具有显著相关关系。水田和湿地面积的变化和上述因子间没有表现出相关性。

表 1-8　各种生态系统类型面积与因子间相关性分析

生态系统类型	GDP	总人口	总户数	农业从业人口	大中型拖拉机	农村居民人均纯收入	人口密度
森林	0.228	−0.22	−0.046	0.39	−0.379	0.314	−0.548*
旱地	−0.848**	0.881**	0.446	0.674**	−0.038	0.614*	−0.597
水田	0.271	−0.06	−0.168	0.239	−0.038	0.139	−0.128
草地	−0.131	−0.082	0.031	0.634*	−0.539*	0.503	−0.798**

续表

生态系统类型	GDP	总人口	总户数	农业从业人口	大中型拖拉机	农村居民人均纯收入	人口密度
城市	0.555*	0.815**	0.332	0.382	0.458	0.498	-0.142
湿地	0.073	0.185	0.161	0.316	-0.02	0.434	-0.233
裸地	-0.315	-0.228	0.571*	0.195	-0.019	0.356	-0.608*

1.4 海河流域水文特征演变趋势

气候变化和人类活动是流域水资源系统发生演变的重要驱动力。气候变化对流域水循环的影响主要体现在气候变化导致区域降水量发生变化，降水量的变化对区域水资源量有直接影响。人类活动对流域水循环的影响主要体现在：通过在河流上修建水库和大坝，将河川径流量及径流过程进行重新分配，导致河川基流量发生变化；通过改变土地利用类型，改变流域的产汇流规律，导致流域产流系数发生变化；为满足工农业和生活用水需求，人工抽取地下水，使得地下水水资源量发生变化。

1.4.1 降水量演变特征

受区域气候变化影响，1956~2000年，海河流域年均降水量呈减小趋势（图1-8），其中1956~1979年，流域平均年降水量为560mm；1980~2000年，流域年均降水量为501mm，平均每年减少2.99mm，从各河系减少的程度来看（表1-9），各二级流域减少量均不相同，其中徒骇马颊河流域减少最多，平均每年减少3.45mm。

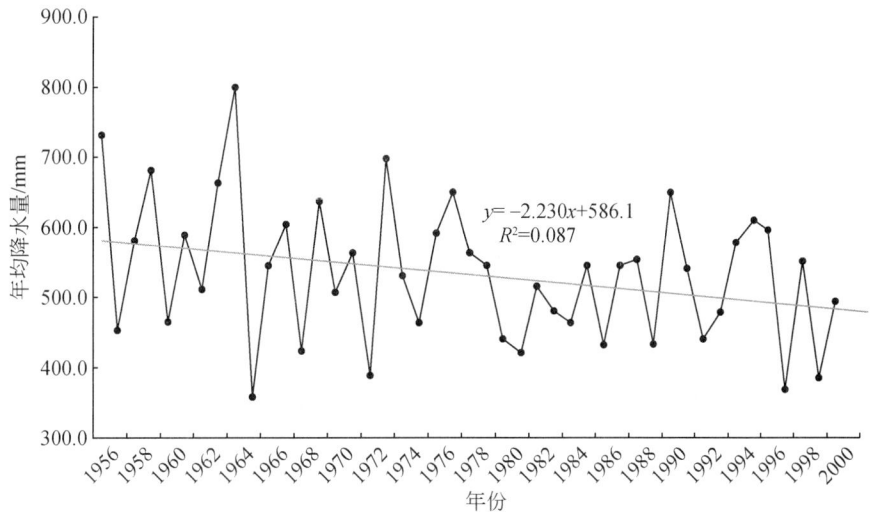

图1-8 海河流域1956~2000年年均降水量变化趋势

表1-9　海河流域各二级区1956~2000年降水量变化　　（单位：mm）

项目	滦河及冀东沿海	海河北系	海河南系	徒骇马颊河	流域合计
1956~1979年年均降水量	564	507	580	596	560
1980~2000年年均降水量	523	459	512	527	501
1956~2000年年均降水量	549	489	549	564	535

1.4.2 蒸发量演变特征

在6个站中（表1-10），塘沽、阳泉两站1980~2000年平均水面蒸发量与1956~2000年平均水面蒸发量基本持平；北京、天津两站1980~2000年平均水面蒸发量略小于1956~2000年平均水面蒸发量，偏小幅度为0.8%~7.4%；大同、长治两站1980~2000年平均水面蒸发量略大于1956~2000年平均水面蒸发量，偏大幅度为3.4%~6.7%。

表1-10　海河流域蒸发代表站水面蒸发量多年变化趋势分析　　（单位：mm）

站位	北京	天津	塘沽	大同	阳泉	长治
1956~1979年年均值	1859	1788	1931	1936	1885	1552
1980~2000年年均值	1833	1555	1944	2061	1900	1762
1956~2000年年均值	1847	1679	1937	1994	1892	1652

水面蒸发的年内分配受各月湿度、气温、风速和日照等因素的影响。该流域春季风大，干旱少雨，饱和差大，而雨季一般在6月下旬才开始，有时推迟到7月。初夏气温高，干热利于蒸发，所以流域内5~6月蒸发量最大，这两个月水面蒸发量约占全年的三分之一。12月到翌年1月气温最低，水面蒸发量亦最小，这两个月水面蒸发量仅占全年的5.0%左右。

1.4.3 天然径流量演变特征

1956~2000年，海河流域平均天然径流量呈下降趋势（图1-9），其中1956~1979年，流域平均天然径流量为288mm；1980~2000年，流域年均降水量为171mm，累计减少117mm，平均每年减少5.85mm。从各河系减少的程度来看（表1-11），各二级流域减少量均不相同，其中海河南系减少最多，减少幅度达48.1%。

表1-11　海河流域各二级区1956~2000年年均天然径流量变化趋势

项目	滦河及冀东沿海	海河北系	海河南系	徒骇马颊河	流域合计
1956~1979年年均值	59.7	66.9	145	16.5	288.1
1980~2000年年均值	43.0	41.3	75.2	11.0	170.5
1956~2000年年均值	53.1	50.2	98.7	14.0	216

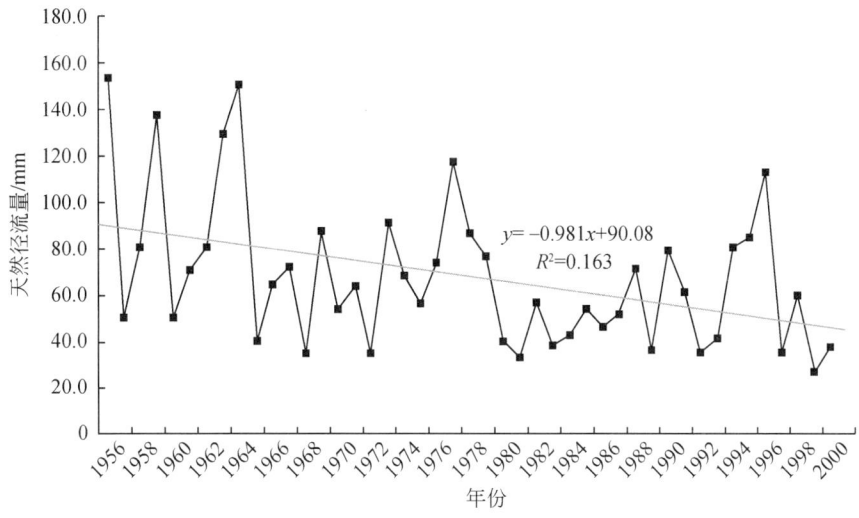

图 1-9　海河流域 1956~2000 年年均天然径流量变化趋势

1.4.4　产流系数演变特征

由于受到人类活动干扰，1956~2000 年，海河流域下垫面特征发生了显著变化，地下水取水量也呈上升趋势，使得流域的产流系数呈下降趋势（图 1-10）。产流系数的下降意味着同量级的降水降落到流域面上以后，流域的产流量减少。

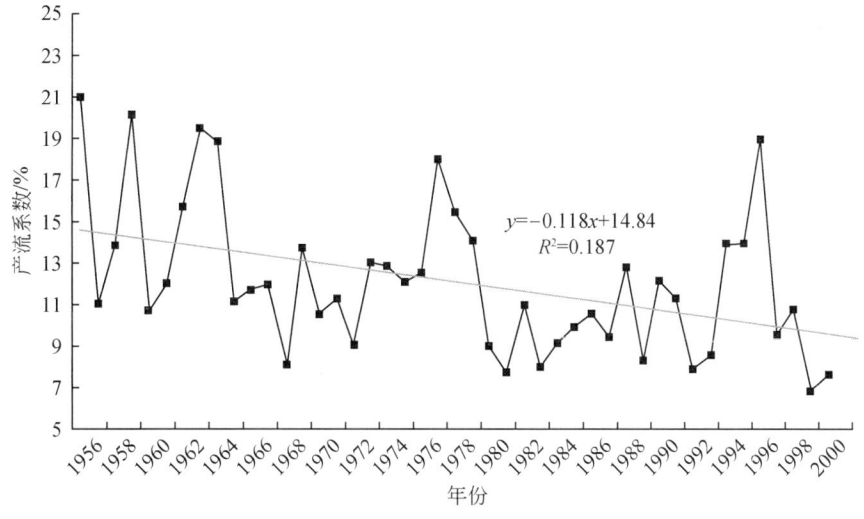

图 1-10　海河流域 1956~2000 年产流系数变化趋势

1.4.5　地下水资源量和河川基流量演变特征

与流域降水量、天然径流量减小类似，1956~2000 年，海河流域地下水资源量和河川基流量也呈不同程度的下降趋势（图 1-11，图 1-12），对于地下水资源量而言，与 1956～1979 年相比，1980～2000 年，海河流域地下水资源量减少 12.6%，各水资源二级区减少幅度为 0～17.48%。对于河川基流量而言，与 1956～1979 年相比，1980～2000 年海河流域河川基流量减少 32%，各水资源二级区减少幅度为 22.4%～40.45%。

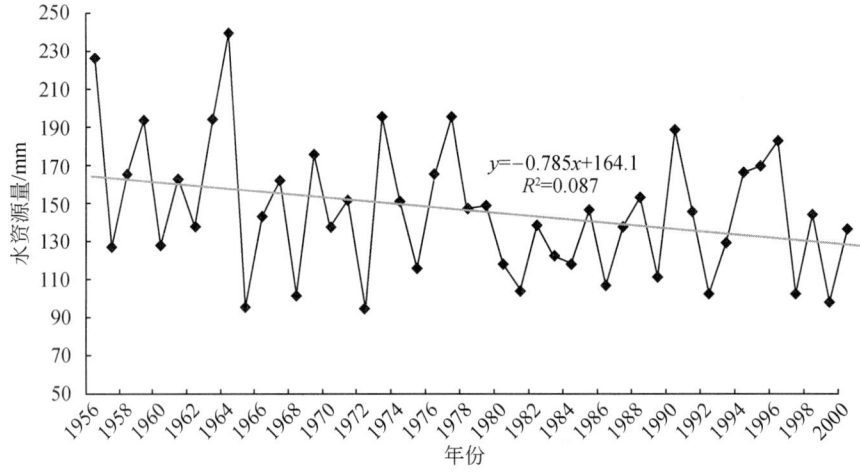

图 1-11 海河流域 1956～2000 年地下水资源量变化趋势

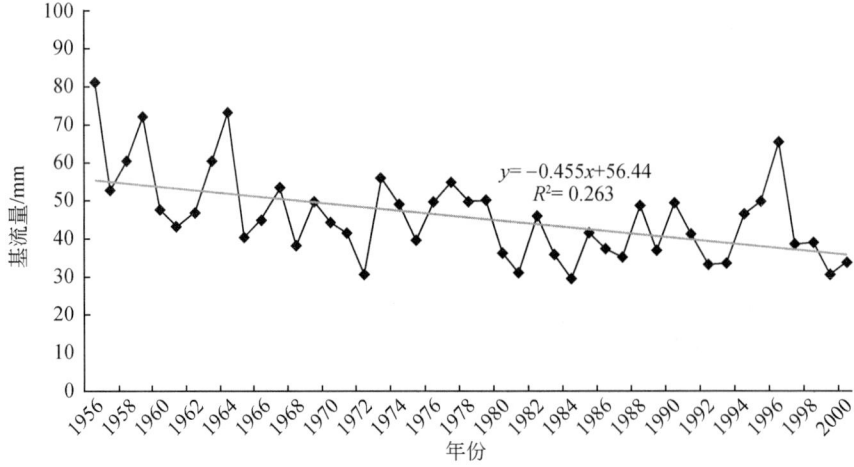

图 1-12 海河流域 1956～2000 年河川基流量变化趋势

第 2 章 典型生态系统与水循环系统间的耦合与适应机制

2.1 生态系统类型与水分补给模式的对应关系

不同生态系统对水分的依赖程度存在差异，这种差异可体现在微观和宏观两个方面：对于植物个体尺度而言，由于生理习性不同，不同植被类型的个体进行生长繁殖等生理活动需要的水量往往存在差异，如水生或湿生植物通常情况下对水分的依赖程度大于旱生植物；对于宏观尺度而言，需水量间的差异体现为维持不同类型的生态系统健康所需要的水量方面的差异，即各个生态系统的生态需水量的大小，由于不同生态系统间需水量存在差异，在分析流域尺度的生态水文相互作用时，首先需要依据生态系统对水分的依赖程度，对流域内的生态系统进行划分。本研究在前述生态系统分类的基础上，依据其生态需水量值，确定海河流域不同生态系统对水分的依赖程度，海河流域各生态系统生态需水量见表2-1。

表 2-1 海河流域各生态系统生态需水量

名称	面积/km²	生态需水量/亿 m³	需水量/mm
森林	60 103.56	250.54	416.85
草地	61 459.91	103.43	168.29
内陆湿地	6 163.59	73.41	1 191.03
河口湿地	823.86	9.72	1 179.81

注：①森林、草地生态需水量包括植被蒸腾和植被及地面的蒸发需水，按植被群落类型及面积进行计算；湿地生态需水量包括河道生态需水、沼泽湿地生态需水和湖泊生态需水 3 部分，其中河道生态需水计算包括蒸发、渗漏和河道基流量 3 部分，后两者只计算蒸发和渗漏；河口湿地生态需水计算与沼泽湿地相同；②表中所指需水量是单位面积上的生态需水量值。

由表 2-1 可见，海河流域内各生态系统中，对水分依赖程度最大的是内陆湿地生态系统，达 1191.03mm，其次是河口湿地，为 1179.81mm。海河流域内河口湿地主要由芦苇和湿生植被、水域和三角洲组成，因此，其对水分的依赖程度与内陆湿地非常接近。森林、草地生态系统对水分的依赖程度相对较低，分别占湿地生态系统的 35.0% 和 14.13%。

根据本研究确定的生态系统划分，海河流域内部生态系统划分为森林生态系统、草地生态系统、内陆湿地生态系统、河口湿地生态系统、农田生态系统和城镇绿地生态系统 6 种（图2-1）。其中森林、草地生态系统中，除一小部分人工林和人工草地靠人工灌溉补给水源维持外，大部分依靠雨水补给，因此森林和草地生态系统主要为雨养型生态系统；

海河流域内陆湿地生态系统主要包括湖泊生态系统、河道及滨河带生态系统、沼泽湿地生态系统、库塘生态系统等。系统的补给水源除少部分来自大气降水外，多依靠河川径流补给或人工调水补给，因此将湿地生态系统划分为河川径流补给型生态系统。海河流域主要河口包括海河口、漳卫新河口和滦河口3部分。河口湿地构成的生态系统处于沿海河入海口地区的高潮位与低潮位之间，其补给水源来自大气降水、河川径流和海水，因此属于综合补给型生态系统；农田生态系统包括水田和旱地两大类，系统水源除少部分来自大气降水外，多依靠人工灌溉补给，因此属于人工灌溉补给型生态系统；城镇绿地生态系统的补给水源主要依靠人工灌溉补给，因此属于人工灌溉补给型生态系统。海河流域按补水类型划分的生态系统空间分布见图2-1，海河流域内各生态系统的主要补水类型见表2-2。

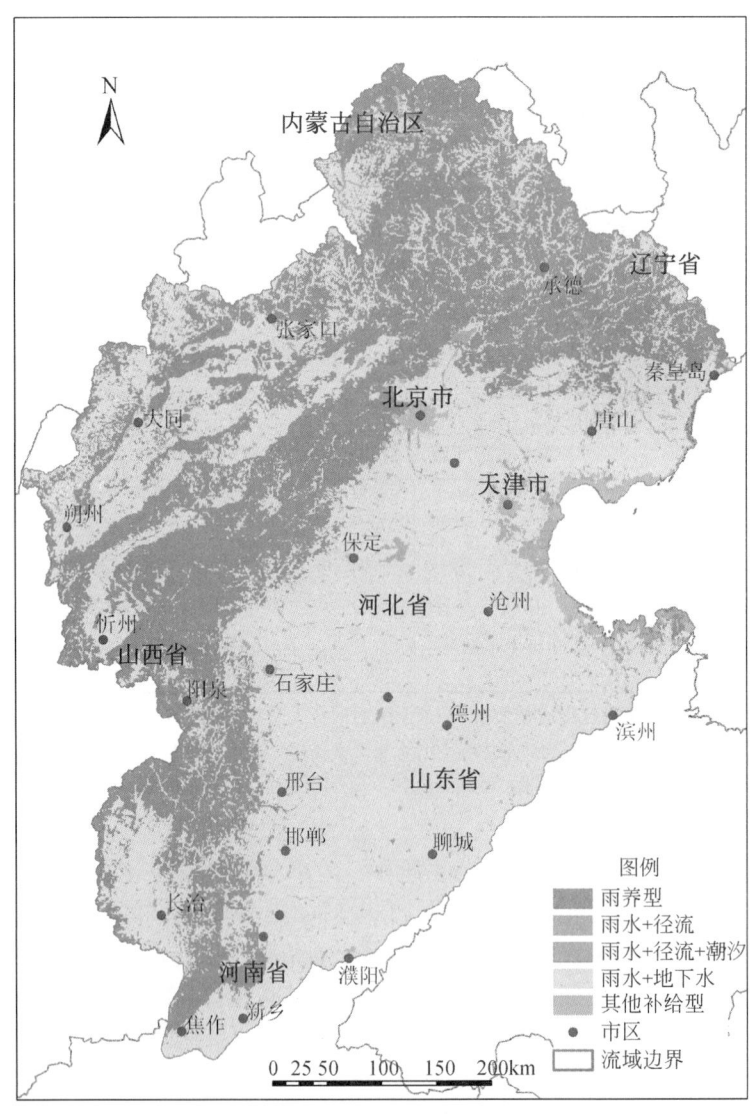

图2-1 海河流域按补水类型划分的生态系统空间分布

表 2-2 海河流域各生态系统的主要补水类型

生态系统类型	主要补水类型	生态系统类型	主要补水类型
森林生态系统	雨水	河口湿地生态系统	雨水+径流+潮汐
草地生态系统	雨水	农田生态系统	雨水+地下水
内陆湿地生态系统	雨水+径流	城镇绿地生态系统	雨水+地下水+中水

本次研究主要针对表 2-2 中的前 5 种生态系统，城镇绿地生态系统不在本研究的范围之内。

2.2 海河流域的区域耗水演变趋势与演化特征

气象变量的变化是造成蒸发在时间和空间上波动的主要原因，但每个气象变量在不同的区域起着不同的作用。因此，对于不同的区域要具体分析蒸发规律变化的原因，同时，有必要定量评估每个气象变量对参考腾发量（RET）变化的贡献程度。定量分析海河流域 RET 变化趋势有助于理解气候变化对水资源平衡的影响，从而可以更好地为水资源分配和管理提供依据。因此，本节主要利用海河流域 34 个气象站（图 2-2）1957～2007 年的气象资料，分析过去 51 年间 RET 和主要气象要素的变化趋势，并量化关键气象因素对于 RET 变化特征的影响。

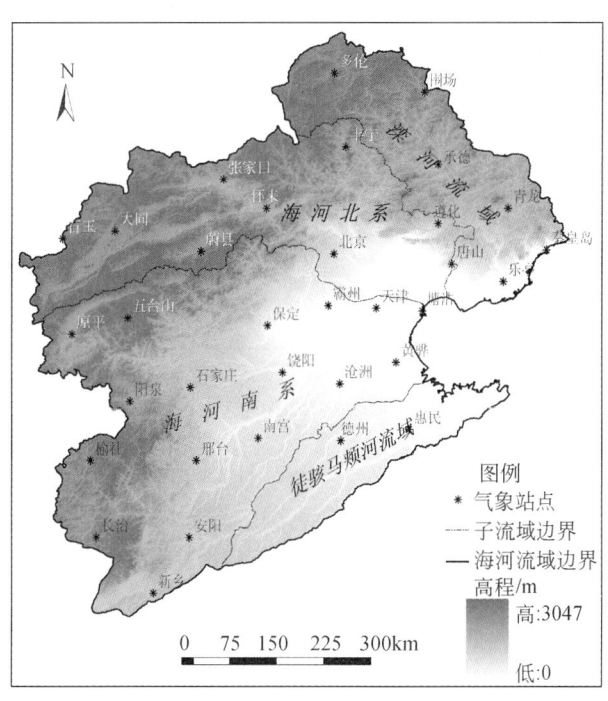

图 2-2 海河流域气象站点分布

2.2.1 海河流域 RET 的空间变化特征

图 2-3 反映了海河流域各站点年 RET 变化趋势的空间分布特征。在过去 51 年来，整个海河流域有 20 个站点的 RET 呈现显著下降趋势，约占到站点总数（34 个）的 59%。呈现显著上升趋势的站点只有 4 个，约占站点总数的 12%，剩下 29% 的站点没有显著的变化趋势。呈现显著下降趋势的站点主要分布在海河流域东部和东南部的平原区，呈现显著上升趋势的站点都位于海河流域西部高原区（除了北京站以外），无明显变化趋势的站点主要集中在西北部区域。呈现显著下降趋势站点的变化坡度范围集中在 10~40mm/10a，除了五台山站（变化坡度值为 45.7mm/10a）以外，呈现显著上升趋势站点的变化坡度都在 10mm/10a 左右。

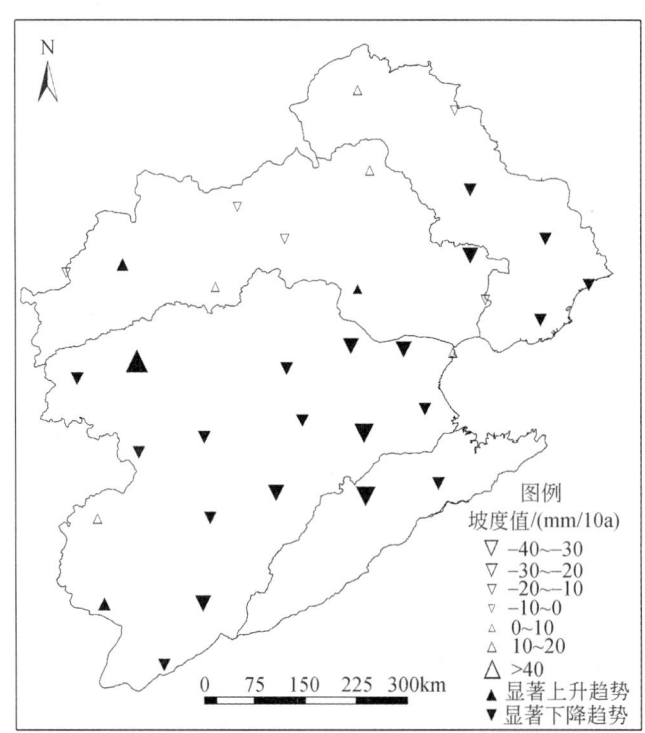

图 2-3 海河流域各站点年 RET 变化趋势的空间分布特征
注：实心表示显著，空心表示不显著，空心大小表示坡度。

海河流域从西北到东南地势变化显著，气候特征差异也十分明显。长序列 RET 变化特征是各种气候要素综合作用的结果，也表现为显著的空间分异性。为进一步分析海河流域 RET 的区域结构特性，对 34 个站点 51 年的 RET 进行旋转正交函数（REOF）分析，选择累计方差贡献为 83.7% 的前 5 个主分量进行方差极大正交旋转，旋转后的各个主分量的方差贡献比旋转前分散，且各主分量的方差贡献也发生了一些改变（表 2-3）。根据荷载绝对值不小于 0.5 对 RET 的空间特征进行区划，得到前 5 个旋转荷载向量及空间分布型（图 2-4）。图 2-4 表明正高荷载区主要集中在东部平原区 [图 2-4（a）]、北部山区 [图 2-4（b）] 和西部高原区 [图 2-4（d）]。综合考虑方差贡献、实际地势和气候特征，第 3 和第 5 特征向量不单独分区。整个海河流域可以分割为3个RET变化敏感区（图2-5），即西部区、北部区和东部区，分区结果同前述的RET变化的空间特征（图2-3）能够相互印证。按上述标准分区，虽然相互邻近区域还存在一些重叠地带，但重叠部分较小，用通过旋转后的高荷载分布进行区域性RET分区，是一种较为客观的分区方法，为进一步研究区域性RET变化规律和原因奠定了基础。

表2-3 旋转前后前5个主分量的方差贡献 （单位:%）

主分量	旋转前		旋转后	
	方差贡献	累计方差贡献	方差贡献	累计方差贡献
1	54.33	54.33	28.86	28.86
2	11.07	65.4	18.37	47.23
3	7.28	72.68	12.48	59.71
4	5.92	78.6	12.35	72.06
5	5.11	83.7	11.64	83.7

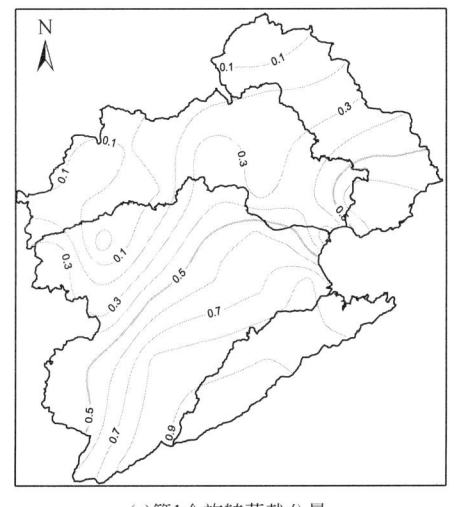

(a)第1个旋转荷载分量

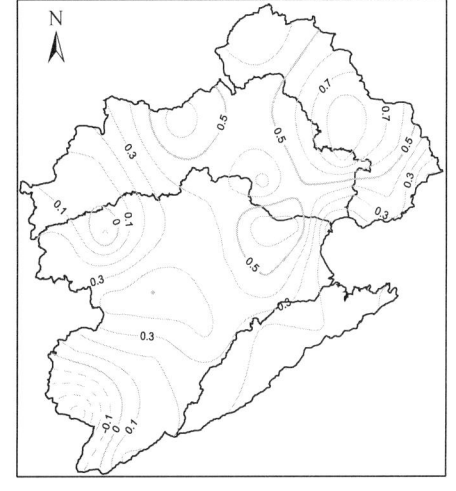

(b)第2个旋转荷载分量

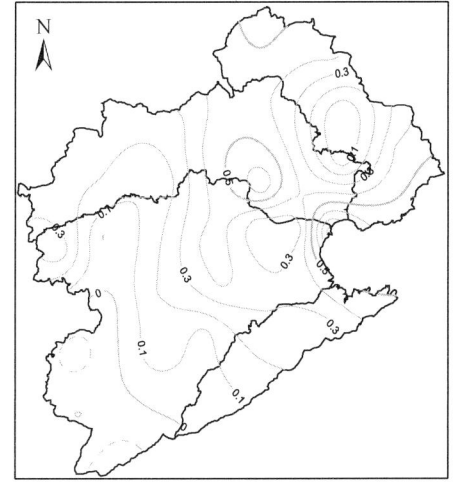

(c)第3个旋转荷载分量

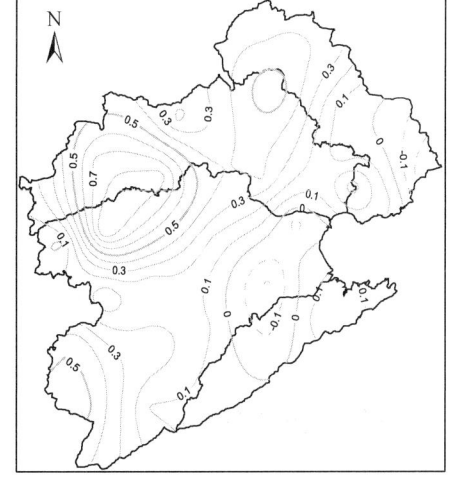

(d)第4个旋转荷载分量

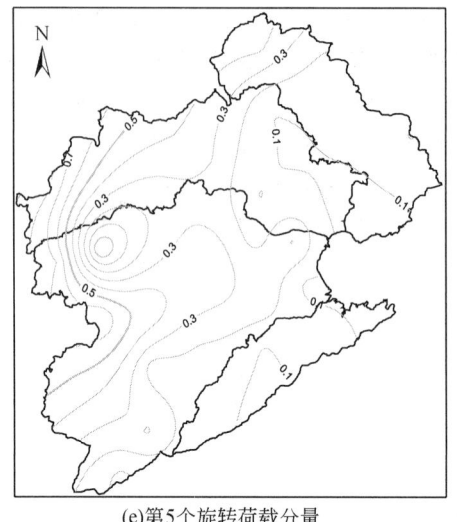

(e)第5个旋转荷载分量

图 2-4 海河流域 RET 的前 5 个 REOF 旋转荷载分量

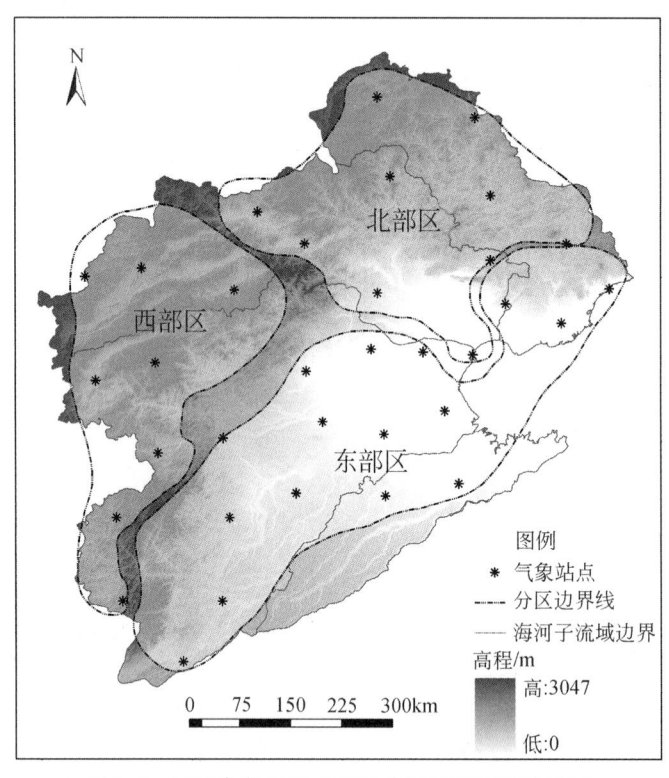

图 2-5 基于参考 RET REOF 分析的海河流域分区

2.2.2 RET 和气象变量变化趋势分析

图 2-5 给出了 1957~2007 年海河流域全流域、西部区、北部区和东部区年平均 RET

的变化情况，Kolmogorov-Smirnov 检验的结果表明 4 个序列在 95% 置信水平下都呈现正态分布（具体结果未列出），因此，可以对其进行参数 t 检验，结果如表 2-4 所示（第 2 行）。从图 2-6 和表 2-4 中可以看出，在过去的 51 年来，整个海河流域、北部区和东部区的年平均 RET 都呈现显著的减少趋势，从参数 t 检验的 P 值来看，这种减少趋势从全流域到北部区到东部区逐渐增强（0.031 62>0.007 65>0.001 15），而西部区的年平均 RET 呈现显著增加趋势。为了分析这种海河流域 RET 变化趋势的主要原因，同样对 4 个主要的气象变量——气温、风速、相对湿度和日照时数进行参数 t 检验（Kolmogorov-Smirnov 检验的结果显示 4 个气象变量在 95% 置信水平下也都呈现正态分布，具体结果未列出），图 2-7 和表 2-4（3~6 行）给出了检验结果。51 年来，海河流域全流域及各分区年平均气温呈现出显著的增加趋势，年平均风速和年平均日照时数都呈现显著的减少趋势（相应的参数 t 检验 P 值小于 0.001，远小于 95% 置信水平 P 值阈值 0.05）。除了西部区的年平均相对湿度呈现显著减少趋势之外（参数 t 检验 P 值 0.010 88，小于 0.05），全流域、北部区和东部区的年均相对湿度都没有显著的变化趋势（相应的参数 t 检验 P 值全都大于 0.05）。年平均气温显著增加的结果同近年来全球变暖的报道结果相一致。Wang 等（2012a）研究表明黄河流域 RET 变化受多种气候要素影响，其驱动机制呈现空间和季节性差异。

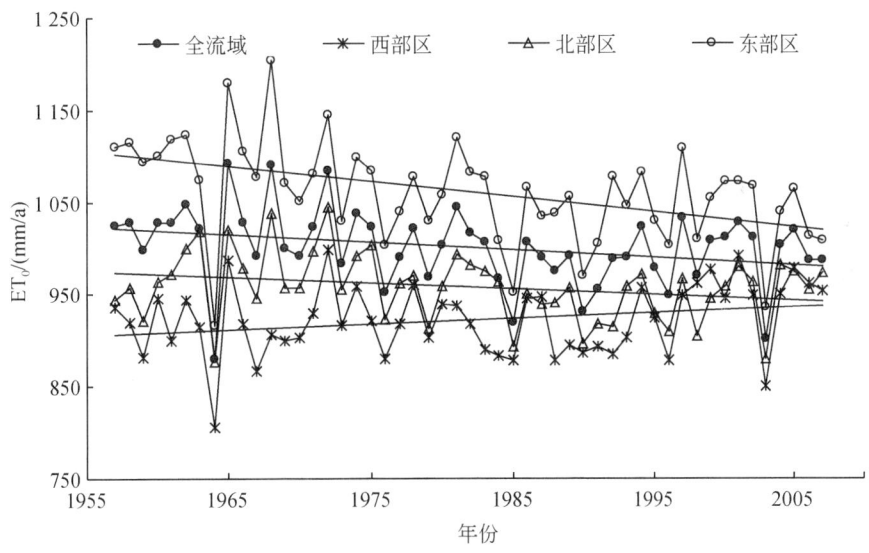

图 2-6　海河流域不同区域年 RET 的线性变化趋势

Xu 等（2006）的研究结果表明长江流域的年平均风速也呈现显著的下降趋势，他们认为引起风速下降的原因比较复杂，可能是气候变化的结果，也可能是由于测量站点所在位置环境变化所致（比如气象站点周围随着城市化进程出现更多的建筑，从而引起风速测定值的变化），因此，需要进一步有针对性地开展研究。日照时数（或太阳辐射）的减少在世界范围内普遍存在，被认为是一个区域性现象，但 Liu 等（2004）研究发现，与世界其他地方不同，中国日照时数减少的同时，云量和降水量并没有增多，日益严重的空气污染可能是日照时数减少的原因。

表 2-4　海河流域不同区域 RET 和相关气象变量的参数 t 检验结果（P 值）

气象变量	全流域	西部区	北部区	东部区
RET	0.031 62	0.043 32	0.007 65	0.001 15
年平均气温	<0.001	<0.001	<0.001	<0.001
年平均风速	<0.001	<0.001	<0.001	<0.001
年平均相对湿度	0.057 83①	0.010 88	0.070 41①	0.099 81①
年平均日照时数	<0.001	<0.001	<0.001	<0.001

①表示线性变化趋势没有通过 95% 置信水平检验。

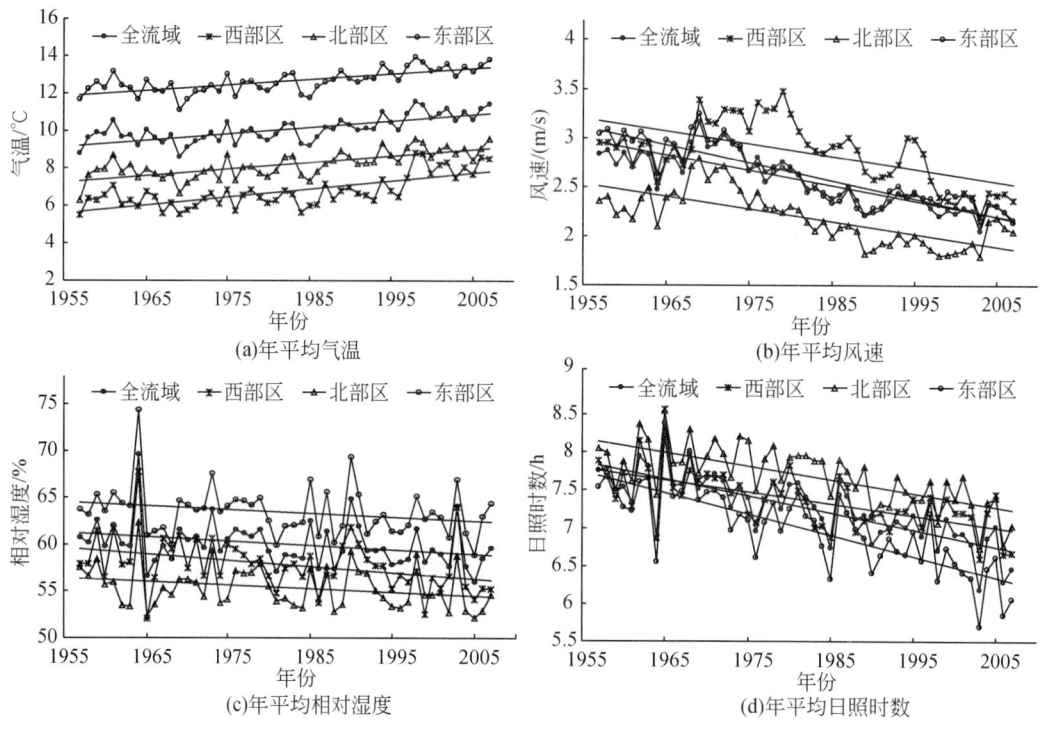

图 2-7　海河流域不同分区气象变量线性变化趋势

t 检验只能判断序列的整体变化趋势，无法描述序列在时间上的变化细节，因此，为了进一步了解海河流域 RET 在不同时间过程中的演变特征，应用 Mann-Kendall（MK）检验对海河流域全流及各分区的 RET 和相关气象变量的时间变化趋势进行分析。图 2-8 给出了海河流域全流域和各分区年 RET 的 MK 检验结果在时间上的变化特征。西部区的 RET 和北部区、东部区的 RET 在近年来基本呈现出相反的变化特征，这同前述参数 t 检验对 RET 整体变化趋势的判断结果一致。具体表现在，西部区的 RET 在 1957~1998 年并没有明显的变化趋势，在 1998 年之后呈现出增加趋势，并且这种增加趋势在 2007 年表现出显著性（大于 95% 置信水平）。北部区的 RET 在 1957~1986 年呈现增加趋势（但并不显著），而在 1986 年之后转变为减少趋势，并且在 1996 年以后呈现出显著性减少（大于

95%置信水平）。全流域和东部区 RET 的 MK 检验结果具有相似的变化特征，都在 1970 年左右开始减少，并且这种减少趋势在 1985 年以后变得显著（大于 95% 置信水平）。

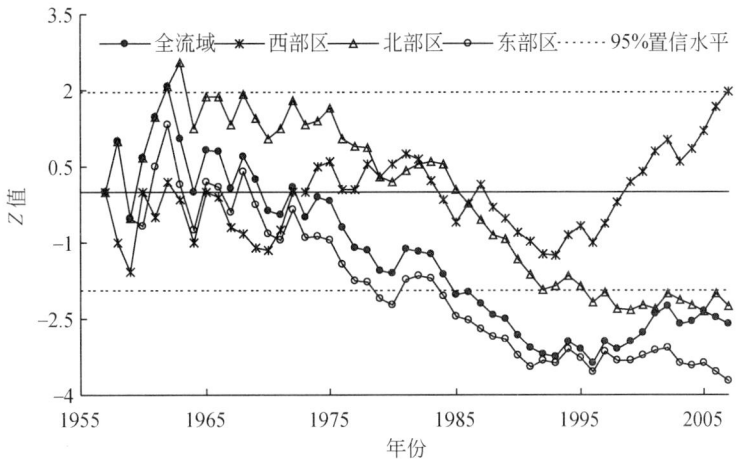

图 2-8　海河流域不同分区年 RET 的 MK 检验 Z 值的时间变化

图 2-9 给出了 RET 相关气象变量 MK 检验结果在时间上的变化特征。从图 2-9（a）中可以看出，海河流域全流域和各分区的年平均温度变化呈现出基本一致的变化规律，1957～1975 年，年平均温度变化趋势反复波动，在 1975 年之后一直呈现增加趋势，且这种增加趋势在 20 世纪 90 年代早期变得显著（大于 95% 置信水平）。图 2-9（b）显示海河流域全流域和各分区的年平均风速在近几十年呈现出下降趋势，但不同区域年平均风速开始下降趋势的时间点不同，西部区、北部区和东部区的年平均风速分别于 1990 年、1981 年和 1973 年开始呈现下降趋势，并且这种下降趋势分别于 1998 年、1986 年和 1977 年变得显著。图 2-9（c）显示海河流域各分区的年平均相对湿度在 20 世纪七八十年代之后都开始表现出减少趋势，但只有西部区的年平均相对湿度在 1998 年以后呈现显著性减少。从图 2-9（d）中可以看出，海河流域各分区年平均日照时数在 20 世纪 70 年代中后期之前都呈现出波动趋势，在这之后都开始呈现减少趋势，并逐渐表现出显著性。需要特别指出的是 1997～2007 年，年平均风速和年平均日照时数减少的强度从西部区到北部区到东部区依次增强［图 2-9（b）和（d）］，这正好可以解释图 2-8 中显示的东部区 RET 减少的强度要大于北部区。而西部区的年 RET 变化趋势明显不同于东部区和北部区，是由于西部区年平均相对湿度不同于其他两个分区所造成的（因为 3 个分区的年平均气温变化趋势基本一致）。

2.2.3　定量评估不同气象变量对 RET 变化的影响

为了定量评估海河流域各气象变量对 RET 变化趋势的影响程度，要进行以下步骤的计算：首先，对各气象变量进行去趋势处理，使其成为平稳时间序列；然后，每次仅用一个去趋势后的气象变量，其他气象变量仍然用原始数据对 RET 进行重新计算；最后，分

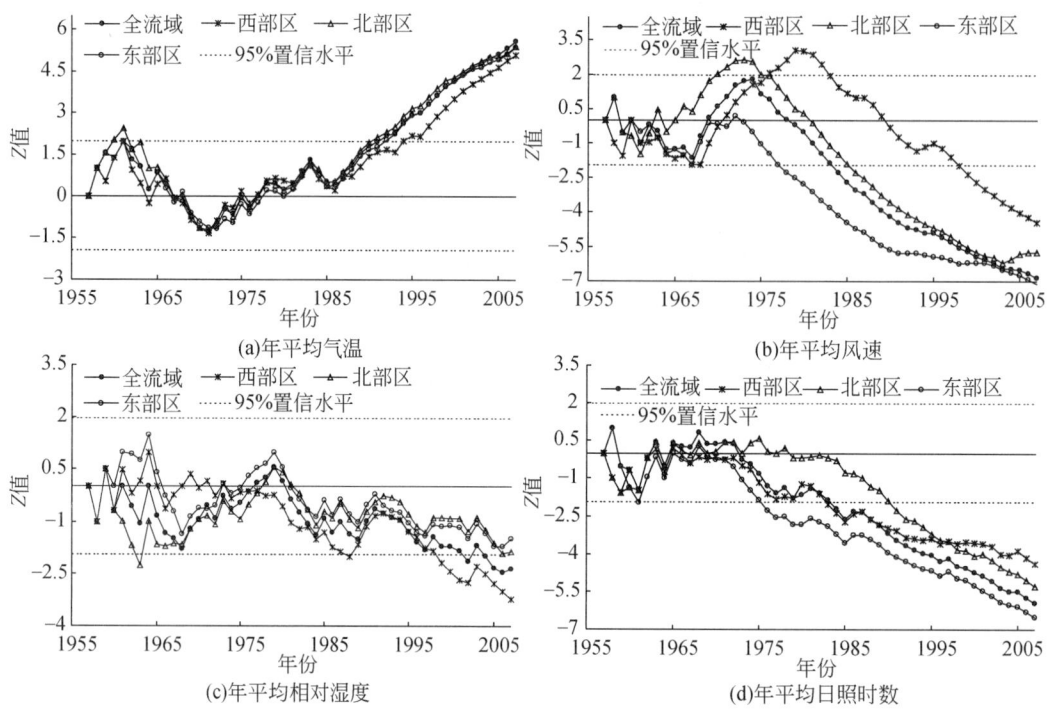

图 2-9 不同分区气象变量 MK 检验 Z 值的时间变化

析比较重新计算的 RET 与原始 RET 之间的差异程度,其代表了去趋势气象变量对 RET 变化趋势的影响。本章对西部区、北部区和东部区都进行以上步骤的计算。以西部区为例,分别对其年平均气温、风速、相对湿度和日照时数序列去趋势前后的对比如图 2-10 所示,图中虚线为原始序列和去趋势序列的趋势性,可以看出,原始序列去趋势后都成为平稳时间序列。

图 2-11 给出了海河流域不同分区原始 RET 序列与重新计算 RET 序列的比较,显示不同气象变量去趋势后重新计算的 RET 和原始 RET 之间的差别程度具有很大的差异。也就是说,不同气象变量对 RET 变化的贡献程度不同,例如,图 2-11(a)西部区风速去趋势后重新计算的 RET 与原始 RET 之间的差别,比平均气温去趋势后重新计算 RET 与原始 RET 之间的差别要大,表明年平均风速在 RET 变化趋势中的作用大于年平均气温。从图 2-11 中我们可以总结出,在北部区和东部区,年平均风速的下降是这两个区域 RET 减少的主要原因,年平均日照时数的减少对 RET 减少的贡献程度相比风速小一些,但大于年平均相对湿度和年平均气温的贡献。而对于西部区而言,年平均相对湿度(与 RET 负相关)的减小则是 RET 增加的主要原因,年平均相对湿度的减小趋势要小于年平均风速和年平均日照时数的减少趋势(表 2-4 和图 2-7),但却是引起 RET 变化的主要因素,说明不同地区 RET 对不同气象变量的敏感性不同。

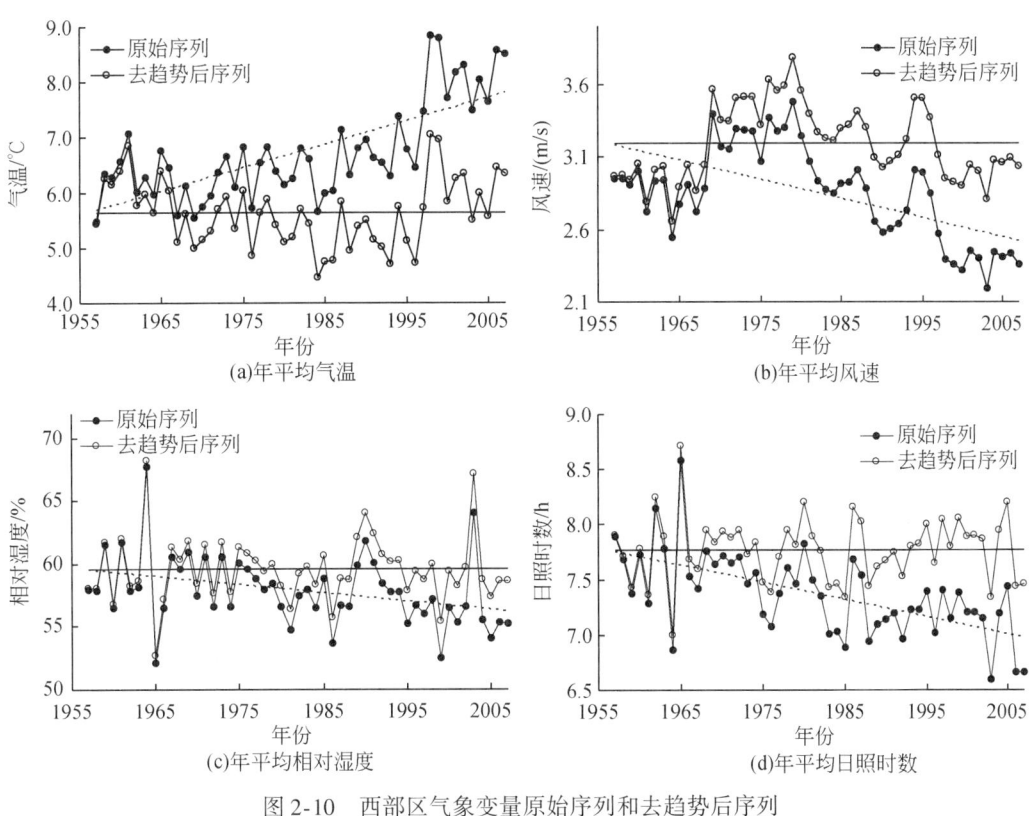

图 2-10 西部区气象变量原始序列和去趋势后序列

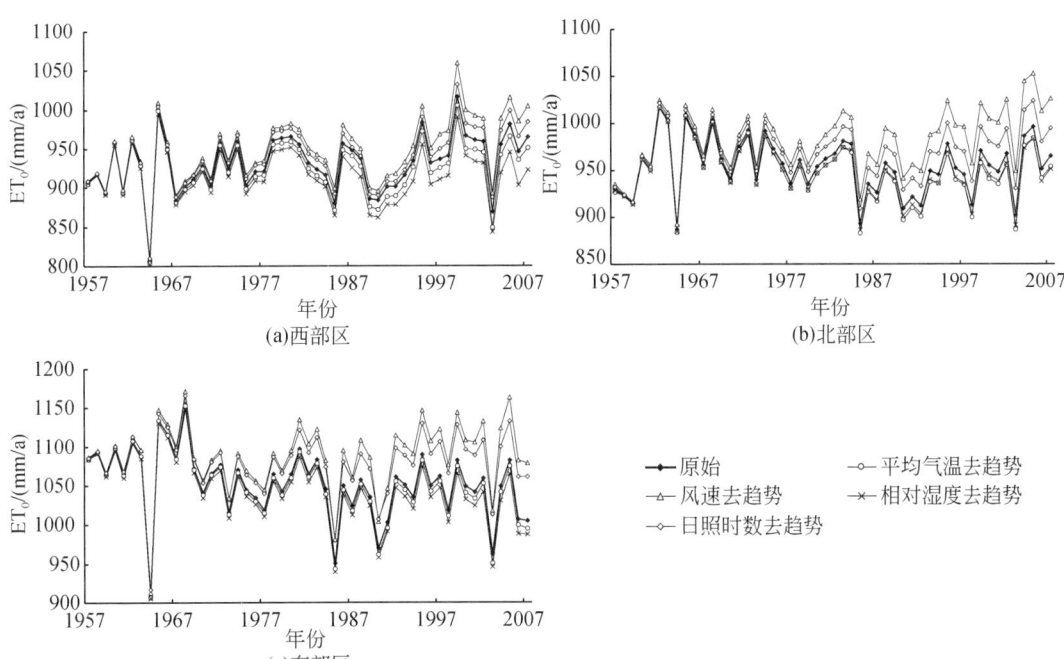

图 2-11 海河流域不同分区原始 RET 序列与重新计算 RET 序列

2.2.4 RET 对气象变量的敏感性分析

为了更好地理解不同气象变量对 RET 变化的贡献，笔者分析了 RET 对不同气象变量的敏感性。进行敏感性分析的方法比较常用的是敏感性系数法，Gong 等（2006）运用敏感性系数法对影响长江流域 RET 的关键气象变量进行了敏感性分析。另外一种简单且有效的方法——"敏感性曲线法"也被广泛应用，Wang 等（2012b）应用敏感性曲线法分析了黄河流域干旱半干旱区域腾发量对全球变暖的敏感性，Xu 等（2006）运用敏感性曲线法分析了长江流域 RET 对气象变量的敏感性等。本小节运用敏感性曲线法进行海河流域气象变量的敏感性分析。敏感性曲线法可以简单描述为将气象变量的相对变化和相应的 RET 相对变化画成一个曲线，通过分析 RET 对不同气象变量的相对变化程度，获取 RET 对气象变量的敏感性。本小节选择 7 个不同的气象因素变化场景（即 $\Delta X=0$，$\pm 10\%$，$\pm 20\%$，$\pm 30\%$，其中 X 是气象变量）作为 Penman-Monteith 方法的输入，敏感性分析的结果如图 2-12 所示。RET 在不同的区域对相对湿度的敏感性有一定的差别，在西部区和东部区的敏感性大于在北部区的敏感性，但与其他气象变量相比，都是 RET 最为敏感的气象因素。RET 对其他气象变量的敏感性在不同区域间差别不大，RET 对年平均风速和年平均日照时数的敏感性大体一致，小于对年平均相对湿度的敏感性但大于年平均气温的敏感性。结合图 2-12 和表 2-4 可以很好地印证图 2-11 显示的结果，比如，虽然年平均相对湿度是 RET 最为敏感的气象变量，但除了西部区之外，在北部区和东部区，年平均相对湿度对 RET 变化并没有显著的贡献，这是因为年平均相对湿度在北部区和西部区并不呈现显著的变化趋势。

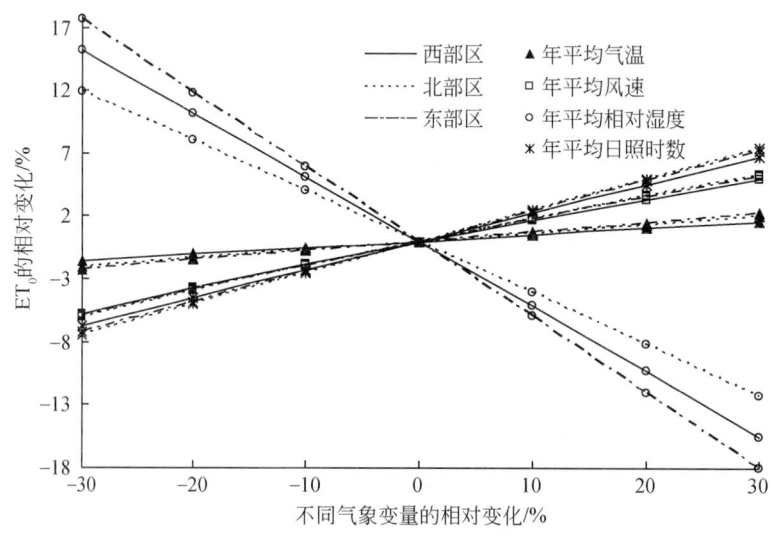

图 2-12　海河流域 RET 对气象变量的敏感性分析

综合前面几节内容，本小节对海河流域及不同分区（高原区、山区和平原区）1957~2007 年 RET 及其相关的气象变量的变化趋势进行了分析，并分析了 RET 变化趋势形成的主要原因，定量评估了各气象变量对 RET 变化趋势的贡献，得到以下结论：①1957～2007 年，海河流域全流域、山区和平原区的 RET 都呈现出显著的减少趋势，而高原区的 RET 则呈现出显著的增加趋势。总体上说，在 20 世纪七八十年代以前海河流域各分区的 RET 变化趋势并不显著，在这之后高原区的 RET 呈现增加趋势，而山区和平原区的 RET 变化趋势与之相反呈现减少趋势，并且这种增加和减少趋势都在 90 年代中后期呈现显著性。②敏感性分析的结果表明：在海河流域所有分区中，年平均相对湿度是对 RET 最敏感的气象变量，年平均风速和年平均日照时数对 RET 的敏感性差别较小，都小于年平均相对湿度的敏感性。年平均气温对 RET 的敏感性最小。③每个气象变量对 RET 变化的影响程度取决于两个方面，一是 RET 对气象变量的敏感性，二是该气象变量所呈现变化趋势的程度。海河流域高原区 RET 的增加主要是由该区域显著增加的年平均相对湿度所引起的，而山区和平原区的显著下降的年平均风速和年平均日照时数是造成这两个区域 RET 减少的主要原因。

最近的研究表明，在全球增温背景下，过去全球普遍存在的蒸发减少现象在最近十年来呈现反转现象（Wang et al.，2013），变化背景下蒸发及区域耗水的变化规律及驱动机制有待继续深入探讨。

2.2.5　RET 相空间重构及混沌性识别

首先将 RET 序列重构成多维相空间，展示系统的动力特征，并基于此对序列的混沌性进行识别，再运用加权局域法对 RET 序列进行预测。序列的关联维数随着相空间嵌入维数值升高而达到饱和，这表明 RET 序列呈现一定的混沌现象（王卫光等，2008），基于此，运用混沌加权局域法对 RET 序列的预测，并对结果进行了讨论和分析。

由于混沌时间序列和随机噪声具有相似的外观表现和线性统计特征，因此如何区分一个给定的观测序列是混沌的还是随机的，对认识事物变化的本质规律及建立正确的模型来描述这种变化具有重要意义。要将混沌理论应用于 RET 时间序列预测中，首先就需要判别给定的 RET 时间序列是否是混沌序列。对序列变化是否具有混沌性的论证一般是在相空间的基础上进行的。为了建立相空间，合理确定延迟时间非常重要，本小节选择自相关函数法和互信息函数法来确定序列的延迟时间。由图 2-13 可知，自相关函数随延迟时间衰减明显，因此 RET 序列的自相关函数第一次经过零点时所对应的延迟时间便是重构相空间的最佳延迟时间。

饱和关联维数法是确定相空间嵌入维数的常用方法，同时随着嵌入维数的升高，关联维数的饱和现象也是一种识别序列混沌性的方法。在运用饱和关联维数法进行 RET 混沌特征量计算和混沌性识别之前，为了有一个直观的认识，首先用直接观察法观察张北站 RET 序列的重构吸引子。图 2-14 为 $\tau=90$（τ 为延迟时间）时的 RET 二维重构相图，该图表征了重构的高维相空间体现出的系统动力特征，从图中我们可以看出，相空间中的吸引子包含在一个小的区域，也就是说可以明显地感觉到混沌吸引子的存在。从图 2-14 中可以解释相空间重构在体现系统动力性上的作用，因为表面上高度不规则的 RET 序列的动力性演变过程可以被看做吸引子的简单演化。

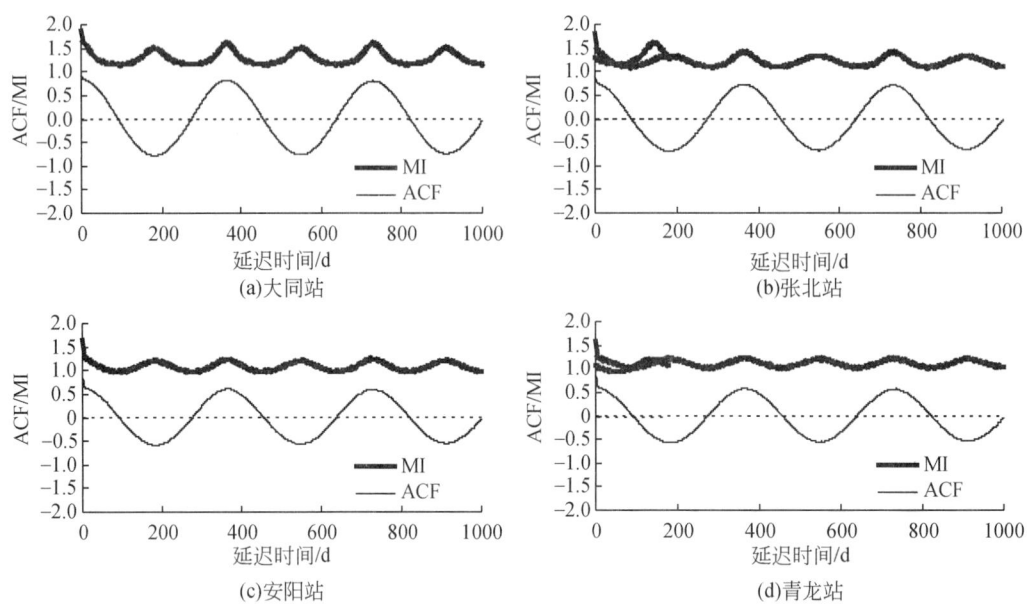

图 2-13 混沌相空间参数计算结果

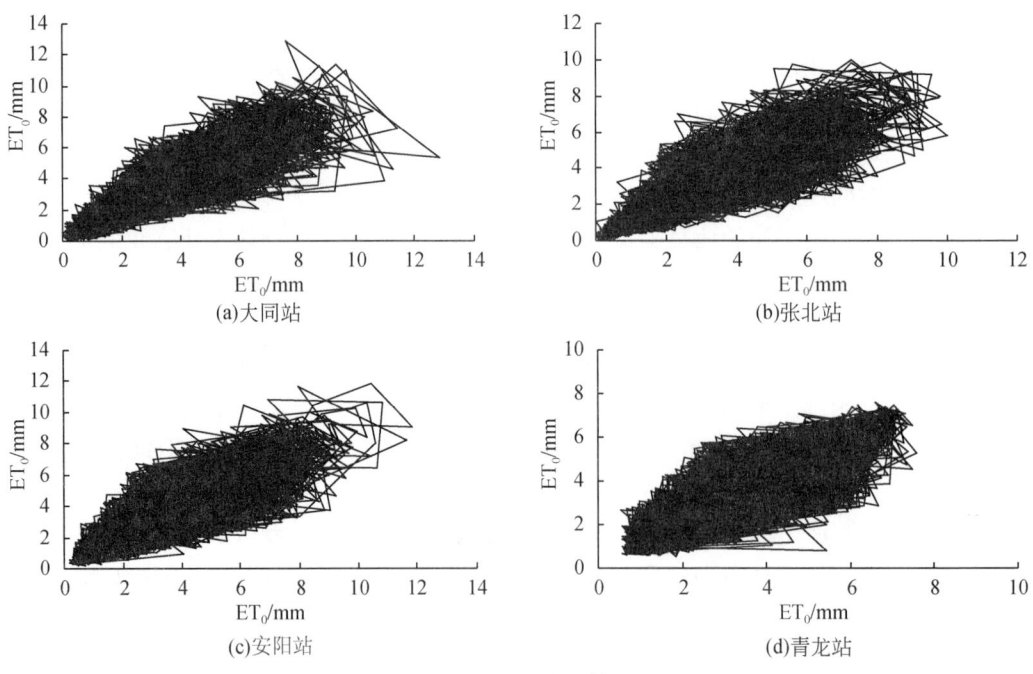

图 2-14 RET 二维重构相图

按照前述饱和关联维数法的计算步骤,根据得到的延迟时间计算 RET 重构相空间的最佳嵌入维数 m,图 2-15(a)显示了选择 m 从 1 到 17 时,RET 序列 $\ln C(r)$-$\ln r$ 的关系,

从 $lnC(r)$-lnr 关系图中确定出直线段的斜率,可得出 RET 序列的关联维数随 m 的变化趋势如图 2-15 (b) 所示。从图 2-15 (b) 中可以看出,序列的关联维数随着相空间 m 的升高而升高,并在 $m = 15$ 时达到饱和。这种关联维数随着相空间嵌入维数值升高到某值而达到饱和的现象表明了 RET 序列中确定性动力系统的存在。相应的饱和关联维数值 $D = 2.95$,有限的低关联维数表明了所研究的 RET 序列呈现出低维混沌现象,这也同时说明利用混沌预测方法进行 RET 序列的预测是可行的。

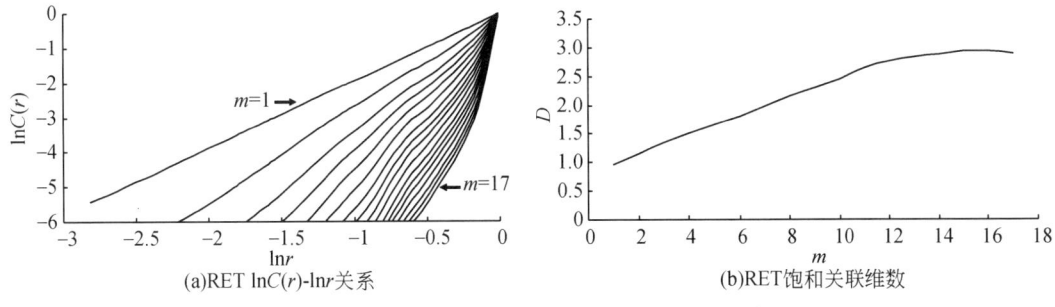

图 2-15 RET 序列关联维数计算(以张北站为例)

2.2.6 混沌预测及结果分析

根据最佳延迟时间和嵌入维数的计算结果,进行相空间重构,在此基础上,利用加权一阶局域预测法对 RET 序列进行预测。将 RET 序列分为两部分:前 39 年(1966 年 1 月~2004 年 12 月)的数据用来进行相空间重构,第 40 年(2005 年 1 月~2005 年 12 月)的数据用来预测。得到的预测值与 FAO-56 计算值的对比结果显示,预测值与 FAO-56 计算值总体的拟合效果较好,但在一些极大值和极小值点存在较明显的偏差。图 2-16 给出的预测值和 FAO-56 计算值的相关关系(图中实线为 1∶1 线),印证了以上分析。

为了定量分析混沌预测模型对 RET 的预测效果,选择不同的误差分析指标对预测效果进行评价,包括平均绝对误差(MAE)、均方差(MSE)、合格率(相对误差小于 20% 的点数比例)、相关系数(r)、有效性修正指数($E1$)等。

这里面 MAE、MSE 值越小,r(范围 0~1)、$E1$(范围 $-\infty$~1)越大表明预测值与目标值拟合得越好。为了进行比较,同时选择时间序列 AR 模型和基于气象资料的 BP 神经网络模型对 RET 进行预测和模拟。以张北站为例,3 种统计方法模拟预测结果的前述评价指标如表 2-5 所示。从表 2-5 我们可以看出,混沌模型的预测效果比 BP 模型要稍差,BP 网络模型的预测,是以影响 ET_0 的 4 种气象因子为基础进行非线性函数逼近,噪声的影响很容易随着样本数目的增大而变得很小,Sivakumar 等 2000 年曾在相关研究中较为深入地总结探讨了噪声对混沌序列预测效果的影响,认为可能正是数据噪声的存在影响了水文序列混沌预测的精度。RET 序列的计算基于实测的地面气象资料,气象资料的测量不可避免地会产生测量误差,这种误差会在 RET 序列中形成累积,势必导致 RET 序列存在一定的噪声。因此,可能由于 RET 序列中噪声的存在,造成混沌模型的预测效果要差于 BP 网络

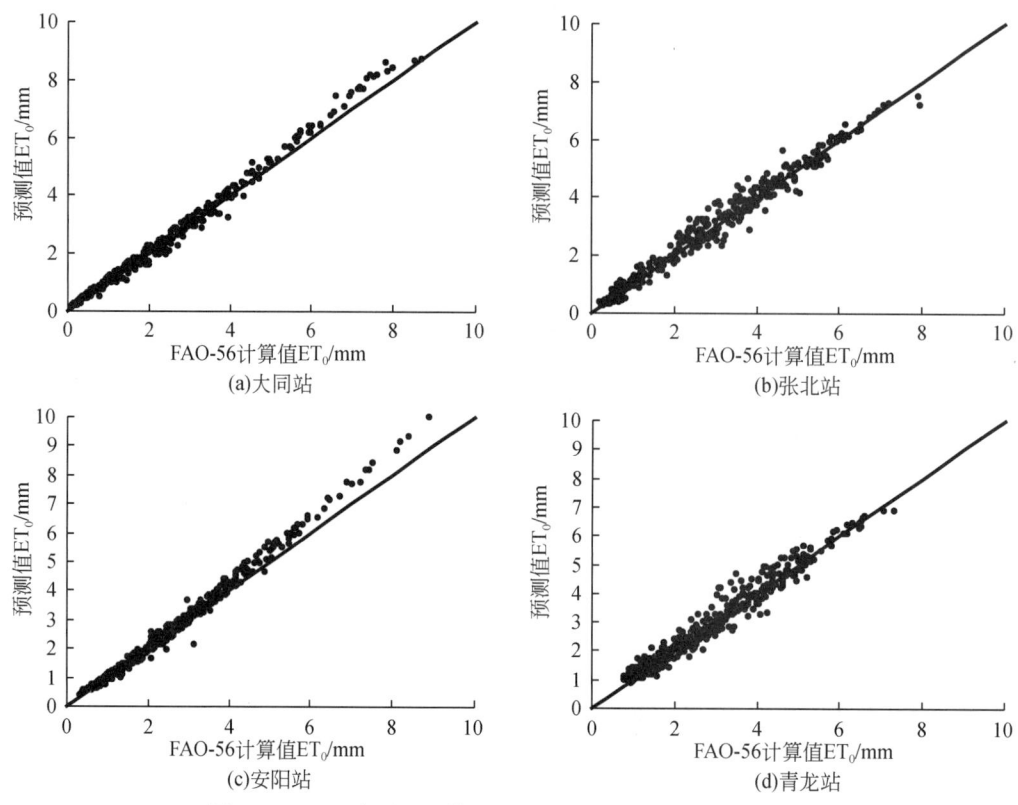

图 2-16 RET 序列混沌模型预测结果与 FAO-56 计算值比较

模型。但混沌模型的预测效果要明显优于时间序列 AR 模型,这说明将 RET 序列进行相空间重构是通过单一向量体现整个系统的动力性特征的有效方法,同时,按照混沌局域法对序列进行预测也有较好的效果。

表 2-5 混沌模型、AR 模型和基于气象资料 BP 模型预测效果比较

评价指标	混沌模型	AR 模型	BP 模型
平均绝对误差/(mm/d)	0.305	0.562	0.202
均方差/(mm²/d²)	0.151	0.669	0.078
相关系数	0.984	0.899	0.989
合格率/%	81.9	54.8	86.8
有效性修正指数	0.806	0.641	0.871

混沌模型作为 RET 演化规律分析和预测的一种新方法是可行的。以低维混沌来描述复杂的水文系统想法很吸引人,但寻求水文序列存在混沌特性的证据和预测不应该是研究的最终目的,如何给这种混沌现象给出合理的解释是未来需要研究的重点,弄清复杂的水文过程为何只受控于几个变量将十分有助于研究气候变化和人类活动对水文过程影响的机理和规律。

2.3 气候变化及农田生态系统对水循环的影响

2.3.1 滦河流域降水和温度的年值、季节值的每 10 年变化趋势

选择滦河为研究对象，为分析流域内降水、温度的 10 年变化趋势，把 1957~2007 年分别分成 1957~1970 年、1971~1980 年、1981~1990 年、1991~2000 年、2001~2007 年共 5 个时间段，把全流域分为上中下游，分别对各个子流域的各个时间段做了分析研究，结果见图 2-17 和表 2-6。从中可以看出，在滦河上游及中游区域，降水量在 1981~1990 年

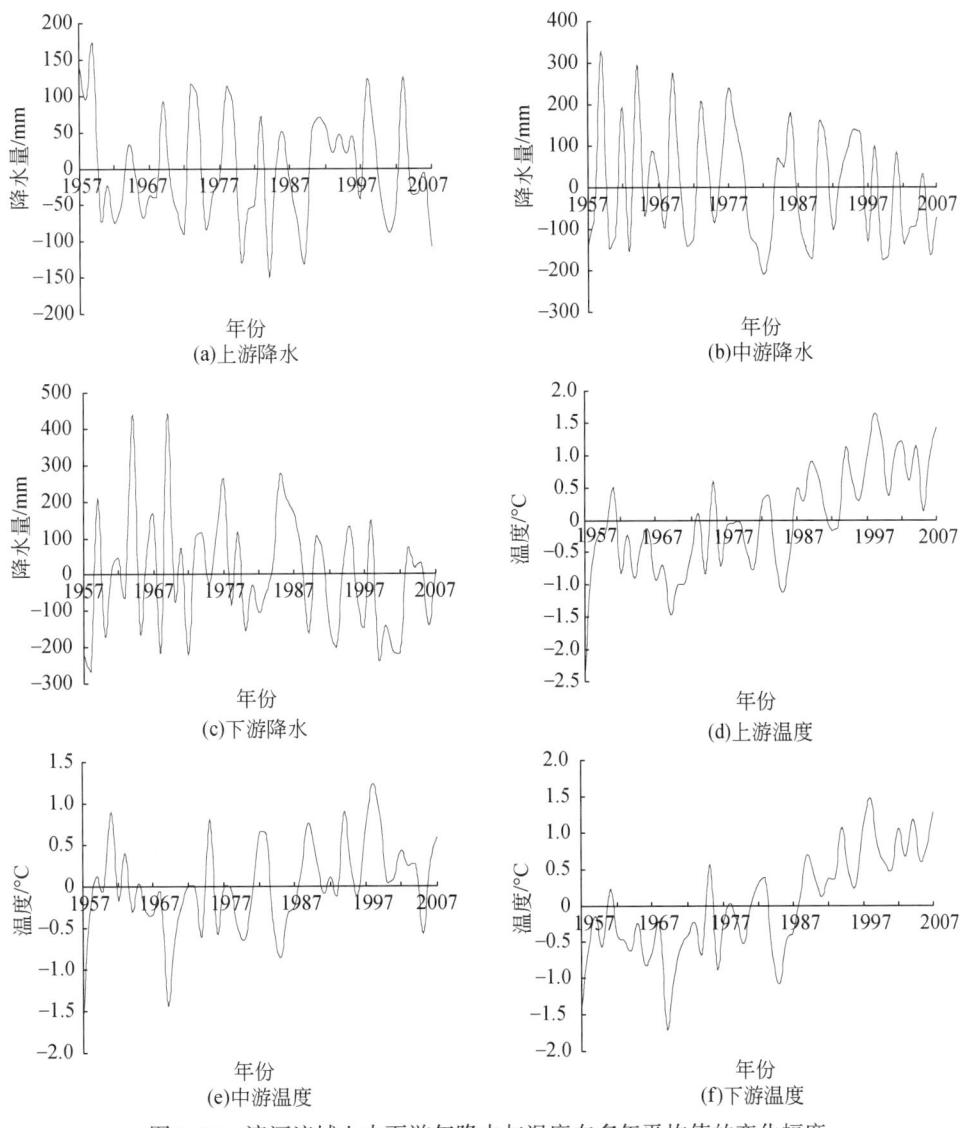

图 2-17　滦河流域上中下游年降水与温度在多年平均值的变化幅度

及 2001~2007 年有明显减少，尤其是夏季，上游分别是-20.45mm 和-38.70mm，中游是-52.26mm 和-72.94mm。在下游区域，降水量在 1991~2000 年及 2001~2007 年有显著的降低，分别是-45.47mm 和-80.81mm，而全流域的温度都是呈现逐渐上升趋势。

表 2-6 流域上中下游各个时间段的降水与温度在年和季节尺度上和多年均值的变化

时间		1957~1970 年		1971~1980 年		1981~1990 年		1991~2000 年		2001~2007 年	
项目		降水量/mm	温度/℃	降水量/mm	温度/℃	降水量/mm	温度/℃	降水量/mm	温度/℃	降水量/mm	温度/℃
上游	年	9.84	-0.686	0.47	-0.301	-29.83	-0.014	34.88	0.622	-27.58	0.932
	春	-3.02	-0.581	1.15	-0.611	-1.72	0.188	1.56	0.529	4.63	1.010
	夏	13.22	-0.435	0.29	-0.386	-20.45	0.069	28.75	0.442	-38.70	0.692
	秋	-1.28	-0.490	-2.37	-0.130	-7.16	-0.028	6.15	0.357	7.39	0.696
	冬	0.89	-1.114	1.26	-0.237	-0.62	-0.090	-0.86	1.070	-1.48	1.168
中游	年	33.71	-0.272	34.41	-0.177	-39.91	0.042	1.76	0.381	-62.08	0.191
	春	-4.51	-0.314	-10.51	-0.305	9.09	0.225	3.38	0.260	6.22	0.372
	夏	43.89	-0.030	32.30	-0.265	-52.26	0.070	9.57	0.343	-72.94	-0.150
	秋	-4.44	-0.024	9.21	0.044	2.44	0.066	-8.60	0.006	4.53	-0.118
	冬	-1.23	-0.615	3.35	-0.287	0.81	-0.067	-1.59	0.765	-1.21	0.642
下游	年	16.54	-0.621	29.84	-0.313	49.21	-0.078	-56.78	0.656	-64.90	0.861
	春	-12.35	-0.698	-5.12	-0.439	22.27	0.060	-2.59	0.625	3.90	1.045
	夏	35.84	-0.189	28.44	-0.361	23.43	-0.177	-45.47	0.501	-80.81	0.433
	秋	-5.91	-0.513	1.84	-0.109	3.34	-0.066	-5.15	0.374	11.79	0.743
	冬	-1.01	-1.046	4.36	-0.342	-0.05	-0.066	-2.30	0.978	-0.86	1.279

上述结果表明，自从进入 20 世纪 80 年代，降水有所减少，而温度在逐渐上升，气候的变化导致了径流的减少，如果这一气候变化趋势继续下去，势必对 21 世纪该流域的工农业乃至城镇居民引水造成极其严重的威胁，而本书研究的主要目的也就在于对未来流域内水资源做一个科学合理的评测。

2.3.2 滦河流域降水温度变化的空间分布

通过对流域内及其周边共 9 个气象站点的降水、温度在年尺度及季节尺度上利用 MK 趋势检测法及线性回归检测分析法（置信水平均在 95%），并通过 GIS 用反距离权重插值法绘出其空间分布图（图 2-18）。从图 2-18（a）可以看出，MK 趋势检测法检测结果与线性回归检测分析法检测的结果比较一致，滦河流域的大部分区域多年降水都没有显著的变化趋势，只是流域的中游区域有少部分地区有降低趋势。在春季，中游的降水有显著的上升趋势，而在夏季下降趋势比较明显。秋季只有流域近海地带有上升趋势。在冬季，只有上游的多伦站的降水有显著减少。如图 2-18（b）所示，在滦河流域的大部分区域温度都有显著的上升趋势。其中，MK 趋势检测法检测的结果年值春季、秋季及冬季结果一致，都是除了中游部分地区温度没有明显变化趋势外，其他地区的温度均有显著上升趋势。而线性回归检测分析法检测结果显示，年值、春季及冬季结果一致，中游没有显著性变化。而在夏季，中下游的温度均没有显著上升趋势，在秋季全流域的温度均显著上升，其中中游达到了90%的置信水平。

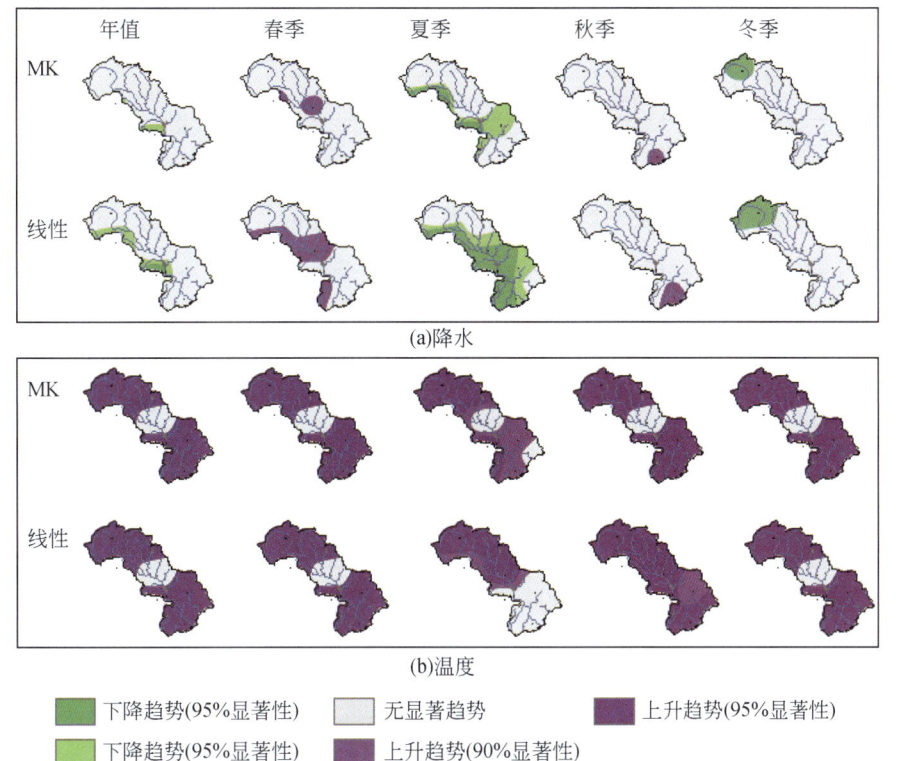

图 2-18 滦河流域降水与温度的 MK 趋势检测法检测结果与线性回归检测分析法检测结果的空间分布

综上所述，除了在多雨的夏季没有显著趋势外，全流域（除了中游部分地区）的温度均有显著上升趋势。而气温的上升将导致蒸发量的上升，在降水没有明显的上升趋势的情况下，由于水量平衡原则必然导致径流量的减少。滦河中游的径流量对引滦工程至关重要，对京津唐地区的社会经济的发展将起到阻碍作用。

2.3.3 潘家口水库上游径流深的变化趋势

分别用 MK 趋势检测法及线性回归趋势检测分析法检测了潘家口上游径流深随时间的变化趋势，为了更好地分析潘家口上游径流与降水、温度变化的响应关系，本章分别对潘家口上游降水、温度及径流深用 MK 趋势检测法及线性回归检测分析法对其变化作了时间序列上的分析，结果如表 2-7 所示。从表中可以看出，径流深在年值、春季、秋季都有显著的降低趋势，而在夏季却有显著上升趋势，在冬季也有不显著的减少趋势；潘家口上游的降水的变化均不显著，其中夏季降水有所降低；而温度的变化在潘家口上游均有显著上升趋势，均通过 MK 趋势检测法 95% 的置信水平，而秋季线性回归检测仅通过 90% 的置信水平。

表 2-7 潘家口水库上游的径流深、降水及温度的线性回归坡度值及 MK 趋势检测法检测值

统计值	径流					降水					温度				
	年	春	夏	秋	冬	年	春	夏	秋	冬	年	春	夏	秋	冬
坡度	-0.519	-0.117	0.417	-0.233	-0.005	-0.752	0.388	-1.266	0.021	-0.017	0.029	0.028	0.015	0.019	0.047
P	0.002	0.000	0.308	0.001	0.085	0.227	0.100	0.029	0.580	0.511	0.000	0.002	0.004	0.020	0.001
Z	-2.526	-5.637	1.966	-3.850	-0.753	-0.877	1.559	-1.876	0.130	-0.560	4.589	2.827	2.664	2.445	3.208

结果表示，整个潘家口上游区域的降水没有明显变化趋势，而温度上升趋势显著，同时径流深在年尺度、春季及秋季均有显著下降趋势，照此趋势进行下去，未来必然会造成潘家口水库"无水可囤"，成为干涸的水库。

2.3.4 未来气候变化对潘家口水库水文水资源的影响

潘家口水库入库径流的变化幅度影响到引滦工程的未来发展，因此有必要对潘家口水库未来的气候变化对水资源的影响做一个科学的评估及预测，为了评估全球变暖对潘家口水库水资源的影响及模拟未来潘家口水库的入库径流，本节引进 GCMs 中 A2 气候情景下的 4 种气候模式（包括 HadCM3、CSIRO、CNRM 及 GFDL）在潘家口水库上游区域格点中的月降水及温度资料，基于 1961~1990 年的未来气象数据均通过 10 年的滑动平均重新计算，分别得出图 2-19 和图 2-20。从图 2-19 可以看出，在 21 世纪，各个模式降水量的变化趋势不显著，而在图 2-20 中，未来 90 年间的温度均有上升趋势。为了检测实测数据序列与 GCMs 数据序列的一致性，本节分别计算了 4 种模式 1961~1990 年的数据序列与实测数据序列的相关性，即 R^2，得出结果如表 2-8 所示。从表 2-8 中可以看出，降水的相关系数均达到 50% 以上，GFDL 模式的相关系数仅为 0.527，而温度的相关系数均在 96% 以上。为了研究更为精确，本节选用前 3 种模式做研究。

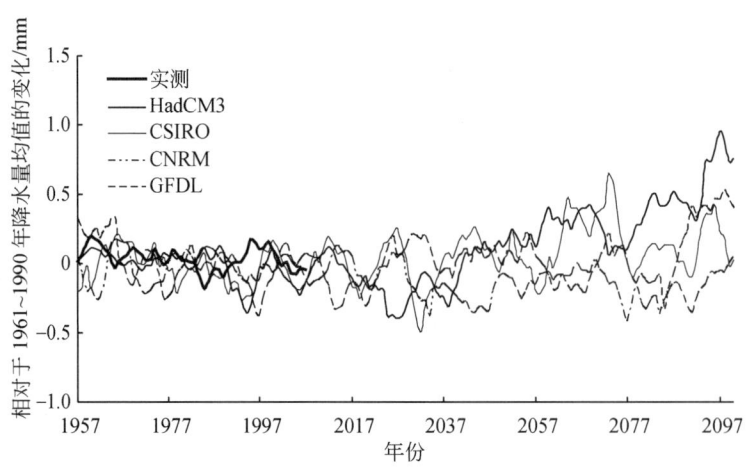

图 2-19 基于 1961~1990 年 GCMs 模型预测的 1957~2100 年的降水量变化

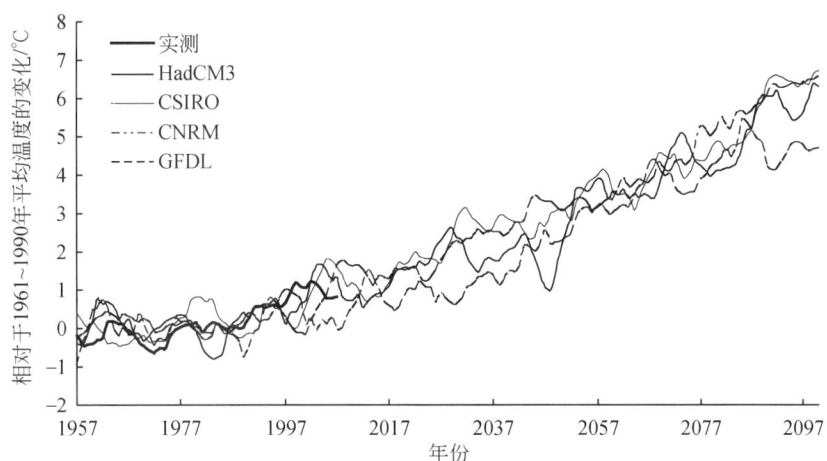

图 2-20　基于 1961~1990 年 GCMs 模型预测的 1957~2100 年的温度变化

表 2-8　潘家口水库上游的 GCMs 数据序列与实测的 1957~2007 年的相关系数

模型	HadCM3	CSIRO	CNRM	GFDL
降水量	0.625	0.653	0.722	0.527
温度	0.968	0.973	0.978	0.962

预测的降水量与温度数据序列在经过降尺度 delta 转换之后，由于流域内由实测资料的温度与蒸发模拟效果较好，所以通过温度模拟出蒸发量，作为两参数月水量平衡模型的输入，进行未来径流的计算，本节两参数模型在率定期（1971 年 1 月~1980 年 12 月）的模拟效果 R^2 达到 77.5%，RE=0.639%，在检测期 R^2 达到 81.0%，RE=3.35%，模拟效果较好，可以用作模拟未来径流。通过对 GCMs 的 1961~1990 年的数据与 2021~2050 年的数据做比较并把差值加到实测的 1961~1990 年的数据序列上（即 delta 转换），作为两参数月水量平衡模型的输入。模拟出的潘家口水库 2021~2050 年的月径流深如图 2-21 所示，与实测多年数据的均值变化如表 2-9 所示。从图 2-21 中可以看出，3 个模型 2021~2050 年的月径流深均有减少，其中 CSIRO 减少较少，而 CNRM 得出的结果减少最多。从表 2-20 可以看出，由于 HadCM3 未来降水增加不多，而温度却在上升，导致了径流的减少，而 CNRM 未来降水是呈下降趋势的，而温度上升，必然导致径流的大幅度减少，同时 CSIRO 的年降水量有少量增加，所以其径流降低的幅度较小。

为了分别讨论降水与温度的变化对径流的影响，本研究利用敏感性分析对水文与气候变化的响应关系作出分析，敏感性分析是通过假设的 6 个气候变化模式，即温度不变的情况下，降水的变化分别为±5%，±10%，降水不变的情况下，温度分别有 1℃和 2℃的上升，结果如图 2-22 所示。可以看出，温度上升 1℃和 2℃，径流的变化分别为 12%和 24%，而降水分别上升或降低 5% 和 10%，径流的变化分别为 15%和 30%，可以看出降水的变化对径流变化的影响因子更为显著，而潘家口水库上游的降水没有显著上升趋势，温度却在升高，径流的降低在所难免。潘家口水库的入库径流在 1957~2007 年是显著减少的，通过 GCMs 数据模拟的未来 2021~2050 年的径流也是减少的，这对引滦工程的发展前景是不利的。

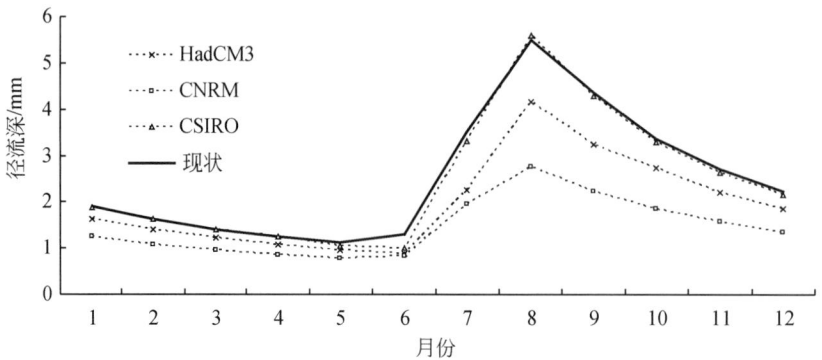

图 2-21　GCMs 模型预测的 2021～2050 年的平均月径流深

表 2-9　GCMs 预测的 2021～2050 年径流深、降水和温度与 1961～1990 年实测数据序列的变化率

月份	HadCM3 ΔP/%	ΔT/℃	ΔQ/%	CNRM ΔP/%	ΔT/℃	ΔQ/%	CSIRO ΔP/%	ΔT/℃	ΔQ/%
1	40.95	0.50	−14.40	8.15	3.59	−34.97	144.12	2.51	−1.08
2	19.32	0.30	−13.57	0.68	3.19	−33.35	34.19	2.62	−1.07
3	−8.75	0.81	−13.09	3.61	3.30	−32.09	60.95	1.70	0.15
4	−5.73	1.19	−13.45	0.23	2.26	−31.39	−2.75	1.76	−0.84
5	−8.70	2.01	−15.41	3.99	0.85	−30.00	−34.75	2.56	−5.34
6	−21.88	3.27	−32.60	−6.01	2.04	−35.43	−11.12	3.71	−21.82
7	0.53	2.74	−35.98	−6.62	1.91	−44.61	10.20	2.25	−5.94
8	7.94	2.53	−23.93	−9.71	2.12	−49.59	11.23	2.15	2.02
9	−13.65	2.37	−25.63	−35.10	1.83	−48.84	1.99	2.37	−1.44
10	68.81	1.56	−19.19	2.98	1.56	−45.02	−29.83	1.84	−2.78
11	9.22	2.33	−17.92	3.67	1.24	−41.95	38.21	2.51	−2.95
12	60.74	2.68	−16.88	17.68	3.98	−39.39	−4.58	2.85	−3.02
月平均	12.40	1.86	−20.17	−1.37	2.32	−38.89	18.16	2.40	−3.68

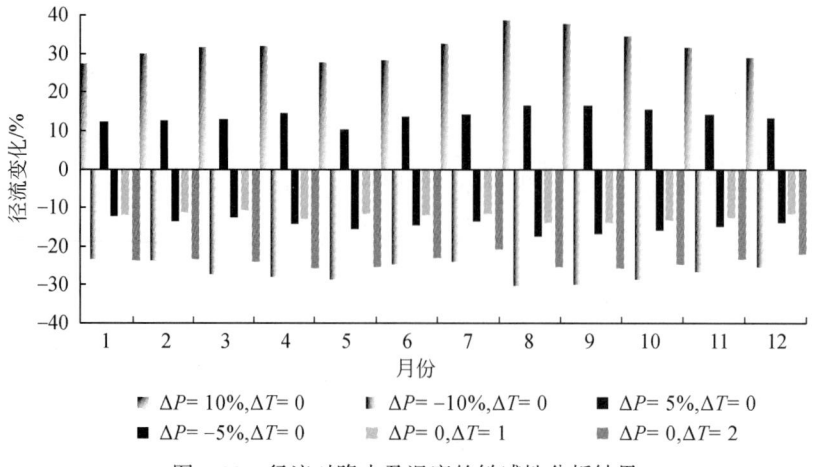

图 2-22　径流对降水及温度的敏感性分析结果

2.3.5 农田生态系统变化对水文循环的影响

选定海河流域6个子流域（永定河、北运河、潮白河、大清河、子牙河和漳河）为研究对象，图2-23给出了1957~2000年6个子流域年降水的变化过程。从图2-23中可以看出，1957~2000年平均降水量波动不是很明显，MK趋势检测法检验的结果（图2-24）表明1957~2000年6个子流域年平均降水都呈现减少趋势，但是这种减少趋势并不显著。永定河、北运河、潮白河、大清河、子牙河和漳河的 Z 值分别是 -0.47、-0.43、-0.90、-1.63、-1.93、-1.57。其中子牙河年平均降水减少趋势较为明显，Z 值也只是达到 $-1.93 > -1.96$，并没有达到显著的程度。

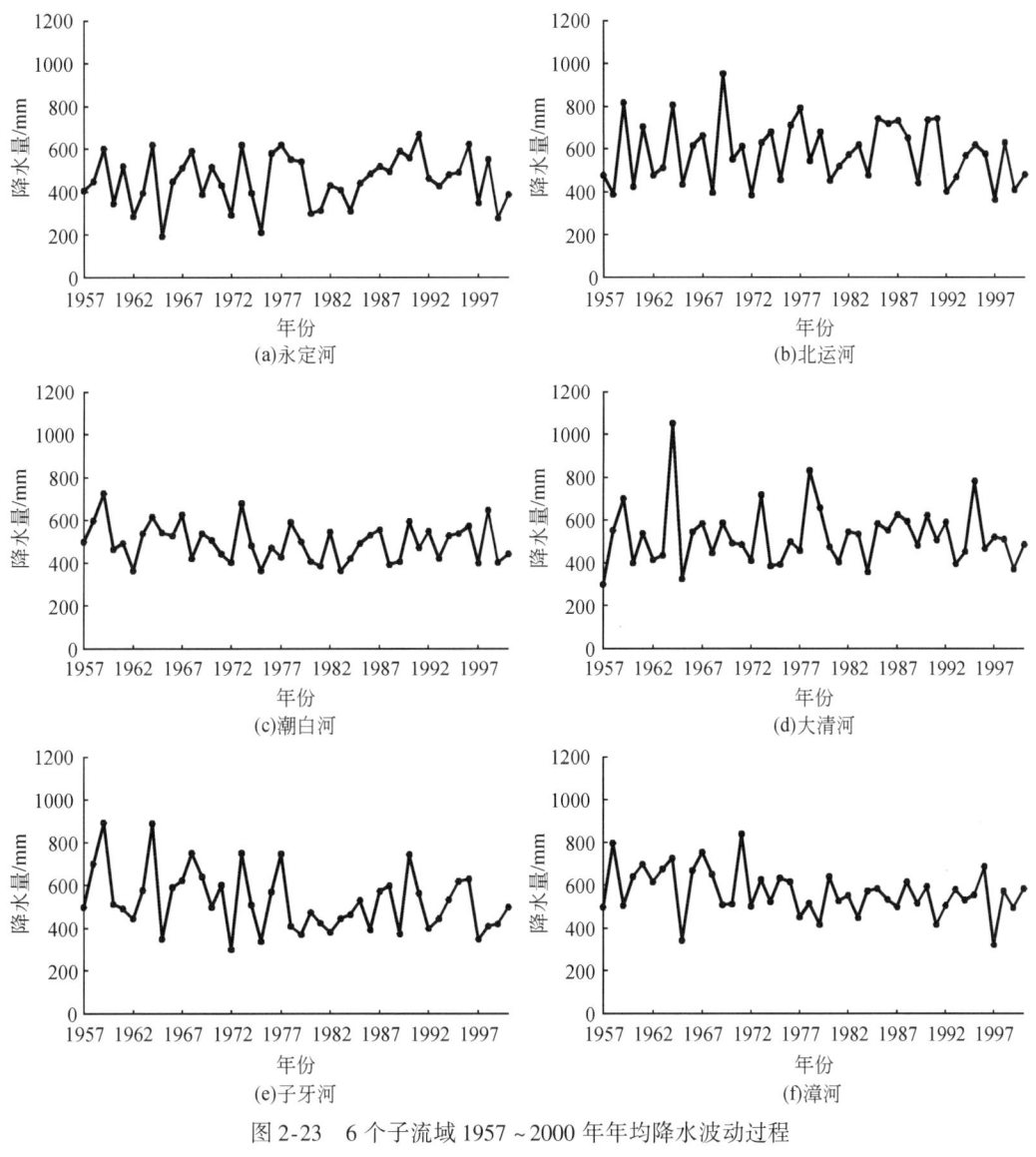

图2-23 6个子流域1957~2000年年均降水波动过程

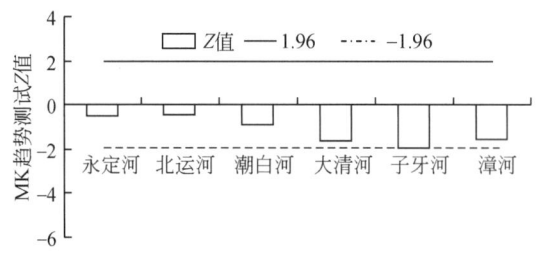

图 2-24 6 个子流域年均降水变化趋势检验

图 2-25 给出了永定河、北运河、潮白河、大清河、子牙河和漳河年均径流深的变化

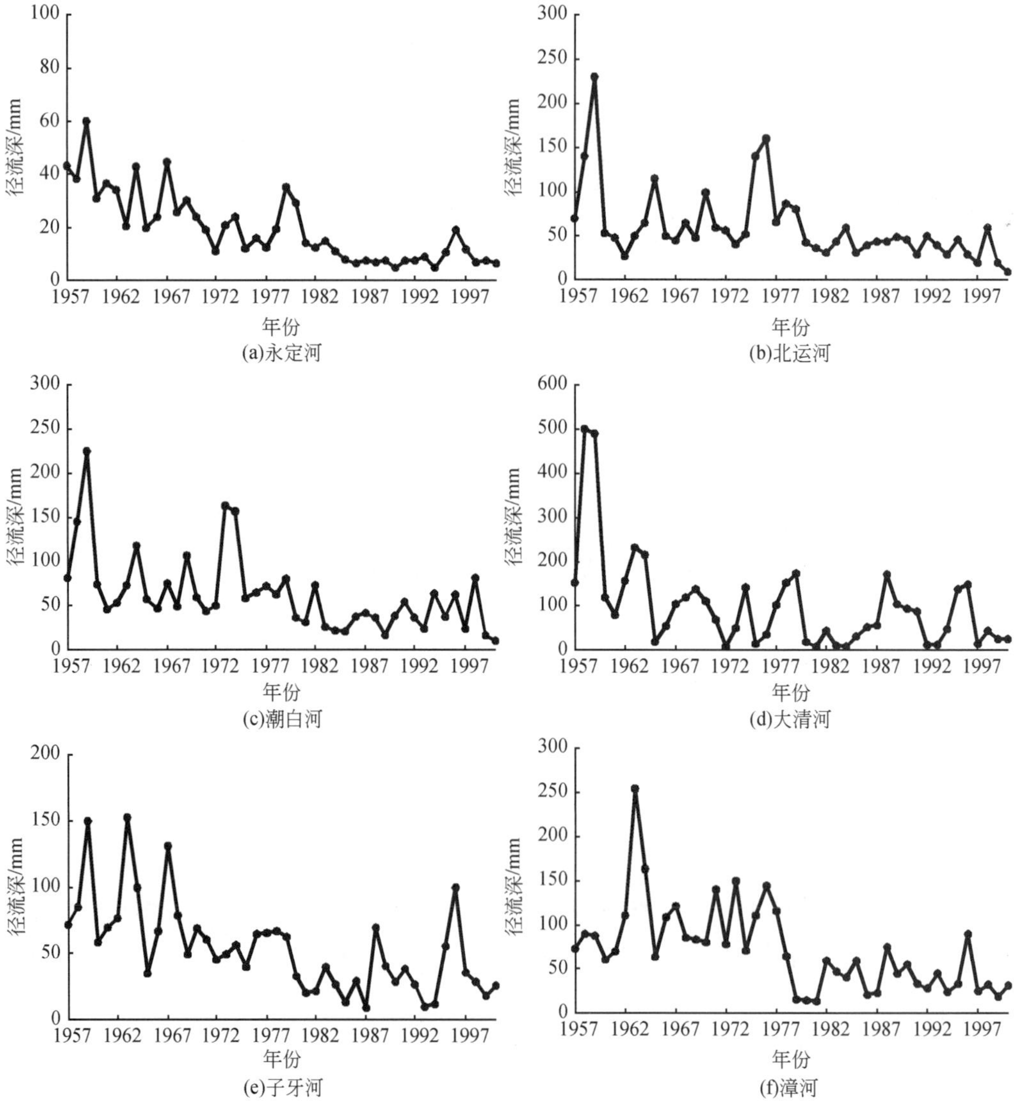

图 2-25 6 个子流域 1957~2000 年径流波动过程

过程，从图中可以看出所有子流域的年均径流深都呈现比较明显的减少趋势。为了定量判断这种减少趋势是否呈现统计学意义的显著，同样应用 MK 趋势检测法对其进行检验，结果如图 2-26 所示。从图 2-26 中可以看出，1957~2000 年 6 个子流域的年均径流深都有显著的下降，永定河、北运河、潮白河、大清河、子牙河、漳河的 Z 值分别是 -5.70、-4.25、-3.61、-3.26、-3.73、-4.14，绝对值全部大于显著性判断阈值 1.96。

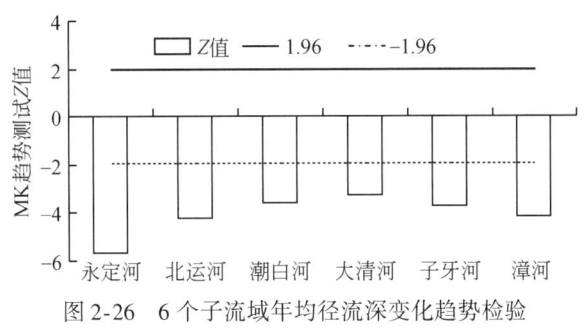

图 2-26　6 个子流域年均径流深变化趋势检验

在图 2-27 中点绘了实测径流深与降水量之间的双累积曲线，实测径流量有趋势性的变化，如果径流量只是受到年降水量的影响，则双累积曲线应是一条直线。但实际情况是，双累积曲线向右侧发生了一次偏转，表明人类活动对径流量的影响有明显的阶段性。在所选 6 个子流域中，基本都是在 1980 年前后发生偏转，大清河的突变年份是 1981 年，漳河是 1979 年，其他都是 1980 年发生突变。不同阶段可以用不同方程来拟合。突变年份之前为第一阶段，人类活动影响较少，可以作为基准期。20 世纪 80 年代后，拟合直线的斜率在第二阶段比第一阶段有明显降低，这一阶段作为措施期。

降水与径流关系变化表明有外在因素对水文循环造成影响，这种影响通常是由人类活动引起的（Peng et al.，2013）。Yang 和 Tian（2009）更明确地指出海河流域这种径流的减少主要是由于农田灌溉引起的。海河流域的土地改革政策发生在 20 世纪 70 年代末和 80 年代初，农民具有更大的兴趣经营自己的土地，从而引起了更大的灌溉水需求量，这也是海河流域径流发生的突变时期往往在 70 年代末和 80 年代初的原因。Yang 和 Tian（2009）认为径流减少的程度跟所在流域的农田面积大小有着强烈的相关性。桑干河具有最高的农田面积比例，该流域的径流减少程度也最大。Wang 等（2013）选定了海河流域的 4 个子流域为研究区域，采用 3 种不同方法定量评估了海河流域典型流域近期径流减少的气候和人类活动（主要是由于大面积灌溉引起）的相对贡献。结果表明，人类活动在滦河、潮白河和漳河子流域对径流变化起到主导作用，而滹沱河的径流减少更大程度上是由于该子流域气候变异引起的。

以滹沱河流域为例，在 GIS 的支持下，通过对两期（1990~1999 年和 2000~2009 年）土地利用图进行空间叠加运算，求得各时期农田生态格局类型的转移矩阵，进而分析农田生态格局变化的过程。以年为单位，把农田生态格局变化分成一系列的离散的演化状态，从一个状态到另一个状态的转化速率，可以通过各时间段内某类农田生态格局类型的年平均转化率获得。确定土地单元转移概率后，可构筑转移概率矩阵。

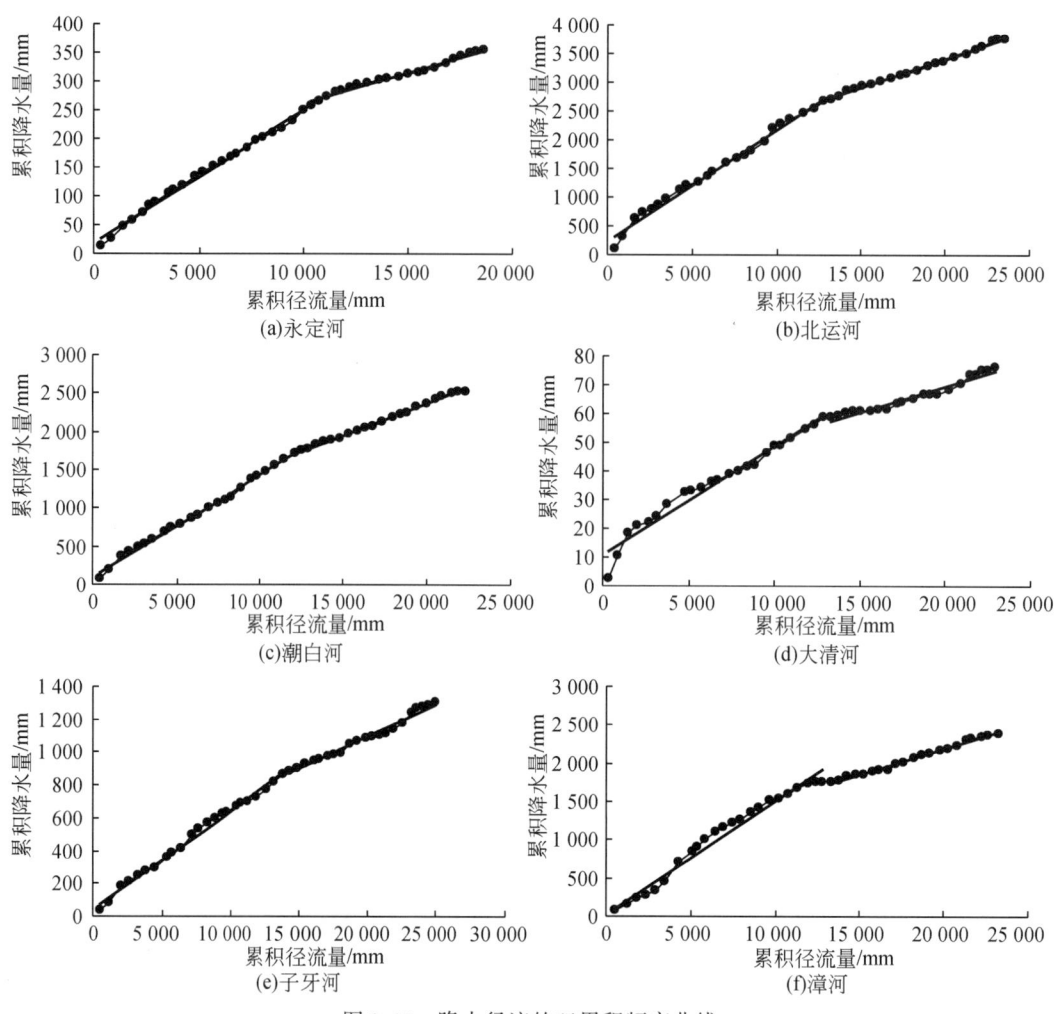

图 2-27 降水径流的双累积频率曲线

表 2-10 中,行表示的是 1990~1999 年的 i 种农田生态格局类型,列表示的是 2000~2009 年的 j 种农田生态格局类型。其中各地类中的第一行表示的是 1990~1999 年的农田生态格局类型转变为 2000~2009 年的各种农田生态格局类型的面积,即原始土地利用变化转移矩阵 A_{ij}。比例表示 1990~1999 年 i 种农田生态格局类型转变为 2000~2009 年 j 种农田生态格局类型的比例。行、列的合计分别表示 1990~1999 年和 2000~2009 年各种农田生态格局类型的面积。

表 2-10 农田生态格局类型转移矩阵

1990~1999 年		2000~2009 年					总计/km²
		草地	城镇居民地	林地	农田	水域	
草地	面积/km²	5 830.86	27.13	2 280.45	3 161.59	0.12	11 300.15
	比例/%	49.86	4.16	44.21	48.08	0.21	

续表

1990~1999年		2000~2009年					总计/km²
		草地	城镇居民地	林地	农田	水域	
城镇居民地	面积/km²	36.64	361.17	0	10.5	0	408.31
	比例/%	0.31	55.44	0	0.16	0	
林地	面积/km²	1 194.98	8.47	2 804.07	492.29	0	4 499.81
	比例/%	10.22	1.30	54.36	7.49	0	
农田	面积/km²	4 619.95	254.71	74.26	2 909.61	0.53	7 859.06
	比例/%	39.50	39.10	1.44	44.25	0.92	
水域	面积/km²	13.12	0	0.01	1.37	56.99	71.49
	比例/%	0.11	0	0	0.02	98.86	
总计	面积/km²	11 695.55	651.48	5 158.79	6 575.36	57.64	24 138.82

从表2-10中各种农田生态格局类型之间的转化情况可以看出，1990~2009年滹沱河流域农田生态格局类型转移情况如下：

1）农田转化分析。农田主要转化为草地和城镇居民及工矿用地。其中，4619.95 km²的农田转换为草地，占农田转出总面积的93.34%。另外254.71 km²农田转化为城镇居民地，74.26 km²和0.53 km²农田分别转化为林地和水域（图2-28）。

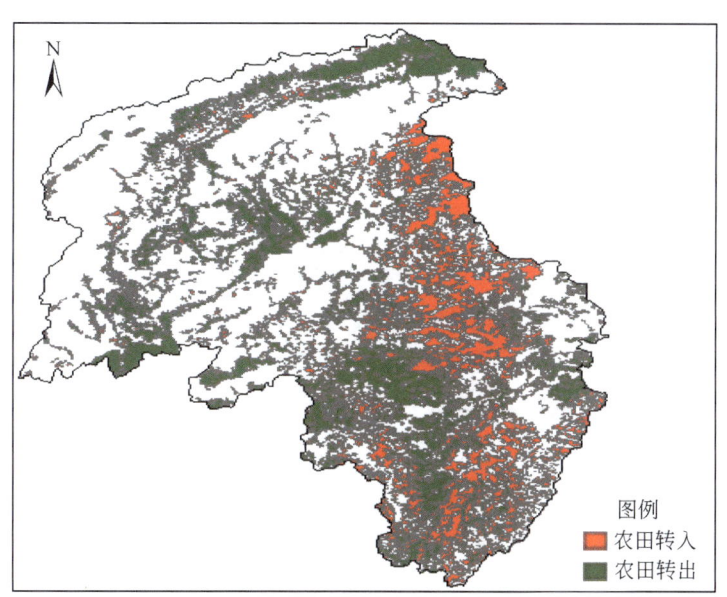

图2-28　基于1990~1999年农田生态格局的1990~2009年的农田转化分布

2）林地转化分析。林地共计增加658.98 km²，其中转入林地2354.72 km²，主要来源于2280.45 km²的草地转入，其中草地转入面积占转入总面积的96.85%。转出林地面积共计1695.74 km²，1194.98 km²转换为草地，占转出林地面积的70.47%，492.29 km²转换为农田，占转出林地面积的 29.03%，其余 8.47 km² 转换为城镇居民地，占转出林地面积的 0.50%（图 2-29）。

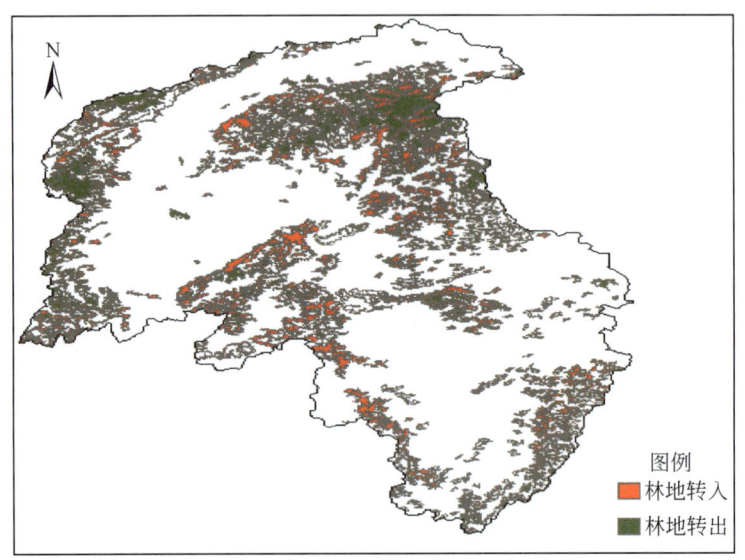

图 2-29　基于 1990~1999 年农田生态格局的 1990~2009 年的林地转化分布

3）草地转化分析。1996~2005 年草地共计增加 395.41 km²，其中转入林地 5864.70 km²，主要来源于 4619.95 km² 的农田和 1194.98 km² 林地转入，分别占转入总面积的 78.78% 和 20.38%。转出草地面积共计 5469.29 km²，其中 3161.59 km² 转化为农田，2280.45 km² 转化为林地，两者共占草地转出面积的 99.50%，其余 27.25 km² 的转出草地转化为城镇居民地和水域（图 2-30）。

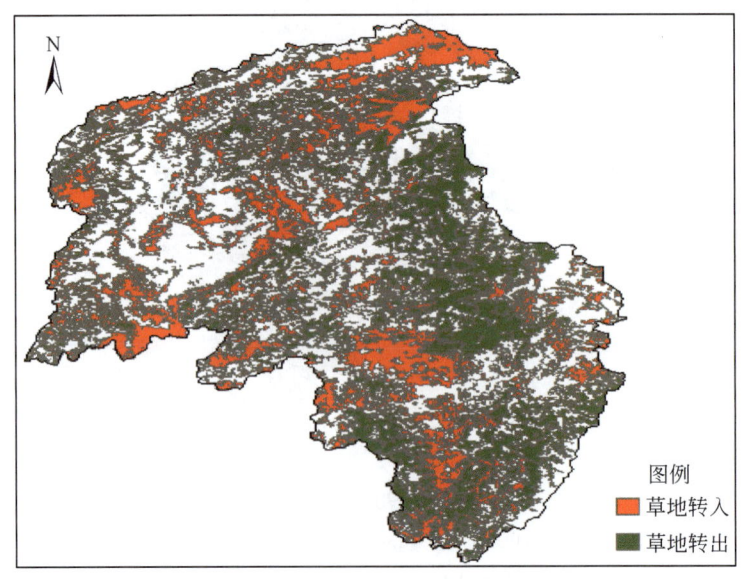

图 2-30　基于 1990~1999 年农田生态格局的 1990~2009 年的草地转化分布

4）水域转化分析。其他类转入水域 0.65 km², 水域转出 14.5 km², 水域面积共计减少 13.85 km²。在水域转出面积中，13.12 km² 转换为草地，1.37 km² 转换为农田，0.01 km² 转换为林地（图 2-31）。

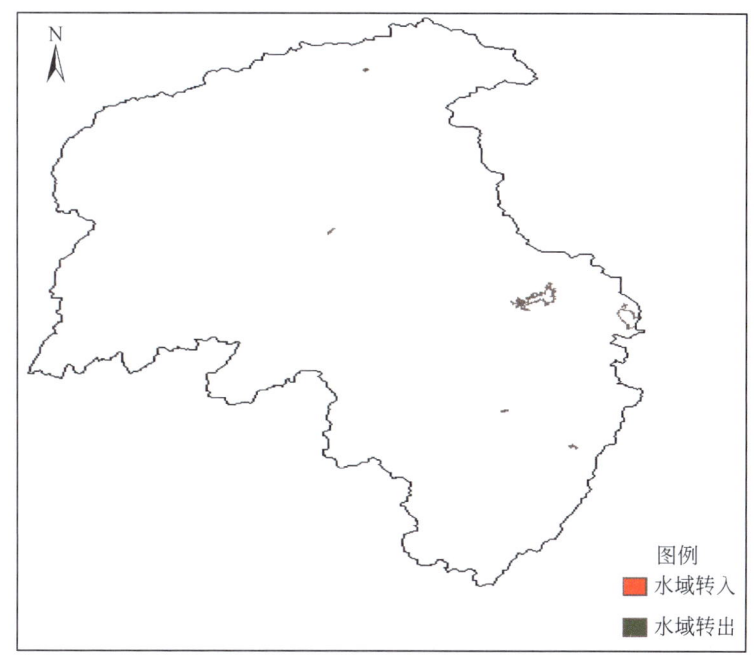

图 2-31　基于 1990~1999 年农田生态格局的 1990~2009 年的水域转化分布

5）城镇居民及工矿用地转化分析。1996~2005 年城镇居民用地共计增加 243.16 km²，其中城镇居民用地转出 47.15 km²，其他类转入 290.31 km²。在转入类中农田转入城镇居民用地面积最大，共计转入 254.71 km²，占转入总面积的 87.74%。由此可以看出，农田是城镇居民及工矿用地面积增加的主要来源（图 2-32）。

研究表明，农田是草地和城镇居民及工矿用地面积增加的主要来源，林地增加的面积主要来源于草地，水域减少的面积主要转化为草地和农田。总体看来，农田、林地、水域、城镇居民及工矿用地空间变化较大，草地空间变化较小。

在降水条件不变的情况下，应用 1990~1999 年和 2000~2009 年的农田生态格局进行径流和蒸散发模拟的结果表明，农田生态格局的变化影响了该流域的径流和蒸散发，径流量增加、蒸散发量减少。在 1990~1999 年和 2000~2009 年的农田生态格局条件下，分别进行了 1990~2009 年的径流模拟。结果表明，农田生态格局的变化引起了径流量的变化，1990~2009 年这 20 年年径流量总的趋势是增加的。在 1996 年、2001 年、2003 年、2006 年这样的丰水年中，径流增加幅度较大。统计在两种不同农田生态格局情况下的模拟年均径流深，可以发现后期农田生态格局情况下的模拟径流深较前期农田生态格局情况下的模拟径流量平均增加 122.69mm，约占多年平均模拟径流深的 14%。与在 1990~1999 年农田生态格局情况下模拟的月径流结果相比，在 2000~2009 年农田生态格局情况下模拟的月

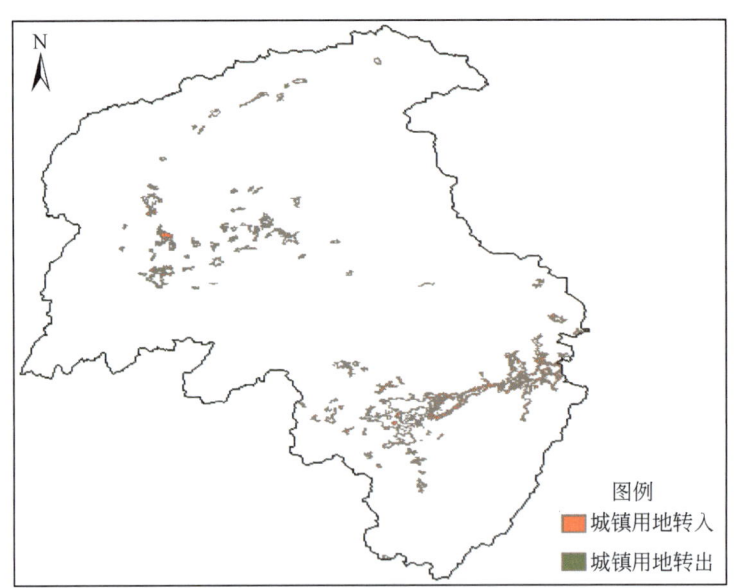

图 2-32　基于 1990~1999 年农田生态格局的 1990~2009 年的城镇用地转化分布

径流量基本处于增加的趋势，其中 4、8 月份增加量较大。

在 1990~1999 年和 2000~2009 年的农田生态格局下进行了 1990~2009 年的蒸散发模拟，结果表明农田生态格局的变化引起了蒸散发量的变化，1990~2009 年这 20 年年蒸散发量总的趋势是减少的。与在 1990~1999 年农田生态格局情况下模拟的月蒸散发结果相比，在 2000~2009 年农田生态格局情况下模拟的月蒸散发量基本处于减少的趋势，其中 8 月、9 月减少量较大。

2.4　农田生态系统物质循环对农田水循环变化的响应

目前，由于海河流域水资源短缺，农业用水大量依赖地下水，造成地下水大量超采。全流域地下水累计超采量已占全国超采总量的 2/3，形成了大范围的常年性地下水漏斗区。东部滨海平原区沧州深层地下水漏斗中心水位埋深已由 1972 年的 9.21m 下降到 2003 年的 100.88m。地下水位的持续下降，使得土壤包气带极大增厚，从而改变了农田生态系统的水循环过程，进而影响到农田生态系统的物质循环过程。

农田生态系统的物质循环与气候、土壤、作物、水等环境因素密切相关。在这些环境因素中，土壤是最重要的环境因素，它是生物与非生物环境的分界面，亦是生物与非生物进行物质、能量移动和转化的重要介质与枢纽。而土壤水又是"四水"转化的枢纽，是连接农田生态系统水循环的中心环节。同时，土壤水盐肥等在土体中的垂直运动，与农田的旱涝、肥料的淋失和利用、土壤盐渍化和地下水污染等密切相关。因此，为研究以气候-土壤-地下水为主体的土壤水盐肥等物质的运移规律，更深入揭示农田生态系统中的物质循环过程，于 2008 年在中国科学院南皮生态农业试验站开展了田间水盐肥定点原位监测试验，对现状地下水埋深条件下包气带水盐肥运移及累积规律进行了分析，并利用田间实测数据对 HYDRUS-1D 模型进行了验证。在此基础上,运用该模型对不同地下水埋深条件下的包气带水盐肥运移及累积规律进行了 10 年的情景分析。

2.4.1 试验方法

田间试验与室内分析相结合。试验开始于 2008 年 4 月 22 日,进行棉花全生育期的监测工作。在总面积为 319.9m² 的田块中央设置地下水及土壤水盐肥监测井,井内埋设时域反射仪(TDR)和土壤溶液提取器,以分别用于测量土壤含水率及提取土壤水。TDR 的埋设土层深度为:0cm、20cm、60cm、120cm、160cm、200cm、250cm、300cm、350cm、400cm、450cm。土壤溶液提取器的埋设深度为:60cm、120cm、180cm、250cm、300cm、350cm、400cm、450cm、500cm。土壤含水率每 6 天测定一次,土壤溶液每 14 天抽取一次,如遇降雨加测。提取土壤溶液后进行室内实验分析,测定项目有土壤溶液矿化度、EC、pH、Na^+ 和 Cl^- 含量、速效钾及硝态氮含量。试验区地面种植作物为棉花。

2.4.2 基于原位观测的包气带水盐肥运移规律分析

(1)棉花生育期包气带水分分布规律

1)表土(0~10cm)含水率变化。原位观测的 0~10cm 的土壤含水率变化过程见图 2-33,从中可以看出表土含水率在整个生育期的变化非常剧烈。对实测的 0~10cm 的土壤含水率数据进行旬平均后绘于图 2-34。从中可以看出 5 月至 6 月上旬,表土含水率水平较低,从 6 月下旬开始含水率逐渐升高,至 8 月下旬含水率呈现较高趋势,最大近 40%。随后含水率开始回落,在 10 月上中旬又见升高,然后慢慢降低至生育期初期水平。从表土含水率的总体变化趋势可以看出,表土含水率受气象因子影响较大,特别是降水的影响。

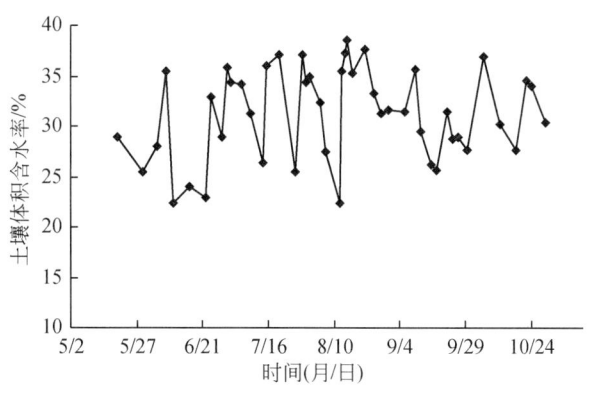

图 2-33 表土含水率随时间的变化过程

2008 年降水量集中分布在 6 月中下旬至 8 月下旬,对照图 2-34 可知此时的表土含水率也处于较高水平;随着雨季的结束,土表含水率即逐渐回落,由于 10 月上旬和中旬又有两次降水过程,所以表土含水率又有所回升,继而随降水历程结束而回落。图 2-35 绘出了降水量与表土含水率之间的关系。从图 2-35 中亦可看出，两者呈现正相关性（$\theta = 1.0681 \ln P + 27.406$），相关系数为 0.6354（临界相关系数为 0.532）。

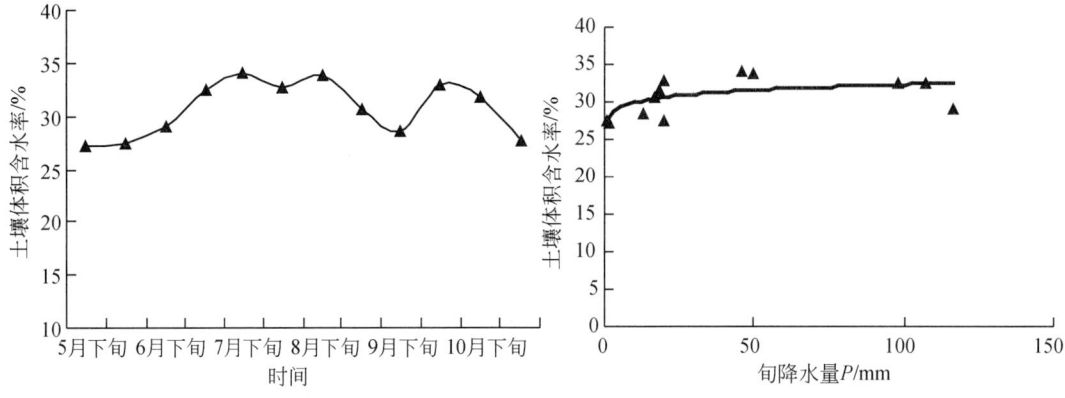

图 2-34　表土旬平均含水率随时间变化过程　　　　图 2-35　降水量与表土含水率相关性

2) 土壤质地对剖面含水率分布的影响。土壤剖面含水率分布与土壤质地的对照见图 2-36，可以看出，土壤质地结构对土壤剖面含水率的垂向分布规律有很大影响。在通常情况下，粗颗粒土壤具有导水和蓄水作用，而较细颗粒的土壤具有隔水作用。由图 2-36 可以看出 250cm 处含水率较高，因为 275～315cm 处正是粉质黏土层，在较细颗粒的黏土层的阻水作用下，使得土壤水分在此黏土层以上形成含水率的峰值；300cm 以下土层含水率迅速下降，因为在 350～500cm 处分布有含砂层，在上细下粗的岩性分布条件下，上部的水分不易运移下来，而砂层的导水性很强，所以此处的含水率水平较低。

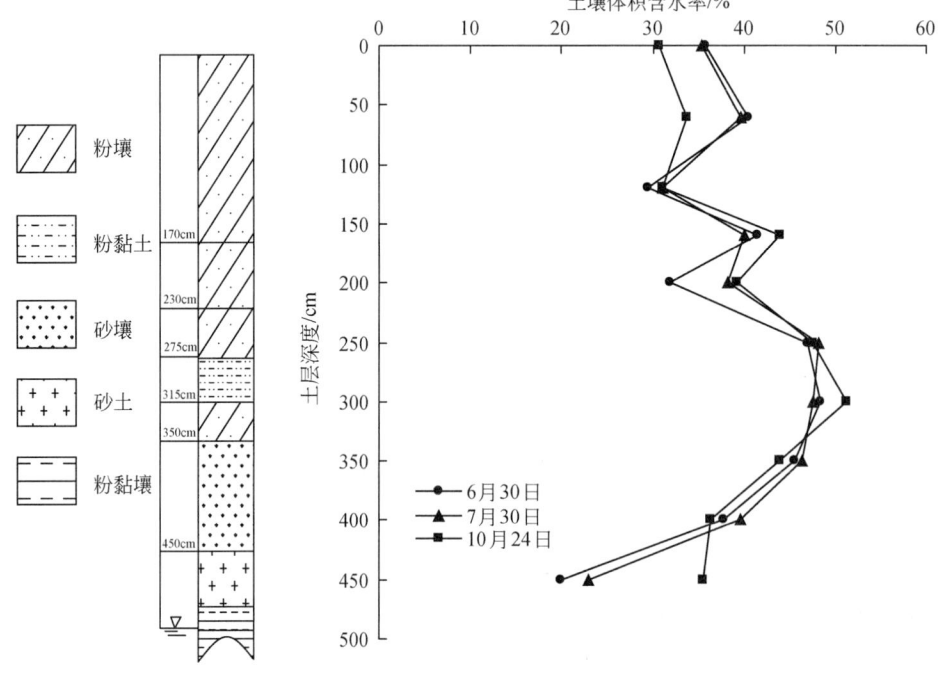

图 2-36　土壤质地与含水率分布对比

3）地下水位动态。整个棉花生育期内的地下水埋深动态绘于图 2-37，期间的降水量情况见图 2-38。地下水位构成了包气带的下边界条件，其变化对包气带水分迁移和转化影响很大。整个生育期内地下水位总体呈现升高趋势。因除去播前水外，田块并没有另行灌溉，所以地下水位波动情况与降水关系密切。对照图 2-37 和图 2-38 可以看出，在降水量集中或降水量较大的时段内，地下水位都有相应的抬高。地下水水位整体趋势升高，究其原因有以下几点：一是由于地下水埋深较大，350~500cm 分布有含砂层，导致地下水向上补给作用较弱，地下水不易蒸发；二是由于田块以南约 150m 处有条东西走向的水库输水渠道，试验期间渠道一直处于输水状态，对地下水亦有侧向补给作用。到生育期试验结束时，地下水埋深已由试验开始时的 5.50m 减小到 4.68m。

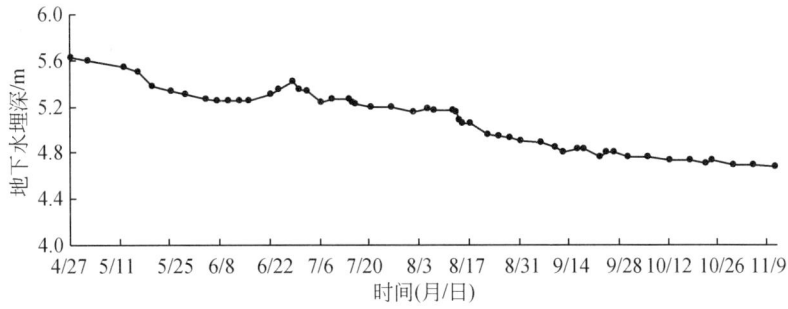

图 2-37　2008 年地下水埋深过程

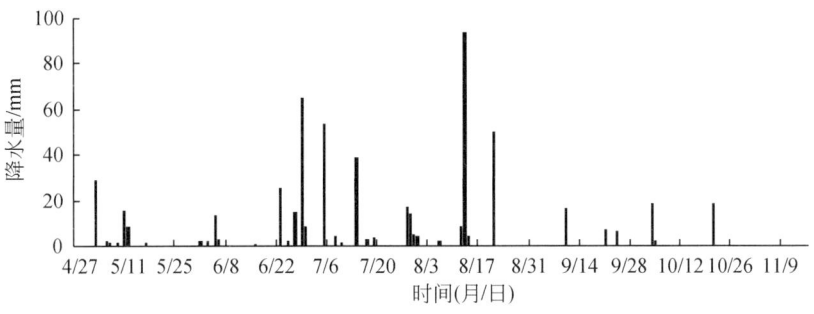

图 2-38　2008 年降水量时间动态

4）不同深度含水率随时间的变化。包气带不同深度含水量一般可分为 3 个带：与大气环境频繁交换带、含水率相对平稳带、地下水波动影响带。当地下水埋深较浅时，有可能整个包气带含水率都波动剧烈。

图 2-39 给出了不同深度含水率随时间的变化趋势，从图中可以看出试验点包气带含水率分布分成 3 个带：① 0~160cm 是含水率变化相对较频繁的区域；② 160~400cm 是含水率较为平稳的区域；③ 400~450cm 是含水率受地下水位影响较大的区域。从图中还可以看出 8 月 12 日时土壤含水率出现一个比较明显的小峰值，这是因为经历了一次 100mm 的强降水所致。

不同深度含水率与地下水埋深的关系见图 2-40。从中可以看出，地下水位的波动对近

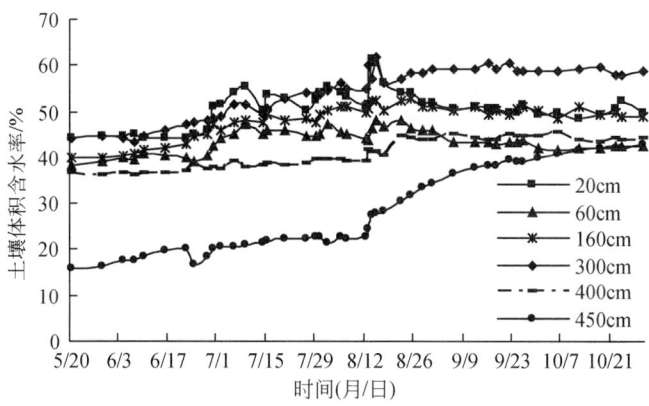

图 2-39 2008 年不同深度含水率随时间变化趋势

地下水位土体的影响很大,随着土体离地下水位距离的进一步加大这种影响慢慢减少。从图 2-40 中还可以看出地下水埋深与土壤含水率之间呈现负相关关系,即地下水埋深越深则土壤含水率就越低。对不同深度处(60cm、300cm、400cm、450cm)含水率 θ 与地下水埋深 L 的关系进行拟合,发现其基本呈线性关系,拟合的关系曲线与相关系数见表 2-11。

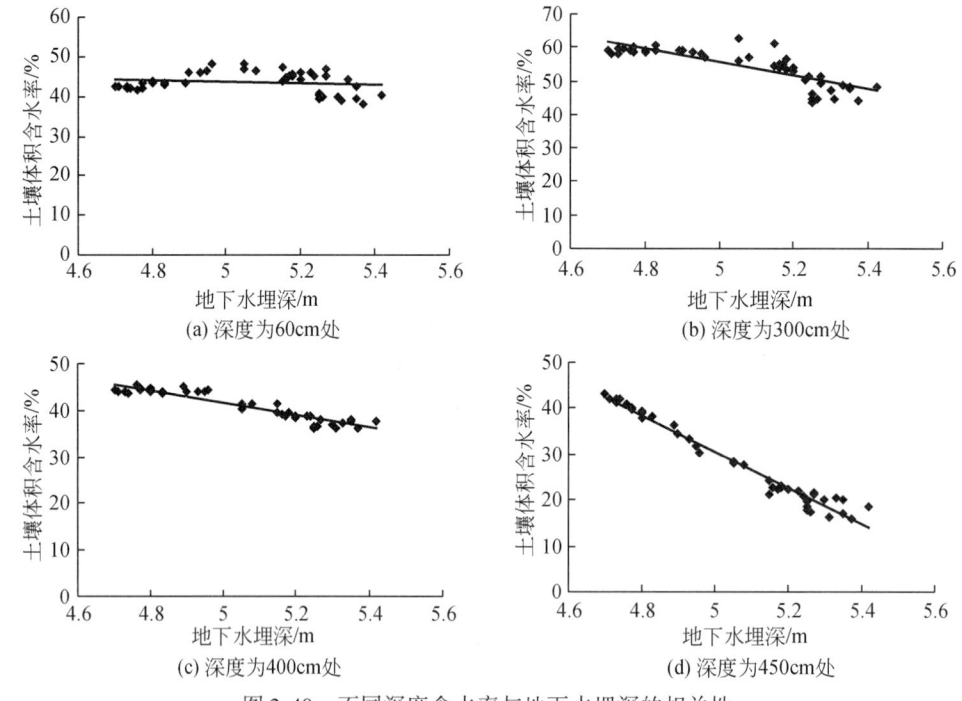

图 2-40 不同深度含水率与地下水埋深的相关性

从表 2-11 中可以看出,地下水埋深与不同深度含水率的相关性随着与地下水位的距离加大而愈差,相关系数随着土层深度变浅而减小,60cm 处的含水率变化与地下水位已基本不存在相关性。

表 2-11　不同深度体积含水率与地下水埋深相关关系

土层深度/cm	回归方程	R^2
60	$\theta = -1.7083\ L + 52.215$	0.0226
300	$\theta = -20.189\ L + 156.5$	0.6747
400	$\theta = -13.209\ L + 107.63$	0.8802
450	$\theta = -39.82\ L + 229.67$	0.9708

（2）棉花生育期包气带盐分分布规律

1）试验点土壤水矿化度与电导率关系。对土壤剖面的各观测点同时测定土壤溶液矿化度和其对应的电导率值，棉花整个生育期结束后，共测得113组数据。把这113组电导率值EC和土壤溶液矿化度M的测定结果绘于图2-41。从图2-41中可以看出，电导率值可以很好地反映出盐分的变化规律，二者之间存在极显著的线性相关关系，其相关系数为0.9313（显著性水平α为0.05）。通过拟合两者之间的关系，建立了该试验区土壤水电导率和矿化度的相关方程，其回归方程为

$$M = 0.9507\ EC - 0.1646 \tag{2-1}$$

式中，M为土壤溶液矿化度（g/L）；EC为土壤溶液电导率（mS/cm）。

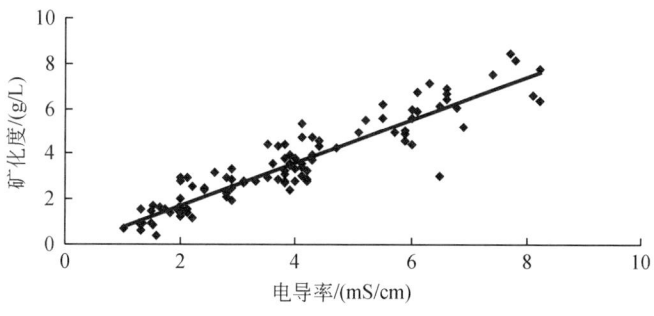

图 2-41　电导率值与矿化度关系

2）棉花生育期盐分纵向动态变化。图2-42绘出了棉花生长过程中土壤剖面盐分浓度的动态变化过程。从图2-42中可以看出，在棉花生育期内100cm土层范围内，土壤水电导率主要集中在1~2.2mS/cm（土壤水矿化度在0.79~1.93g/L），表明土壤根系层已经脱盐；降水后（7月4日降水57.6mm，8月21日降水49mm）相应土层中盐分会减少，且随着降水强度的不同，土层内盐分被淋洗的程度亦不同。当降水量达到某一程度时，对土壤盐分的淋洗作用会影响整个剖面，被淋洗的盐分可随水分进入地下水中；当降水量不足时，土壤上层淋洗下来的盐分则有向下层土壤累积的趋势，而且500~600cm范围的土壤质地主要为粉黏壤，这也阻碍了盐分向地下水的运移。

把剖面土壤水盐分浓度折算成单位体积土壤水含盐量后见图2-43。从图中可以明显看出剖面盐分的累积情况。总的来看，土壤盐分主要被淋洗入200cm的土层之下，主要累积在250~450cm的土层范围内，最大电导率值可达8.2mS/cm（土壤水溶解盐含量达5.1kg/m³）。

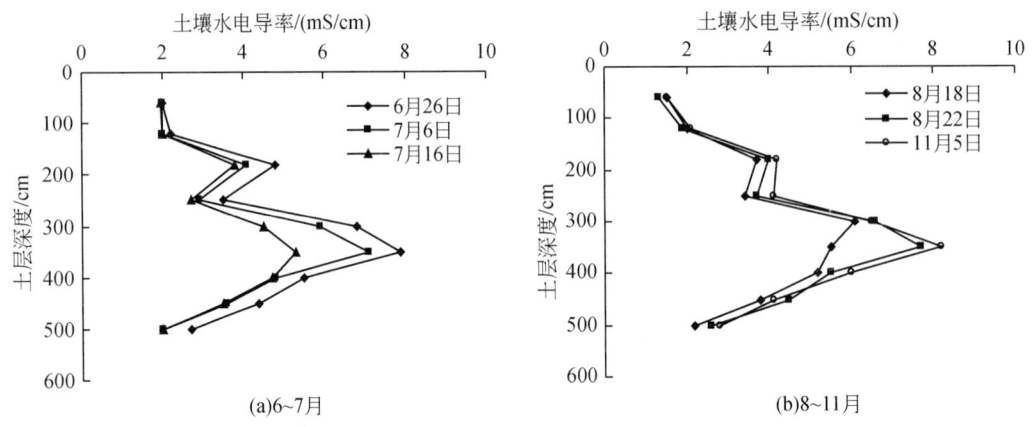

图 2-42 土壤剖面垂直盐分浓度动态变化过程

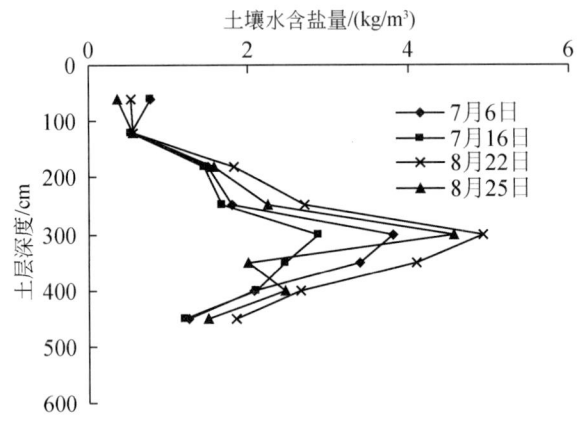

图 2-43 不同时间剖面盐分浓度分布

(3) 棉花生育期包气带硝态氮分布规律

无机氮肥施入土壤中主要分解为氨态氮和硝态氮，在旱地土壤中硝态氮淋失是氮肥损失的重要组成部分。

1) 种植作物及降水对耕作层硝态氮含量的影响。因为地面种植作物为棉花，棉花的根长范围为 60～100cm，据此把土体划分成两部分，120cm 以上为土壤根系层，该层内累积的硝态氮可被作物吸收利用，120cm 以下土体中的硝态氮无法被棉花所吸收，成为潜在的淋失源。土壤 60cm 和 120cm 处的硝态氮浓度随时间的变化过程见图 2-44。

从图 2-44 中可以看出在 6 月 17 日以前 60cm 和 120cm 处土壤水中硝态氮含量比较平稳，没有较大波动，因为此时段内棉花根系较短且处于苗期和蕾期，需氮量不大，而且这段时间内并没有较大的降水过程；6 月 18 日以后，棉花的需氮量增加，且有几次较大的降水过程，所以曲线波动幅度较大。8 月 12 日降水 106.9mm，致使 60cm 处硝态氮浓度急速下降，而 120cm 处硝态氮浓度迅速升高，8 月 21 日又降水 50mm 致使 60cm 处硝态氮浓度继续下降，120cm 深度处硝态氮浓度继续升高，至 8 月 25 日达到峰值。之后 120cm 处硝态氮浓度开始回落，究其原因可能是硝态氮随水继续向下层运移，而且此时正处于棉花的盛花期，作物需氮量也在增加。

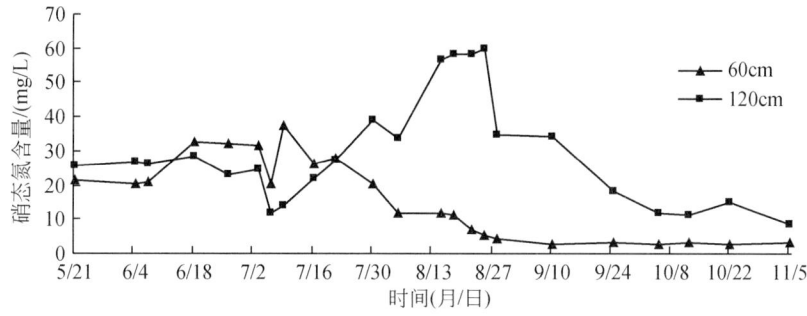

图2-44 土壤根系层土壤水硝态氮浓度分布

2）降水对垂直剖面硝态氮分布的影响。降水量的大小直接影响硝态氮的淋失范围，因此对两次不同降水量情况下剖面硝态氮浓度的垂直分布情况进行分析（图2-45）。

从图2-45中可以看出，强降水过后整个剖面的硝态氮浓度都在减少，淋失的部分进入地下水中 [图2-45（a）]；降水强度不够大时 [图2-45（b）]，上层硝态氮被淋洗至下层土壤中。把土壤水硝态氮浓度折算成单位土体土壤水硝态氮含量，见图2-46。从图中可看出硝态氮的主要累积层为100~250cm。从以上分析可以看出，若是土壤包气带持续增厚，降水已无法彻底冲洗土壤剖面时，硝态氮就会累积在某一土层范围内。

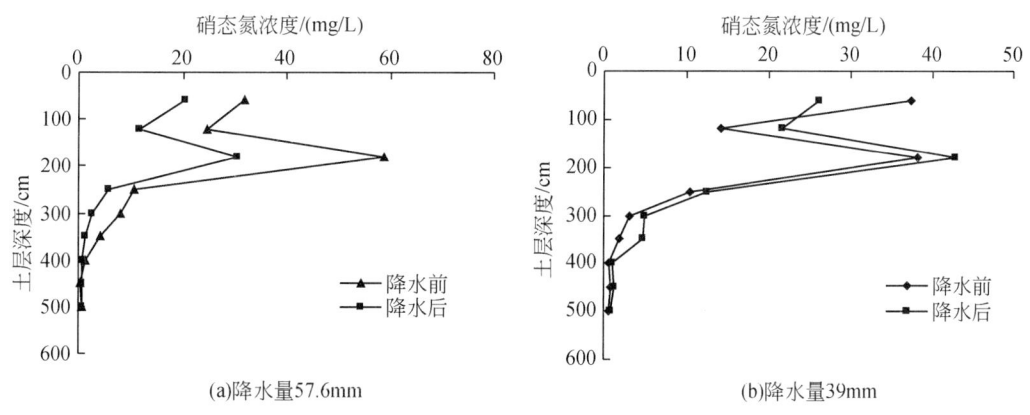

图2-45 降水前后剖面硝态氮浓度分布

从以上包气带水盐肥运移规律分析可以看出：

包气带总体分成3个带：与大气环境频繁交换带、含水率相对平稳带和地下水波动影响带。表层含水率受气象因子特别是降水影响较大，两者呈现正相关关系；近地下水土壤剖面含水率受地下水波动影响较大，两者呈现明显的负相关性，且沿着土壤剖面向上，这种相关性愈不明显，也就是地下水位的波动对其影响越来越弱；中部250cm土层的含水率一直较高，可能是包气带岩性对其造成的影响，因为在275~315cm存在粉质黏土层，土

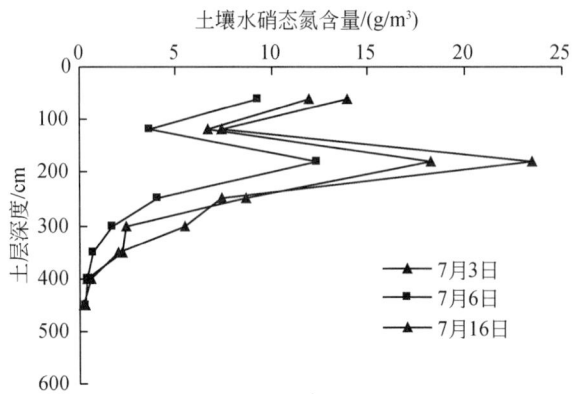

图 2-46　剖面硝态氮含量分布

壤透水性差，致使水分滞留在土层中，形成高含水率层。

试验点土壤水矿化度与其盐分含量之间呈显著线性相关性。棉花生育期内 100cm 土层范围内，土壤水电导率主要集中在 1~2.2mS/cm（土壤水矿化度在 0.79~1.93g/L），表明土壤根系层已经脱盐。整个包气带现状条件下，已经出现了盐分的累积状况，在降水及灌溉作用下，盐分主要被淋洗到 200cm 的土层之下，主要累积在 250~450cm 的土层范围内，最大电导率值可达 8.2mS/cm（矿化度为 7.63g/L）。

包气带中的硝态氮主要累积在根系层以下。硝态氮极易随水分运动而淋失进下层土体内，试验点硝态氮的主要累积层为 100~250cm，峰值出现在 180cm 处，硝态氮累积层位于根系层以下，可见硝态氮淋失损失较大。

综上所述，现状情况下土壤中的盐分、养分（硝态氮）分别累积在土体的某一范围内。降水对包气带水盐肥的运移过程影响很大，尤其是强降水可以使整个包气带的盐分及养分淋洗至地下水中，所以对于浅地下水埋深的情况，降水或灌溉都可以有效地起到压盐的作用，当然硝态氮等肥料也会随之进入地下水中，有可能带来地下水的污染。当降水强度不够时，则会使上层的盐分及养分淋失至下层土体中，加之地下水位持续下降，包气带厚度极大增厚，土壤上层的盐分及养分被淋至土壤下层，短时间内无法到达地下水中，就会慢慢累积至土壤某层之中，对土壤的次生盐碱化等造成潜在威胁。

2.4.3　棉花生育期包气带水盐肥联合运移数值模拟

（1）包气带水分分布模拟结果分析

1）包气带剖面含水率随时间变化规律分析。土壤是一个开放而复杂的巨系统，不仅土壤自身存在着空间变异性，而且地下水、气象因素、作物及耕作等各种因素也会影响到水和溶质（盐分、硝态氮）在土壤中的运动，所以要根据实测数据对数值模拟结果进行验证。

图 2-47 给出了 4 个不同的时间剖面含水率的实测值与模拟值的对比关系，从中可以

看出，整个剖面土壤水分模拟值和实测值趋势一致，宏观结果较好，并且模拟值与实测值之间的差异不大。

对照图 2-47 中不同时间剖面含水率分布可以看出，随着模拟时间的推移，模拟值与实测值的偏差稍显偏大。这是因为在监测布点时，监测点的位置由于测量精度而存在偏差，而且 TDR 探针长时间埋入土壤中，可能会造成测量误差。从图中也可看出，土壤质地对剖面水分的分布可产生长久影响，整个生育期结束后，在黏土层的影响下，250cm 处土层的含水率仍然处于较高水平，而近地下水位土层的含水率随地下水位的上升也随之缓慢升高。

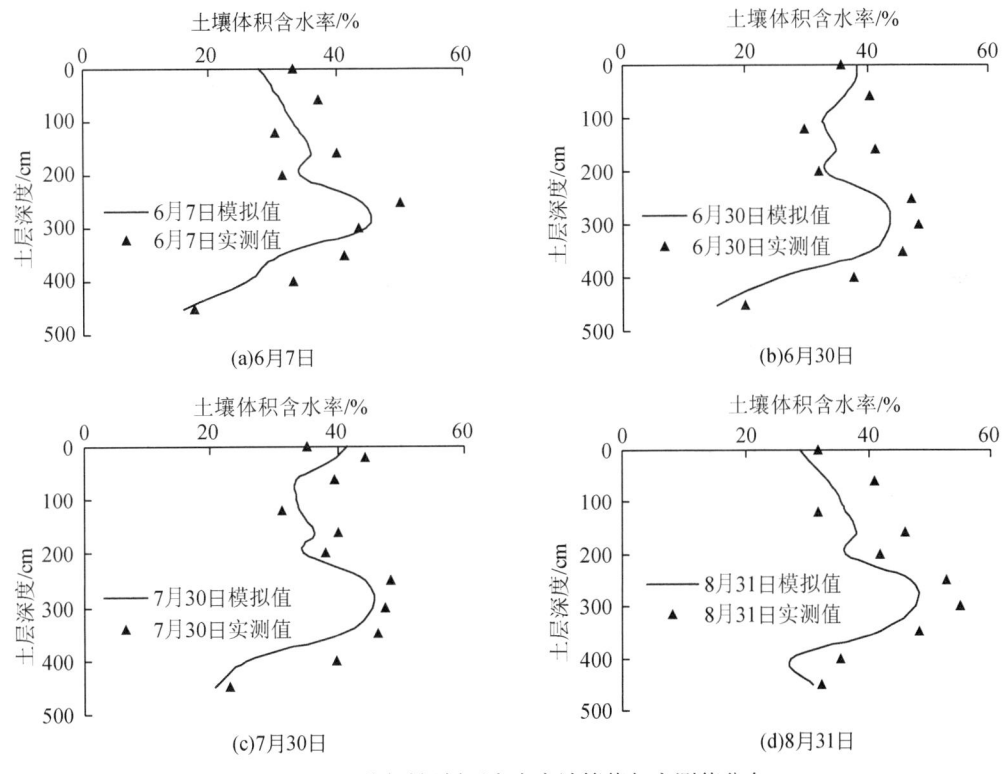

图 2-47 不同时间剖面含水率计算值与实测值分布

2）包气带水量平衡分析。本研究在评价包气带储水量变化情况时，应用水量平衡分析法进行分析，选取 540cm 的土柱长度作为评价层深度，以便于和模拟计算的结果相对照。

对于旱地作物来讲，整个生育期土壤评价层（H）内储水量的变化用下式来表示：

$$W_t - W_0 = M + P - \mathrm{ET} - S + K \tag{2-2}$$

式中，W_0、W_t 分别为时段初和任一时段 t 内土壤评价层内的储水量（cm）；M 为时段 t 内的灌溉水量（cm）；P 为时段 t 内的降水量（cm）；ET 为作物蒸发蒸腾量（cm）；S 为时段 t 内土体渗漏量（cm）；K 为时段 t 内地下水补给量（cm）。

其中，计算时段初、末时土壤评价层储水量的变化，使用下式来表示：

$$W = \int_{z_0}^{H} [\theta(z,t) - \theta(z)] dz \qquad (2-3)$$

式中，$\theta(z,t)$ 和 $\theta(z)$ 分别为时段末和时段初时剖面含水率分布函数；W 为时段 t 内储水量的变化。

本节根据实测剖面含水率资料、气象资料以及作物的蒸发蒸腾量资料，通过水量平衡方程来计算土壤评价层水分渗漏量，以便与模型计算结果相对照，见表 2-12。

表 2-12 水量平衡方程各项计算结果 （单位：cm）

初始土壤水储量	生育期末储水量	降水量	腾发量	渗漏量	计算渗漏量
180.2	181.6	50.6	59	-9.8	-4.3

从表 2-12 中可以看出，实际计算的土壤渗漏量为负值，也就是说在计算时段内，地下水向上的补给量大于土体的渗漏量。实际计算的补给量和渗漏量的差值比模拟结果偏大，可能是由于模型使用的腾发量与实际作物腾发量之间存在误差所致。

模型计算得出的棉花生育期内包气带储水量的变化过程见图 2-48。可以看出，整个包气带储水量变化基本保持动态平衡。在降水量较集中的 6~8 月份，包气带储水量处于较高的水平，随雨季结束，土壤储水量逐渐下降，基本达到生育阶段初的水平。整个包气带储水量的波动与气象条件的变化趋势相一致，特别是对当地降水有很强的依赖性，而且土壤包气带水储量处于较高水平时，也正是棉花的需水高峰期。

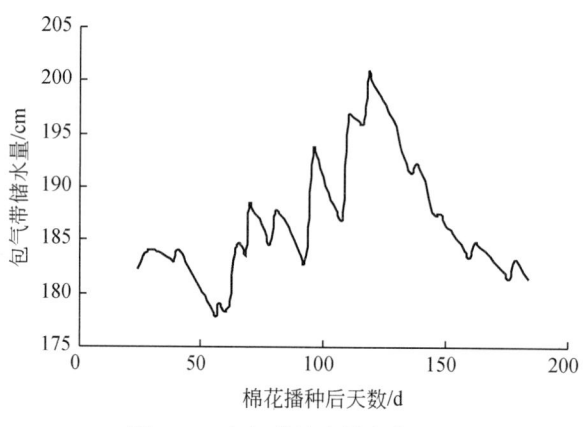

图 2-48 包气带储水量变化过程

3) 作物根区负压分布规律。土壤根系层的平均负压值可以较好地反映出作物根系的生长环境。通过对小麦、棉花等作物根系的分布情况进行分析，可以发现，90% 的根系都发育在 60cm 以内，所以选择 20~80cm 作为根系活动层，计算此范围的平均负压，图 2-49 显示了棉花根区负压值随时间的变化情况。

由图 2-49 中可以看出，作物根区负压计算值与实测负压值吻合较好，只是由于中后期负压计故障所以实测数据较少。另外，由图 2-49 中可明显看出播种后 50d 左右，根区负压急剧下降至大约 -1000cm，表明此时根区土壤含水率较低，因为这段时间天气主要以晴朗为主，土面蒸发较大，所以根系区含水率较低。可见气象因子对根系层影响很大。

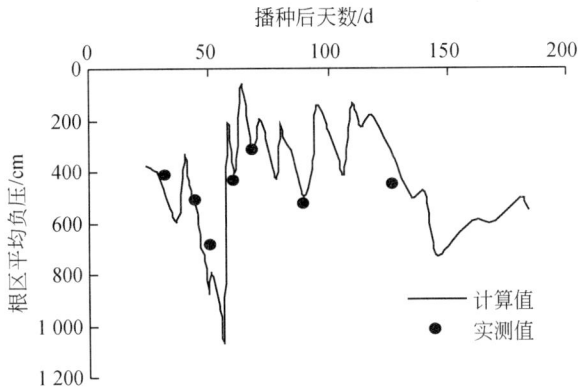

图 2-49 作物根区负压随时间变化规律

（2）包气带盐分分布模拟结果分析

包气带剖面盐分运移的模拟结果见图 2-50。

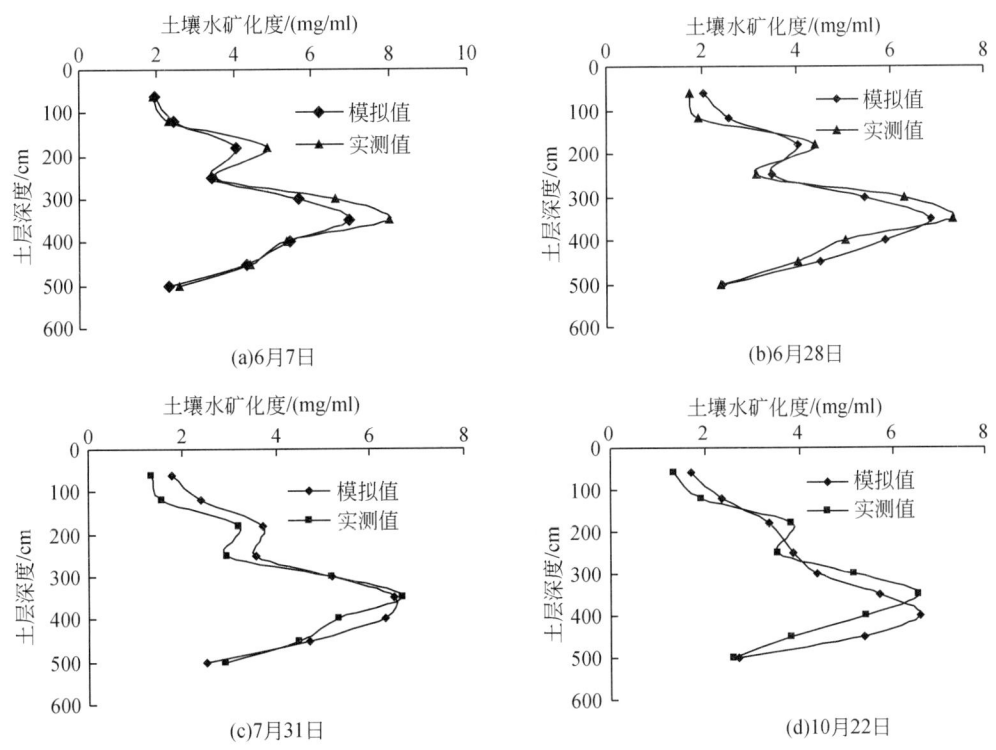

图 2-50 剖面土壤水矿化度实测值与模拟值

图 2-51 给出了包气带不同土层深度土壤水矿化度随时间变化的模拟值与实测值对比情况。可以看出，模拟的总体趋势较好，并且对照图 2-51 中各图可以发现，表层土壤水

矿化度的变化与降水关系密切，在降水量比较集中的时段，表层土壤水矿化度明显降低，到生育期结束时土壤60cm处土壤水矿化度已经降至约1.5g/L的水平。

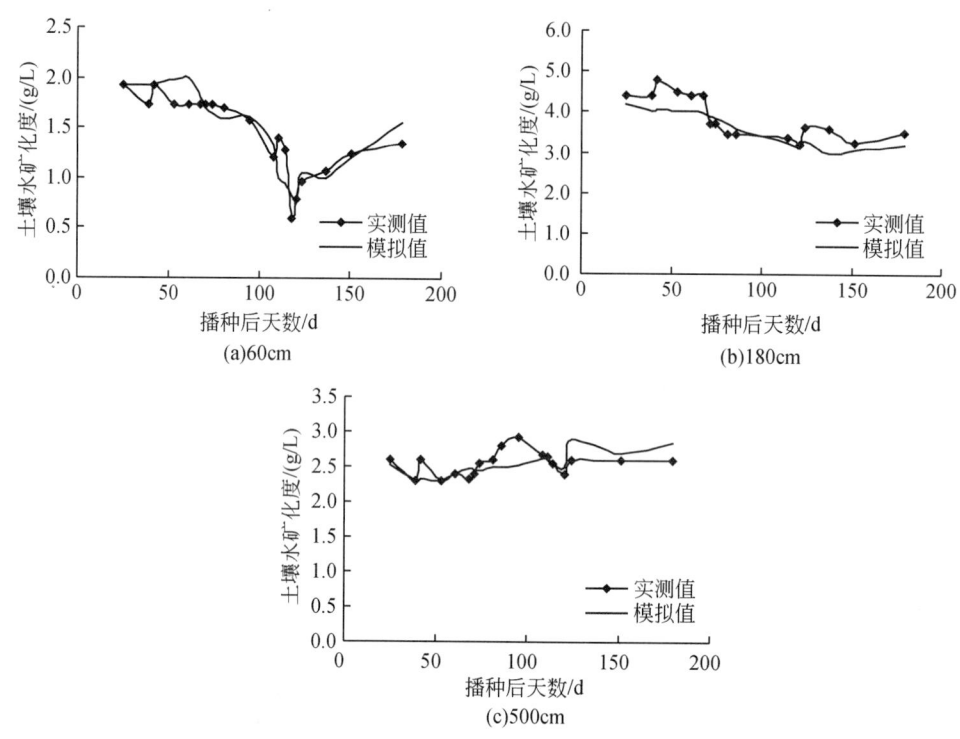

图 2-51　不同土层深度土壤水矿化度实测值与模拟值

（3）包气带养分（硝态氮）分布模拟结果分析

包气带硝态氮累积趋势模拟结果见图 2-52。可以看出，模拟值与计算值趋势一致，宏观效果较好，但与盐分模拟结果相比偏差稍大一点。特别是峰值处相差较大，可能是由于提取器插入点存在偏差所致。对图 2-50 和图 2-52 进行对照，可以看出，盐分和硝态氮的主要累积层并不在同一范围内，而是分别位于黏土层的上下两侧。这可能是由于盐分中的 Cl^- 等离子和硝态氮之间相互影响所致，并且在 250cm 土层以下硝态氮含量骤减，因为在此范围内存在含砂层。可见土壤质地对硝态氮的累积也有一定影响。

本节使用 HYDRUS-1D 模型对现状棉花生育期包气带水、盐、肥累积运移规律进行了模拟，并利用 2008 年实测的含水率资料、土壤水矿化度资料和硝态氮含量资料进行了验证，得到如下结论。

1）边界条件的变化对模拟结果影响较大，特别是土壤表层水盐肥含量实测值的精度直接影响模拟效果，因此需要反复调试，才能得到较好的模拟结果。

2）HYDRUS-1D 模型可以较好地模拟包气带水盐肥（硝态氮）的运移过程。通过模拟可以看出该模型模拟的宏观效果较好，模拟趋势与实际趋势一致，该模型对盐分运移的模拟效果优于对硝态氮的模拟效果。

3）年内包气带储水量可实现动态平衡，盐分及硝态氮在包气带岩性等因素的影响下

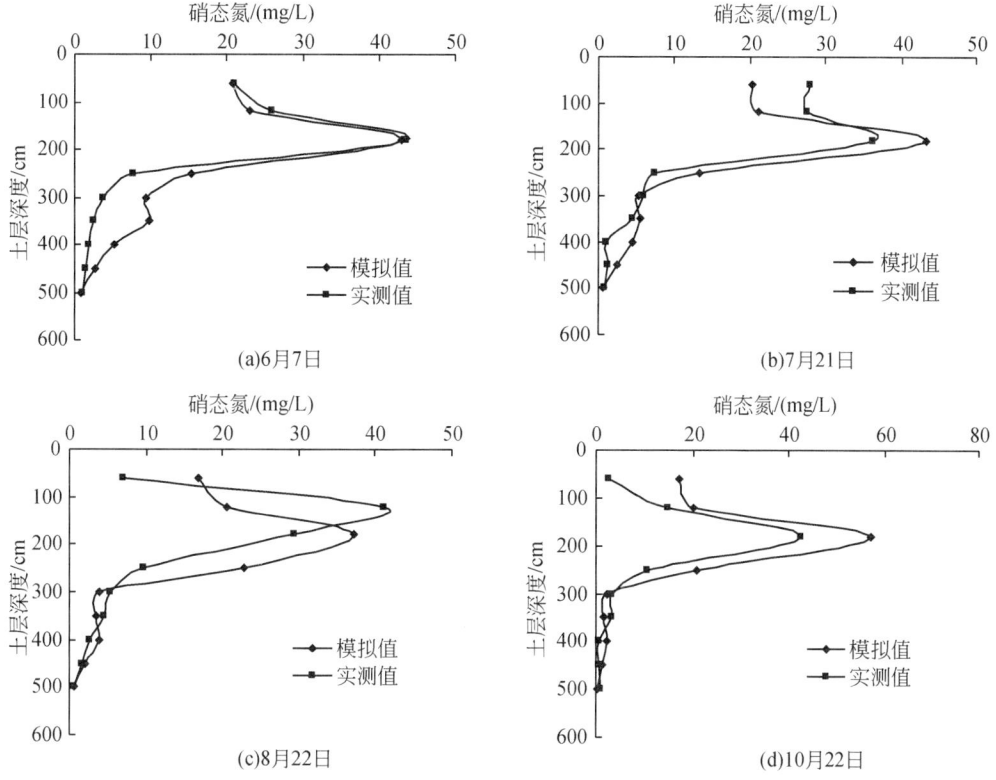

图 2-52 剖面硝态氮浓度分布实测值与模拟值

已经呈现累积趋势。盐分累积表现为双峰型，累积峰值出现在 200cm 和 400cm 处；硝态氮累积呈单峰型，累积峰值出现在 200cm 处，且 250cm 以下含量迅速降低。

2.4.4 基于 HYDRUS 模拟的地下水变化条件下包气带水盐肥运移预测

日常的水肥管理多关注作物根系层的盐分及养分的分布状态，因此，很多地方在农闲时期采用大水漫灌的方式进行压盐，以期使盐分被淋入作物根系层以下，避免影响作物的生长，但是却很少关注盐分在根系层以下的土壤中的分布及去向问题。本章采用情景模拟的方法，假定不同的地下水条件，模拟 10 年常规耕作条件下包气带盐分及养分（硝态氮）的累积规律，为制定合理的水肥管理模式提供参考。

利用率定好的相关水盐肥运移模型参数，设定上边界条件（包括作物腾发量、降水量和常规灌水定额及施肥定额）和变化的地下水位下边界条件。

1）上边界条件：模型的上边界条件输入逐日变化量。按照当地的灌溉习惯，每年都会在播种前灌底墒水并施肥，生育期内是否灌水则视降水量而定，底墒水大约是 900m³/hm²（折合 60m³/亩），灌溉水源为当地地下水，矿化度为 1g/L。施肥量为 750kg/hm²（折合 50kg/亩，N、P、K 各占 15% 的复合肥）。在对硝态氮进行预测模拟时，假定施肥后立即灌水,并且认为铵态氮立即全部转化成硝态氮,而肥料损失在输入总量内扣除,认为氮的损失率为20%~25%。

2)下边界条件:设定了3种不同的地下水位变动情景:①假定这10年内地下水位始终保持5.5m的现状条件不变化;②排水不畅等原因致使地下水位由5.5m抬升至3m;③地下水位由5.5m持续下降至10m。

假定在第2种和第3种地下水变动情景时,均认为地下水位的波动是匀速线性波动,然后分别对这3种情景进行预测模拟,以便得到地下水位的波动趋势对未来包气带中水盐肥(硝态氮)累积规律的影响。

(1) 水分运移预测

对3种情景下10年内包气带的储水量变化过程进行对照,见图2-53。由于土体下边界为动态边界,为了便于对照,所以选择1m和3m作为评价层深度,分别计算3种情景下评价层的储水量变化。从中可以看出地下水埋深的不同可以明显影响包气带的储水量变化。

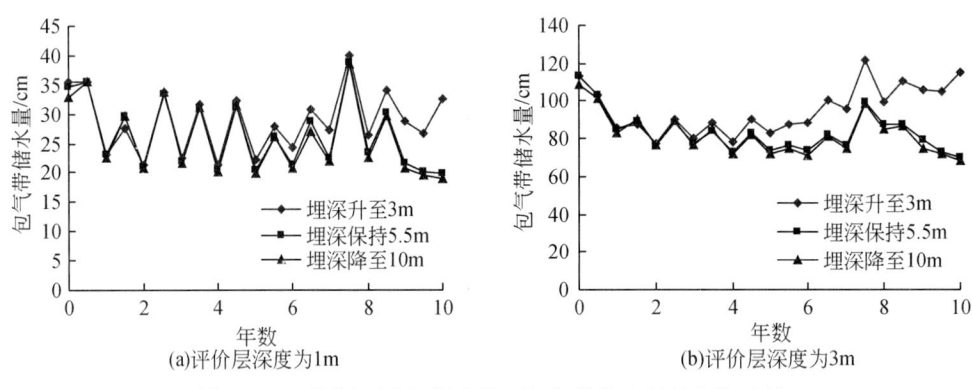

图2-53 不同地下水埋深条件下包气带储水量的变化过程

对照图2-53中的各图,可以发现一个共同的规律,即每年随着雨季的到来,包气带储水量都会升高,随着雨季的结束包气带储水量会慢慢降低,并且对照图2-53(a)和图2-53(b)可以发现1m范围内储水量的变化受降水的影响更为明显些。同时,由于地下水条件不同,又使其呈现出各自不同的特点:

1)当地下水埋深一直保持5.5m不变时可以发现,包气带储水量随时间的推移总体下降,但后来又有一个迅速回升的过程,这是因为第7年的年降水量为859mm,是这10年来降水最多的年份,所以造成了包气带储水量突增。

2)当地下水埋深由5.5m逐渐升高至3m时,可以明显地看出包气带储水量在逐年增多,在第7年时也出现了包气带储水量的峰值。

3)当地下水埋深由5.5m逐渐降至10m时,包气带储水量也呈现出总体减少的趋势,并且在第7年时也出现了包气带储水量的迅速增加。同时可以看出,随着地下水位的下降,3m土壤层范围的储水量比地下水埋深保持5.5m时略低。

（2）盐分累积预测

对假定的 3 种不同的地下水波动情景分别进行模拟，结果见图 2-54。图中给出了第 1 年、第 5 年和第 10 年年底的模拟结果，从中可以得到以下几点：

1）当地下水位由 5.5m 逐渐抬高至 3m 时，由于地下水埋深较浅，地下水与地表之间水量交换频繁，包气带深层中无明显盐峰，而且随着地下水位的抬高表层土壤盐分浓度明显升高，且升高趋势远大于另外两种情况。

2）当地下水埋深保持 5.5m 不变时，此时包气带中出现盐分浓度峰，土壤水矿化度最高可达到 5.5g/L。

3）当地下水位由 5.5m 持续下降至 10m 时，此时盐分不能很快地推移进入地下水中，因此盐峰处土壤水矿化度高达 6g/L。

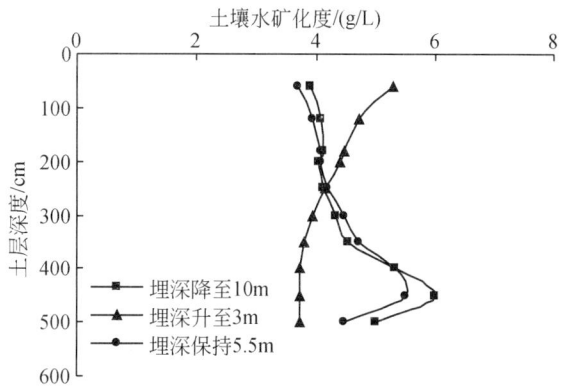

图 2-54 不同地下水埋深下盐分累积规律

对设定的 3 种地下水埋深状况，分别对其不同年份土壤剖面的盐分浓度的分布状况进行比较，见图 2-55。

从图中可以看出一个共同的规律，即在土面蒸发及作物根系的影响下，土壤表层盐分浓度都有所升高，同时不同的地下水埋深状况又使其呈现不同的规律特点。

1）当地下水位由 5.5m 上升至 3m 时，随着时间的推移可以发现 400cm 土层的盐峰慢慢消失了，但地下水位的抬高却也加剧了盐分的表聚作用，至第 10 年时，表层盐分浓度由初时刻的 1.93g/L 升高至 5.3g/L。

2）当地下水位一直保持 5.5m 不变时，峰值浓度随时间推移也在慢慢减小，但是减小的幅度较小，到第 10 年时仍然存在盐峰。

3）当地下水位由 5.5m 降至 10m 时，可以看出峰值也呈减小趋势，但是幅度较小，本节假设 5.5m 以下的土层均为壤土层，但实际的土层可能更为复杂，所以很可能盐分在此范围的累积状况更为明显。

地下水位的波动也在影响着土壤水分的运动，所以把剖面土壤水中的盐分浓度折算成单位土体土壤水中的含盐量，见图 2-56。

图中给出了 3 种地下水埋深情景下 10 年后的剖面盐分分布情况，从中可以明显地看出盐分的累积峰，特别是当地下水埋深抬升至 3m 时，在地下水的顶托作用下盐峰有所上移且含量远大于另外两种情况。

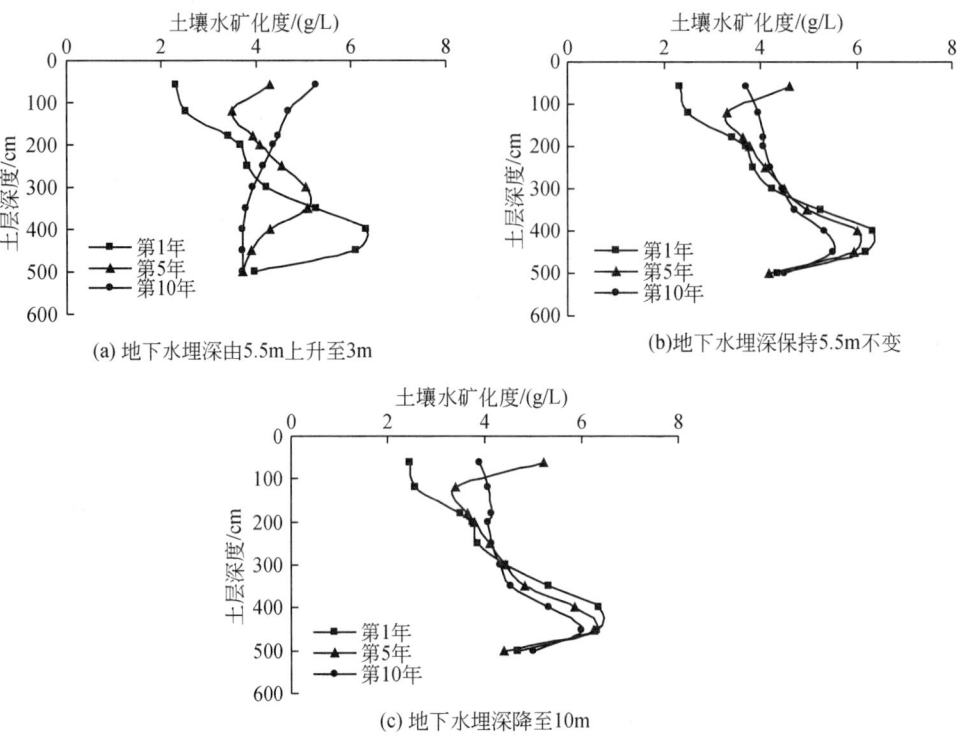

图 2-55　相同地下水埋深不同年份土壤剖面盐分累积规律

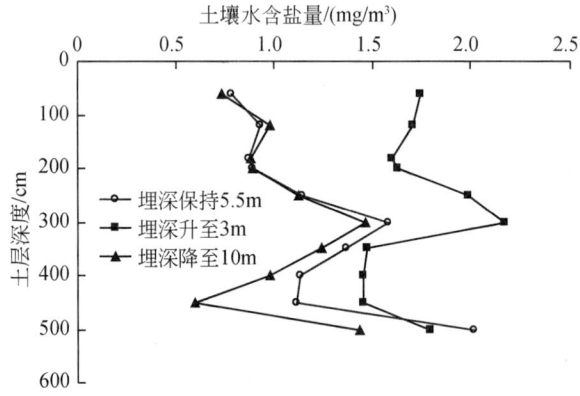

图 2-56　不同地下水埋深条件下 10 年后剖面盐分分布

(3) 硝态氮累积预测

地下水埋深状况的变化，对剖面硝态氮分布的影响最明显的变化可能是峰值的变化，因此，对 3 种不同地下水埋深情况下硝态氮浓度峰值随时间的变化规律进行比较分析，见图 2-57。可以看出：

1）地下水埋深升至 3m 的情况下，峰值缓慢下降，到第 10 年时峰值降至 86mg/L。

2）地下水埋深降至 10m 和埋深保持不变这两种情况下，峰值变化相差不大。地下水持续降低至 10m 时硝态氮的峰值略有升高，可能是硝态氮的主要累积层位于 250cm 以上，而 275~315cm 分布有黏土层，而地下水埋深较深，对 180cm 处峰值的变化影响不大，所以这两种情况下峰值随时间的变化规律相差不大。

从图 2-57 中也可以看出，硝态氮的淋失也比较严重，多发生在雨季。雨季结束后，由于播前还会再补充氮肥，峰值又会缓慢回升。总体来讲，硝态氮的峰值在年内可以基本达到动态平衡。

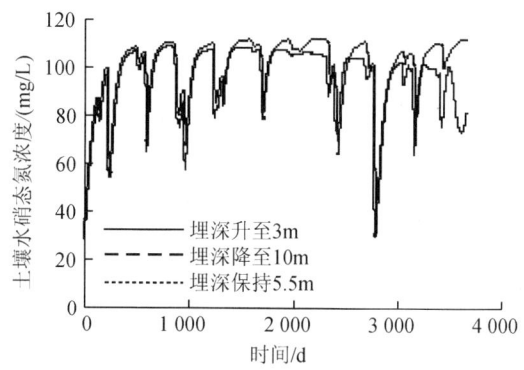

图 2-57　硝态氮浓度峰值随时间的变化规律

对 3 种地下水埋深条件下，第 10 年年底的剖面硝态氮分布情况见图 2-58。可以看出硝态氮大都集中在 200cm 范围的土层内。

1）地下水埋深降至 10m 和埋深保持 5.5m 两种情况下，硝态氮在整个剖面上的分布相差不大。埋深 10m 时的剖面硝态氮浓度比埋深保持 5.5m 不变的情况略有升高，但幅度很小。可见地下水埋深的持续降低对硝态氮的累积影响不明显。

2）当地下水位升至 3m 时，可以明显地看出峰值降低。

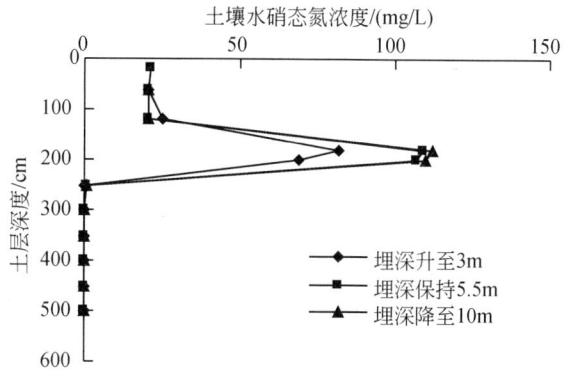

图 2-58　不同地下水埋深剖面硝态氮浓度分布规律

对不同地下水埋深条件下整个剖面硝态氮分布随时间的变化规律进行比较分析，见图 2-59。图中输出的结果是第 1 年、第 6 年和第 10 年年底剖面的硝态氮分布情况，从中可以看出地下水位的持续下降对剖面硝态氮分布的影响不大，因为硝态氮的主要累积层分布在 200cm 以上的土层范围，而地下水埋深却不小于 5m，所以，地下水位的波动对其影响不大。当地下水位上升至 3m 时，可以看出，硝态氮的浓度峰值在第 10 年年底已经有明显的降低，因为地下水埋深抬升至 3m，离硝态氮的累积层较近，硝态氮很容易被淋洗至地下水中。

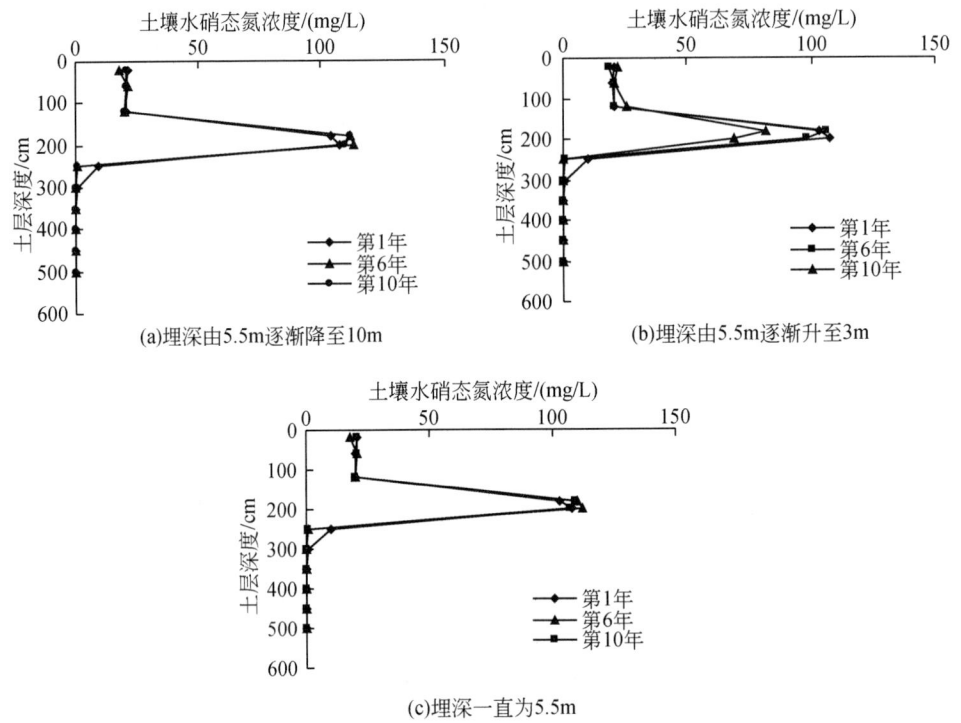

图 2-59 不同地下水埋深剖面硝态氮浓度分布随时间变化规律

把剖面土壤水中的硝态氮浓度折算成单位土体土壤水中的硝态氮含量，见图 2-60。图 2-60 中给出了 3 种地下水埋深情景下 10 年后的剖面硝态氮分布情况，从中可以看出硝态氮的累积峰。由于剖面硝态氮的累积层位于 200cm 左右的土层，距地下水位较远，所以地下水位的波动对剖面硝态氮分布的影响不大。

本小节设定了 3 种不同的地下水埋深情景。使用南皮县可考的降水量资料进行典型系列的选取，综合选取 10 年完整的气象资料作为未来 10 年的气象情况。在这 10 年内，采用常规水肥模式，种植作物定为棉花，然后对人为假定的情景使用 HYDRUS-1D 模型进行预测模拟，所得结果如下。

1) 地下水位的波动对包气带中盐分的运移和累积规律影响显著，且不同地下水埋深条件下包气带中的盐分都有不同程度的表聚现象。当地下水位上升至 3m 时，地下水与地表之间水量交换频繁，包气带深层中无明显盐峰；当地下水埋深保持不变时，包气带中出

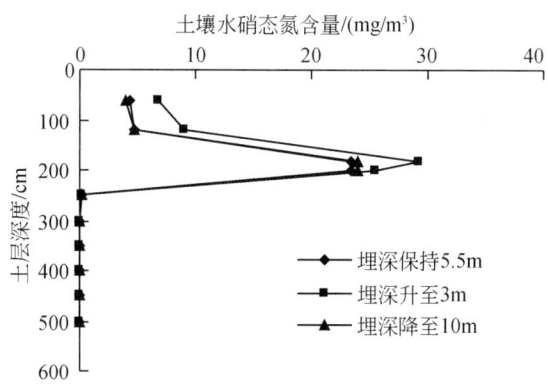

图 2-60 不同地下水埋深 10 年后剖面硝态氮分布

现盐峰,土壤水矿化度达到 5.5g/L;当地下水位持续下降至 10m 深度时,盐分不能很快地推移进入地下水中,所以盐峰处土壤水矿化度达到 6g/L。但地下水的波动也影响着包气带水分的运动,所以当折算成单位土体土壤水含盐量时,可以发现包气带中存在明显的盐分累积峰,并且当地下水埋深抬升至 3m 时,在地下水的顶托作用下盐峰有所上移且含量远大于另外两种情况。

2) 地下水埋深不小于 5m 时地下水位的波动对剖面硝态氮的分布影响不显著。随地下水位的持续降低,硝态氮浓度的峰值比地下水埋深 5.5m 时的浓度峰值略有升高;当地下水埋深上升至 3m 时,剖面硝态氮浓度峰值明显减少。但由于此时的土壤含水量也在增加,所以单位土体土壤水中的硝态氮含量是增加的,且从硝态氮浓度峰值随时间的变化情况来看,雨季硝态氮浓度峰值下降很快。可见,硝态氮很易淋失。因此包气带存在的硝态氮累积层对地下水污染是不容忽视的潜在污染源。

2.4.5　不同灌溉施肥制度下的土壤水分溶质运移模拟

不同的灌溉施肥制度对土壤根系层体积含水率变化以及硝态氮浓度变化和氮的淋失,以及土壤内各层盐分浓度变化,均有显著的影响。本节针对上一节提出的灌溉施肥制度进行不同组合,使用 HYDRUS-1D 模拟,最后期望能够确定一个合理的灌溉施肥制度指导农业生产。

(1) 不同灌溉制度下根系层土壤水分动态

研究的种植棉花的土壤主要是棉花根系吸收范围内的土壤,一般为主根深度 60cm 左右。因此,距离地表 60cm 以上土层内含水率变化可以很好地反映出不同的灌溉施肥制度下的根系层内可供利用的水分情况。

图 2-61 为高(120-120-120)、中(90-90-90)、低(60-60-60)3 种灌溉水平下根系层的土壤平均含水率,可以看出,3 种灌水定额下根系层的土壤含水量区别显著。尤其是在棉花生长的前期和中期,体积含水率最大差别可达到 0.05,但不论是大灌溉定额、中等灌溉定额还是小灌溉定额灌溉,根系层体积含水率均在 0.30~0.40,远远高于凋萎系数。

可见，小灌溉定额灌溉不会使棉花在生长期缺水。因此，从土壤含水率看，3 种灌溉水平都不会对棉花生长产生影响。但从水分利用效率看，提倡小灌溉定额灌溉。

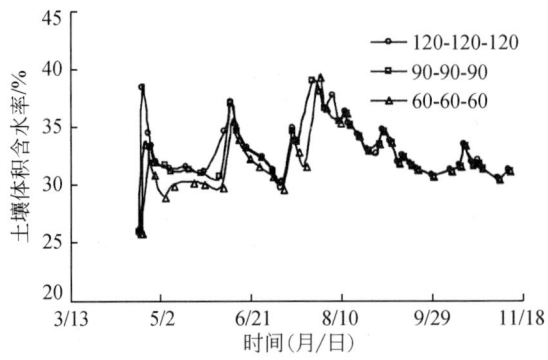

图 2-61 不同灌溉水平下根系层平均体积含水率

（2）不同灌溉制度土壤盐分运移

模拟 3 种灌溉制度下的盐分运移情况，将棉花生育末期土壤垂直剖面溶液中盐分浓度的分布绘图 2-62。由图 2-62 可以看出，生育末期 3 种灌溉制度下的土壤盐分浓度均呈现随土层深度增加而逐渐增加的趋势。

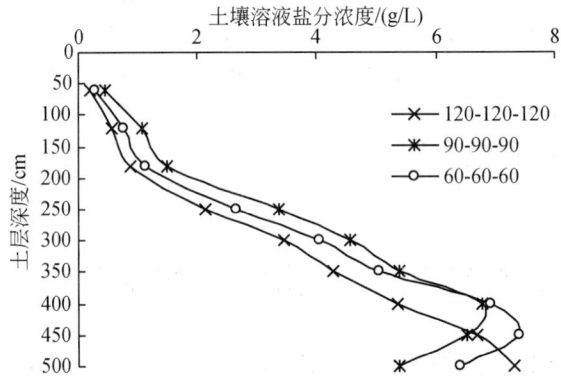

图 2-62 3 种灌溉制度下土壤溶液中盐分浓度的分布

同一土层深度，灌溉定额越大土壤的盐分浓度越低。中等灌溉定额条件下的盐分浓度峰值所在深度明显大于较小灌水定额时的盐分浓度峰值所在深度，而较大灌水定额下盐分浓度峰值抵达地下水位置。

水量是直接影响土壤盐分运移的重要因素，通常降水量和灌水量越大，被淋洗到土壤深层的盐分就越多，根系生长层的含盐量越小。因此降水情况相同时，灌水量的多少对盐分的运移规律及运移速率有很大影响。图 2-63～图 2-65 为 HYDRUS-1D 模拟的 3 种不同灌溉制度下的土壤盐分的运移动态。

由图 2-63～图 2-65 可看出 3 种不同灌溉情况下，5 个不同日期（4 月 22 日、6 月 13 日、7 月 18 日、9 月 16 日和 11 月 10 日）的土壤剖面的盐分分布情况。

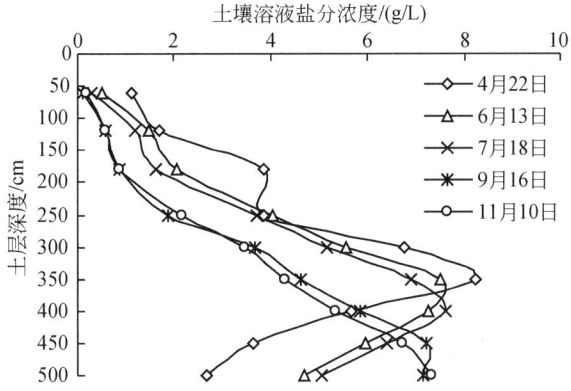

图 2-63 土壤溶液中盐分浓度的运移动态（120-120-120 灌溉制度）

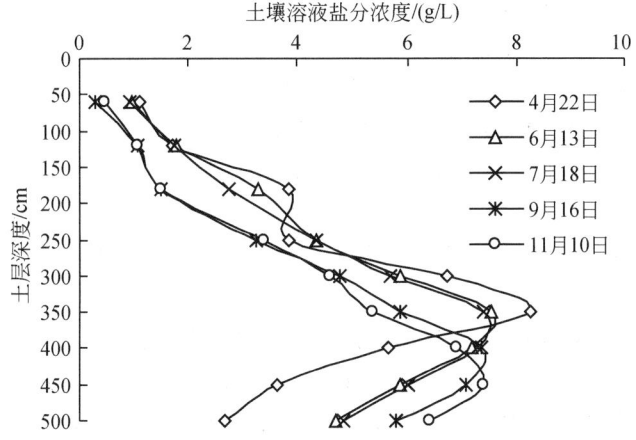

图 2-64 土壤溶液中盐分浓度的运移动态（90-90-90 灌溉制度）

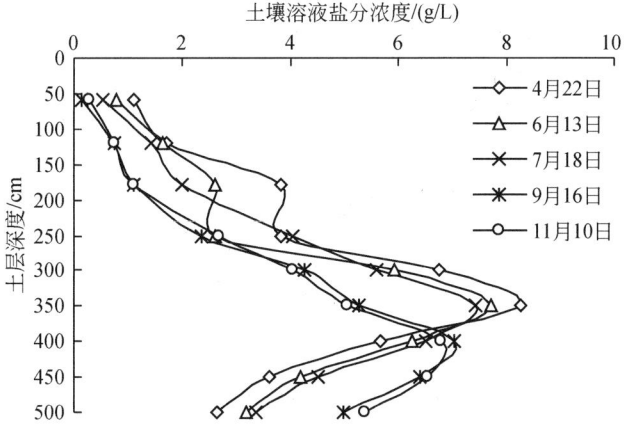

图 2-65 土壤溶液中盐分浓度的运移动态（60-60-60 灌溉制度）

1)灌溉水量的大小,直接影响土壤溶液中盐分的运移速率。在大灌溉定额条件下,盐分浓度峰值位置迅速下移,到棉花生育期末期(11月10日),盐分浓度峰值位置到达地下水位以下,因此在模拟典型年大灌溉定额灌溉条件下,棉花生育期内土壤中的盐分淋洗是相当充分的。中等灌溉定额灌溉条件下,盐分浓度峰值位置初期位于距离地表350cm土层处,经过了一个棉花生育期后,峰值位置下移了100cm。末期位于距离地表450cm土层中,盐分浓度峰值位置下移也是比较显著的,其下移的速率明显小于大灌溉定额处理而大于小灌溉定额处理。

2)0~350cm土层盐分浓度均先降低后升高。4月22日~9月16日,3种灌溉制度下,从地表至350cm土层盐分浓度均呈现不断下降的趋势,主要是因为此段时间灌水和降水较多,盐分随水分向下运移。9月16日与11月10日的盐分浓度剖面图相比,地表到350cm土层中的盐分浓度有小幅上升。分析其原因,9月下旬和10月,已经过了华北地区的多雨期,降水量变小,日均入渗水量远远小于棉花的日均腾发量,因此盐分受棉花蒸发蒸腾的拉动作用影响,开始向上运移。

综上所述,从盐分累积对作物生长影响的角度来说,灌溉制度的制定要求既能够满足植物的生长需求又能对盐分起到有效的淋洗作用,保证盐分浓度不会对作物产生胁迫作用,影响作物的生长,因此本节设计的3种灌水制度都可以有效压盐。棉花根系层内的土壤溶液盐分浓度都是随着时间和降水呈下降趋势,由于上层水量的淋洗,盐分下移,使得距离地表400cm土层以下的盐分浓度逐渐增加,且不论哪种灌溉方式,都会使一部分盐分被淋入地下水。

图2-66~图2-68反映的是不同灌溉制度下模拟值换算得到的各时刻各层土壤溶液含盐量。比较图2-63~图2-65及图2-66~图2-68可见二者呈现的趋势基本一致,即该模型中以土壤溶液盐分浓度表示的不同土层土壤溶液盐分动态较好地反映了土壤中水盐的运移情况。

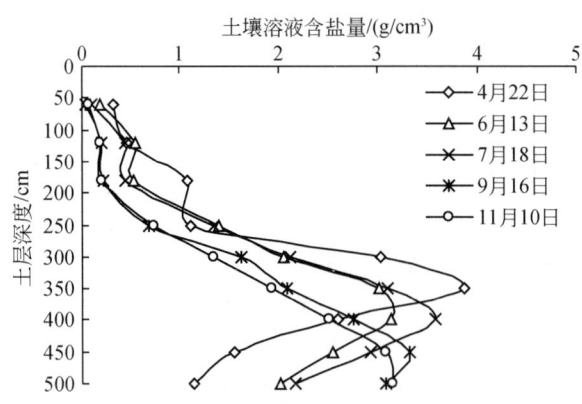

图2-66 土壤溶液含盐量动态(120-120-120灌溉制度)

(3)不同条件下根系层的硝态氮变化动态

1)根系层土壤溶液中硝态氮浓度动态。一般认为棉花的主根深度为60cm左右,因此距离地表60cm以上土层内硝态氮的浓度变化可以很好地反映出不同的灌溉施肥制度下的

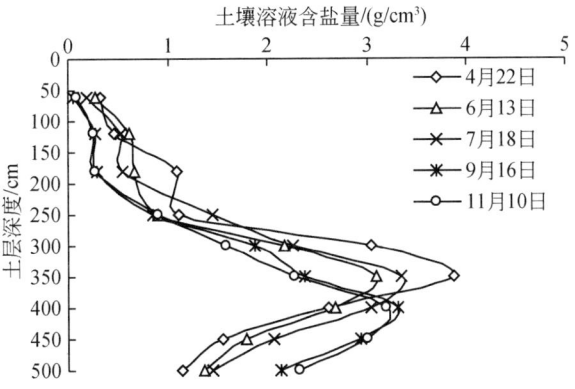

图 2-67 土壤溶液含盐量运移动态（90-90-90 灌溉制度）

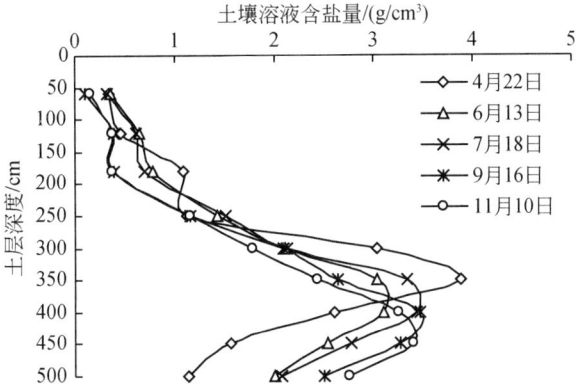

图 2-68 土壤溶液含盐量运移动态（60-60-60 灌溉制度）

根系层内可供利用的有效养分的情况。将同一灌溉水平下各种施肥制度根系层硝态氮浓度变化过程绘图 2-69～图 2-71。图 2-72 反映的则是不同灌溉水平下根系层平均体积含水率变化过程。

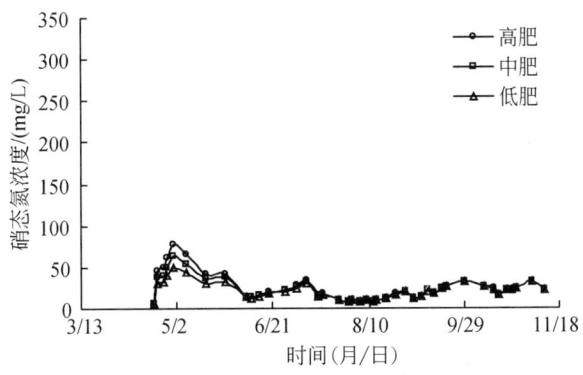

图 2-69 不同施肥制度根系层土壤溶液中硝态氮浓度运移动态（120-120-120 灌溉制度）

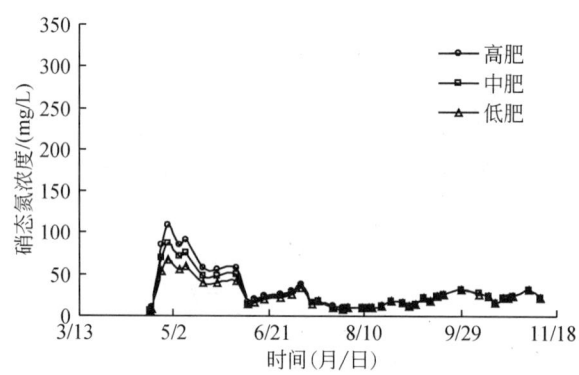

图 2-70　不同施肥制度根系层土壤溶液中硝态氮浓度动态（90-90-90 灌溉制度）

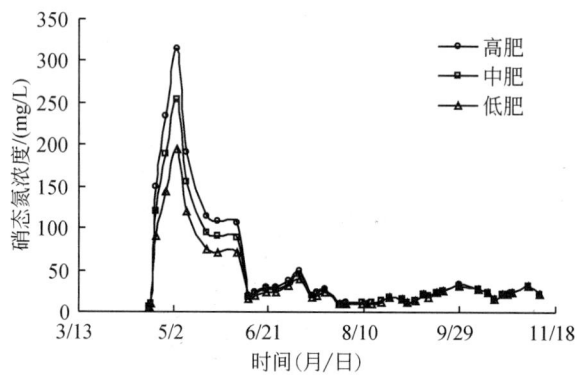

图 2-71　不同施肥制度根系层土壤溶液中硝态氮浓度动态（60-60-60 灌溉制度）

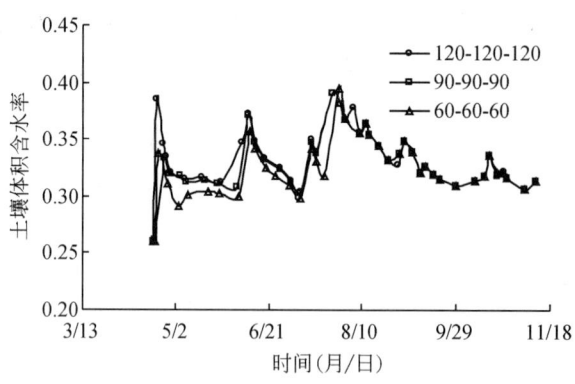

图 2-72　不同灌溉定额下根系层体积含水率

由图 2-69～图 2-71 可以看出各种灌溉施肥定额下，施肥后根系层硝态氮浓度都经历了一个先上升后下降的过程。4 月 22 日～5 月 2 日硝态氮浓度一直处于上升阶段，5 月 2 日后硝态氮浓度开始逐渐下降，至 8 月 10 日后各种灌溉施肥制度下根系层平均硝态氮浓度已无明显差别。8 月 10 日为棉花的花铃期，播种后至 8 月 10 日棉花生长随着温度的升高日趋旺盛,对养分的需求也日益增大。由图 2-68 可以看出,此阶段 3 种灌水水平下小灌溉定额时根系层硝态氮的浓度最大,其中高肥处理时的浓度最大值为 315mg/L,中肥及低肥时也达到了 254 mg/L 及 194 mg/L,同时期中等灌溉定额水平 3 种施肥制度根系层硝态氮的浓度峰值分别为 108mg/L、88mg/L 及 68mg/L,大灌溉定额水平 3 种施肥制度根系层硝态氮的浓度峰值分别为 78mg/L、64mg/L 及 50mg/L。由图 2-69 可以看出,对应于各灌溉水平浓度峰值的根系层土壤含水率平均值分别为小灌溉定额 29.1%,中等灌溉定额 32%,大灌溉定额 32%,各灌溉水平根系层土壤含水率平均值相差不大,所以此时小灌溉定额根系层提供了更多的可供作物利用的养分,且直至 6 月 10 日小灌溉定额的根系层硝态氮的浓度均明显大于另外两种处理。

2)根系层土壤溶液中硝态氮含量变化动态。图 2-73～图 2-75 为不同灌溉施肥处理条件下,根系层土壤溶液硝态氮含量变化动态图。与图 2-69～图 2-71 比较可以看出,土壤溶液中硝态氮浓度与硝态氮含量变化趋势基本一致,即该模型中以浓度表示的土壤溶液硝态氮动态较好地反映了土壤中硝态氮含量动态变化情况。

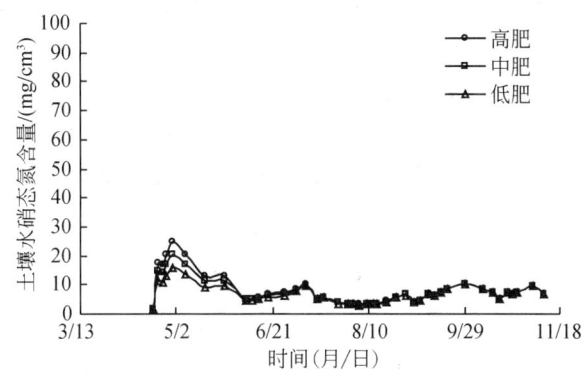

图 2-73 不同施肥根系层土壤溶液中硝态氮含量(120-120-120 灌溉制度)

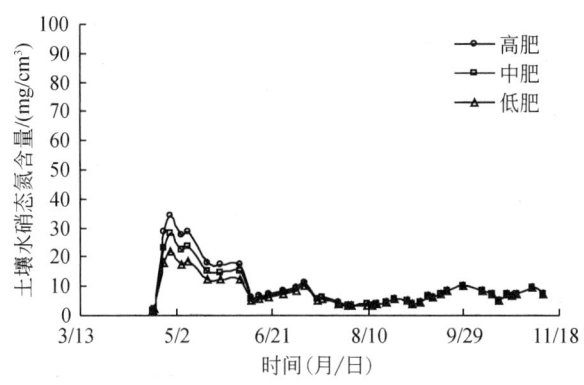

图 2-74 不同施肥根系层土壤溶液中硝态氮含量(90-90-90 灌溉制度)

(4)水分深层渗漏与硝态氮淋失情况分析

氮淋失是指土壤中的氮随水向下移动至根系活动层以下,从而不能被作物根系吸收所

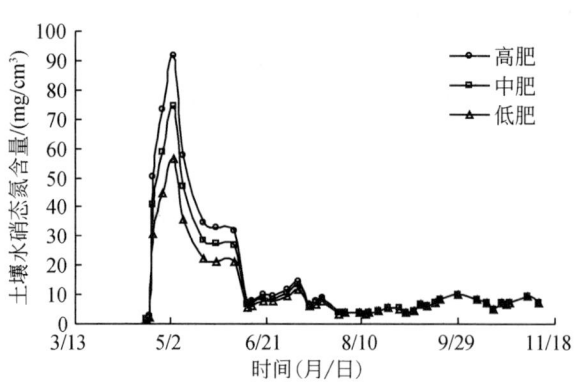

图 2-75 不同施肥根系层土壤溶液中硝态氮含量（60-60-60 灌溉制度）

造成的氮素损失，它是一种累积过程。淋失的氮主要包括来源于土壤的氮和残留的肥料氮，以及当季施入的肥料氮。本节研究的种植棉花的土壤主要考虑棉花根系吸收范围内的。棉花主根深度一般认为 60cm，但还有一些侧根和须根，因此本节设定地表至距离地表 120cm 之间为根系活动层。

前面确定了 3 种灌溉制度和 3 种施肥制度，通过正交设计最终得到 9 种不同的灌溉施肥组合，即大灌溉定额高肥、大灌溉定额中肥、大灌溉定额低肥、中等定额高肥、中等定额中肥、中等定额低肥和小定额高肥、小定额中肥、小定额低肥。具体分类及灌溉和肥料的施用情况如表 2-13 所示。

表 2-13 灌溉施肥制度

序号	不同处理	灌溉定额/mm			施肥定额/(kg/hm²)
		4月22日	6月8日	7月9日	
1	大定额高肥	120	120	120	750
2	大定额中肥	120	120	120	600
3	大定额低肥	120	120	120	450
4	中等定额高肥	90	90	90	750
5	中等定额中肥	90	90	90	600
6	中等定额低肥	90	90	90	450
7	小定额高肥	60	60	60	750
8	小定额中肥	60	60	60	600
9	小定额低肥	60	60	60	450

将 9 种不同的边界条件分别代入 HYDRUS-1D 模型中，得出水的渗漏和硝态氮的淋失总量（表 2-14）。

表 2-14 不同灌溉施肥制度下模拟得到的水渗漏量和硝态氮淋失量

处理		水渗漏量/(m³/hm²)	硝态氮淋失量/(kg/hm²)	硝态氮淋失率/%
大定额	高肥	241.1	9.85	8.76
	中肥	241.1	9.61	10.68
	低肥	241.1	9.61	14.24
中等定额	高肥	210.8	7.89	7.01
	中肥	210.8	7.71	8.57
	低肥	210.8	7.53	11.16
小定额	高肥	153.3	4.91	4.36
	中肥	153.3	4.85	5.39
	低肥	153.3	4.79	7.10

由表 2-14 可以看出，渗漏水量的多少取决于灌水量。大灌溉定额下水的渗漏量为 241.1 m³/hm²，中等灌溉定额下水的渗漏量为 210.8 m³/hm²，小灌溉定额下水的渗漏量为 153.3 m³/hm²。相对于 3 种呈等差数列递减的灌溉水量，其渗漏量却呈不规则递减。

同样的施肥条件下，因为灌溉制度不同，硝态氮的渗漏量也是不同的。高肥条件下小灌溉定额的硝态氮渗漏量仅为大灌溉定额处理的 49.8%，而中肥条件下仅为大灌溉定额处理的 50.4%，低肥条件下这一比例变为 49.8%。同样对应于高肥、中肥、低肥，中等灌溉定额处理硝态氮渗漏量也仅为大灌溉定额处理的 80.1%、80.2% 和 78.4%。

同样的灌溉水平下，对应高、中、低 3 种灌溉水平，低肥处理的硝态氮的淋失量分别为高肥处理时的 97.6%、97.5% 和 97.6%，中肥处理时的硝态氮淋失量为高肥处理的 97.6%、97.7% 和 98.8%。由以上分析可以看出，灌水量才是决定硝态氮淋失量的主要影响因素。只有在灌溉制度相同的条件下，施肥量的多少对硝态氮淋失量的影响才会有细微的差别。所以，科学合理地灌溉是非常有必要的。节水灌溉不仅仅是对水资源的节约，也是对肥料的高效利用。单从减少水肥损失的角度讲，小灌溉定额低肥的灌溉施肥制度最佳。

综合考虑盐分浓度峰值所在位置状况、水肥的淋失及关键生育期根系层水肥状况，发现大灌溉定额下盐分浓度峰值所处位置由初期的 350cm 下降到末期的 500cm，共计下移 150cm；中等灌溉定额下盐分浓度峰值所处位置下降到 450cm，下移 100cm；小灌溉定额下盐分浓度峰值所处位置下降到 400cm，下移 50cm。大灌溉定额下硝态氮的淋失率高、中、低肥分别为 8.76%、10.68% 和 14.24%，中等灌溉定额下硝态氮的淋失率高、中、低肥分别为 7.01%、8.57% 和 11.16%，小灌溉定额下硝态氮的淋失率高、中、低肥分别为 4.36%、5.39% 和 7.10%，小灌溉定额高肥淋失率最小。另外根系层硝态氮浓度最高值大灌溉定额处理条件下高、中、低肥分别为 78mg/L、64mg/ 和 50mg/L，中等灌溉定额条件下高、中、低肥分别为 108mg/L、88mg/L 和 68mg/L，小灌溉定额条件下高、中、低肥分别为 315mg/L、254 mg/L 和 194 mg/L。小灌溉定额高肥处理下，根系层硝态氮浓度最利于植物对肥料的吸收。

综合以上因素，小灌溉定额高肥的灌溉施肥制度（60-60-60 灌溉制度，基肥为 750kg/hm² 复合肥）的水分深层渗漏量和氮素淋失量最小。

2.5 河流生态系统与水循环系统之间的耦合机制

2.5.1 河流情势演变对生态系统的影响分析

海河流域河流生态系统的退化主要是河流水量减少和天然情势受到人工强烈干扰引起的。河海流域河道内流量的减少，导致泥沙淤积，引起河床形态变化，致使河道萎缩，河床抬高，河口退后，并使得沿河的生态和经济发展受到严重的负面影响。同时河流缺水使得沿河的洼地、湿地、植被等严重缺水，甚至生活用水都面临危机。人类对自然水文过程的改变扰乱河流系统中水流运动与沉积物运动的动态平衡，从而改变了决定水生生物及岸边生物栖息地类型的地貌特征。

研究发现，海河河流径流的天然情势是形成和维持水生生物和岸边生物赖以生存的河道内和洪泛平原栖息地的主要因素。河流情势的 5 个关键组成部分，即各水文要素的量值、频率、发生时间、历时和变化率，控制着河道内、外的物质和能量交换，也影响着水生生物群落间的相互作用。同时，一些水文现象发生时间的规律性是许多水生生物和岸边生物生存的必要条件。例如，洪水出现时间和历时的变化，消除了在自然状态下，洪水对鱼类的产卵和迁徙的提示作用，或者大大改变了鱼类进入繁殖区的机率。某些岸边植物具有对较持久洪水的耐受性，某些水生无脊椎动物和鱼类具有对较持久枯季流量的耐受性，使得这些物种在适宜的生境中长期生存繁衍，在一定程度上避免了一些外来物种的入侵。河流流量的变化速率影响物种的持久性和共生性。对于那些容易暴发洪水的河流由于流量在短时间内增加迅速，使得那些缺乏适应能力的外来物种沿水流冲到下游地区。因此，自然状态下河流的季节性变化可以有效地抑制那些产卵和孵化必须依赖于流量变化的外来物种的入侵。

2.5.2 水文变化指数计算分析

（1）指数选取

选用最能反映海河河流生态系统生物多样性和发挥河流自然生态功能为目标的水文变化指数（indicators of hydrologic alteration，IHA），通过变动范围（range variability approach，RVA）法分析人类干扰前后水文变量的分布特性，为海河河流生态管理提供依据。水文变化指数的选取，分为流量大小、时间、频率、持续期和变动率等具有生态意义的五大类（表 2-15）。

表 2-15　海河流域水文变化指数

IHA 指标	水文参数	对生态系统的影响
月平均水量变化	各月平均流量	水生生物栖息可能性
		滨水植物供水可得性
		水资源的可获性
		野生生物饮水易获性
		影响水温与溶解氧
年均极值变化	年均 1 日、3 日、7 日、30 日、90 日最小/最大流量	生物体竞争与忍耐的平衡
		创造植物散布的条件
	年最小 7 日流量/年均值流量	河渠地形塑造与栖息地物理条件培养
		植物土壤水分胁迫增强
		野生生物脱水
		水持续紧张
		植物群落分布改变
极端水文现象出现时间	年最大流量出现日期	对生物体压力的预测与规避
	年最小流量出现日期	迁徙鱼产卵信号
脉冲流量的频率与历时	年出现高流量脉冲事件的次数	对植物产生土壤湿度压迫的频率
	年出现低流量脉冲事件的次数	对植物产生厌氧压迫的频率和历时
	年高流量脉冲事件历时	洪泛平原作为生物栖息地的有效性
	年低流量脉冲事件历时	营养及有机物在河道和洪泛平原间的交换
流量变化的出现频率与变化率	日流量平均增长率	对植物产生的干旱压力
	日流量平均降低率	营养物质在洪泛平原的截留
	流量过程转折点的数量	—

RVA 建立在 IHA 指标体系之上，其量化并形成河流生态水文目标的核心思想在于：①给出自然（或人工干扰较小）状态下 IHA 各指标特征值，并以平均值±标准差或 25%~75%这一区间范围作为 IHA 指标的生态目标；②计算受人工干扰河流的 IHA 各指标特征值，判断其是否落在生态目标区间，统计水文状况变化对自然状态的偏离程度；③通过各种措施调节受影响河流水文过程，使其变化尽量落在生态目标区间内，以维持河流生物多样性，保护生态系统完整性。这样，每个水文指标在河流作为"自然河流"时期的变动范围就认为是河流生态和环境管理目标，从而实现与生态相关联的水文目标定量化。

（2）指数分析

以滦河下游的滦县水文站和永定河支流桑干河上石匣里水文站为例进行分析。根据水文站上游水利工程和河流演变趋势，选定 1980 年作为天然河流和受到干扰后的河流特性的分界点。

从图 2-76 的干扰前后两个时期的月流量过程可以看出，两站来水量的减少趋势是非常明显的。由于水库等水利工程的调蓄作用，受干扰后的流量过程趋于平滑，洪峰流量大幅度减小。由于受到干扰强烈，1980年后流量过程基本都落在RVA恢复目标之外。

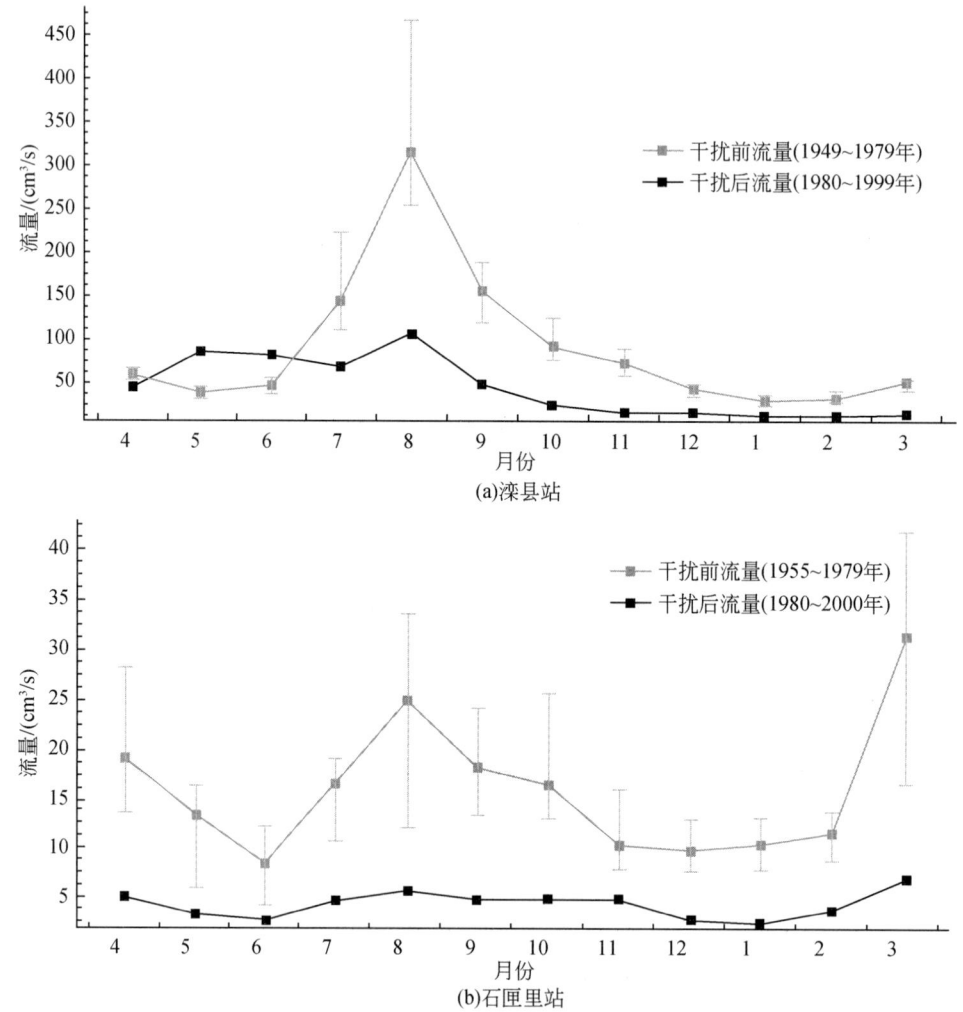

图 2-76 河流受干扰前后月流量分布

通过分别计算两站历史逐日平均径流过程水文系列特征值，得出水文指数改变程度和恢复目标范围，具体结果见表2-16~表2-19。

表 2-16 滦县站水文变化指数统计分析

水文变化指数	设定流量变化范围					
	低	高	中值			
			干扰前	干扰前离散系数	干扰后	干扰后离散系数
4月/(m³/s)	54.06	67.53	57.65	0.35	44.70	0.99
5月/(m³/s)	32.85	45.33	39.00	0.49	86.80	0.22

续表

水文变化指数	设定流量变化范围					
	低	高	中值			
			干扰前	干扰前离散系数	干扰后	干扰后离散系数
6 月/(m³/s)	38.28	56.55	46.55	0.75	81.73	0.25
7 月/(m³/s)	110.90	222.60	144.00	1.24	68.70	1.67
8 月/(m³/s)	253.10	467.00	316.00	1.22	106.90	2.05
9 月/(m³/s)	120.00	189.20	156.00	0.86	48.40	2.02
10 月/(m³/s)	78.03	124.00	91.50	0.72	24.90	1.84
11 月/(m³/s)	59.48	89.99	73.30	0.55	17.70	1.04
12 月/(m³/s)	35.78	48.65	43.80	0.55	14.75	0.97
1 月/(m³/s)	26.06	37.55	29.30	0.54	12.55	0.85
2 月/(m³/s)	30.51	41.47	32.00	0.69	12.30	0.67
3 月/(m³/s)	43.00	53.98	50.80	0.30	14.65	0.53
年最小 1 日平均流量/(m³/s)	14.74	20.46	19.00	0.46	4.80	1.11
年最小连续 3 日平均流量/(m³/s)	17.16	22.04	19.83	0.42	5.52	0.94
年最小连续 7 日平均流量/(m³/s)	18.18	23.72	21.19	0.41	7.04	0.78
年最小连续 30 日平均流量/(m³/s)	23.37	27.95	26.52	0.42	11.04	0.82
年最小连续 90 日平均流量/(m³/s)	29.77	37.94	33.49	0.47	12.26	0.83
年最大 1 日平均流量/(m³/s)	1552.00	3722.00	2500.00	1.40	450.40	2.90
年最大连续 3 日平均流量/(m³/s)	987.20	2630.00	2047.00	1.26	378.40	3.04
年最大连续 7 日平均流量/(m³/s)	693.10	1749.00	1334.00	1.12	312.70	3.03
年最大连续 30 日平均流量/(m³/s)	397.20	929.50	655.00	1.22	191.80	1.81
年最大连续 90 日平均流量/(m³/s)	245.00	501.20	360.70	1.03	133.90	1.34
年最小连续 7 日流量/年均值流量/(m³/s)	0.13	0.21	0.17	0.75	0.12	0.98
年最小流量出现日/d	39	153	36	0	334	0.47
年最大流量出现日/d	211	226	222	0	213	0.08
年流量减少脉冲次数/次	4.56	7.00	5.00	0.80	6.00	0.63
年流量减少脉冲历时/d	3.56	9.16	6.00	1.33	6.00	0.75
年流量增加脉冲次数/次	3.00	5.00	4.00	0.75	4.50	1.11
年流量增加脉冲历时/d	3.78	10.50	6.00	1.83	3.50	1.71
日流量平均增长/%	2.31	3.36	2.80	0.64	2.13	0.86
日流量平均降低率/%	4.00	3.00	3.35	0.54	1.80	0.60
流量过程转折点数量/个	82.00	117.00	92.00	0.48	86.00	0.12

表 2-17　滦县站水文变化指数改变度统计

月份	中 RVA 范围 期望	中 RVA 范围 实际	中 RVA 范围 变化度	高 RVA 范围 期望	高 RVA 范围 实际	高 RVA 范围 变化度	低 RVA 范围 期望	低 RVA 范围 实际	低 RVA 范围 变化度
4	7	5	−0.30	6	1	−0.85	6	14	1.17
5	7	0	−1.00	6	20	2.10	6	0	−1.00
6	7	2	−0.72	6	18	1.79	6	0	−1.00
7	7	3	−0.58	6	4	−0.38	6	13	1.02
8	7	2	−0.72	6	3	−0.54	6	15	1.33
9	7	3	−0.58	6	2	−0.69	6	15	1.33
10	8	1	−0.88	5	2	−0.61	6	17	1.64
11	7	0	−1.00	6	2	−0.69	6	18	1.79
12	7	2	−0.72	6	0	−1.00	6	18	1.79
1	7	4	−0.44	6	0	−1.00	6	16	1.48
2	7	1	−0.86	6	0	−1.00	6	19	1.95
3	7	0	−1.00	6	0	−1.00	6	20	2.10

表 2-18　石匣里站水文变化指数统计分析

水文变化指数	设定流量变化范围 低	设定流量变化范围 高	中值 干扰前	中值 干扰前离散系数	中值 干扰后	中值 干扰后离散系数
4 月/(m³/s)	19.00	5.10	0.99	0.81	0.73	0.19
5 月/(m³/s)	13.40	3.20	0.90	1.92	0.76	1.12
6 月/(m³/s)	8.37	2.71	1.25	1.61	0.68	0.29
7 月/(m³/s)	16.50	4.93	1.29	1.50	0.70	0.16
8 月/(m³/s)	24.70	5.76	1.37	1.13	0.77	0.18
9 月/(m³/s)	18.05	4.85	0.92	0.67	0.73	0.27
10 月/(m³/s)	16.30	5.00	1.06	0.78	0.69	0.26
11 月/(m³/s)	10.30	4.95	1.15	0.75	0.52	0.35
12 月/(m³/s)	9.74	2.70	0.82	0.88	0.72	0.07
1 月/(m³/s)	10.30	2.30	0.65	0.77	0.78	0.19
2 月/(m³/s)	11.40	3.70	0.60	0.59	0.68	0.03
3 月/(m³/s)	31.10	6.90	1.13	0.42	0.78	0.62
年最小 1 日平均流量/(m³/s)	2.44	0.50	1.14	2.19	0.80	0.92
年最小连续 3 日平均流量/(m³/s)	2.79	0.67	1.42	2.08	0.76	0.46
年最小连续 7 日平均流量/(m³/s)	3.24	0.83	1.61	2.02	0.74	0.26
年最小连续 30 日平均流量/(m³/s)	6.24	1.78	1.25	1.10	0.71	0.12
年最小连续 90 日平均流量/(m³/s)	9.26	2.76	0.86	0.63	0.70	0.27

续表

水文变化指数	设定流量变化范围					
	低	高	中值			
			干扰前	干扰前离散系数	干扰后	干扰后离散系数
年最大1日平均流量/(m³/s)	152.00	36.30	0.95	1.55	0.76	0.63
年最大连续3日平均流量/(m³/s)	126.40	29.33	0.60	1.13	0.77	0.88
年最大连续7日平均流量/(m³/s)	101.80	20.46	0.61	1.41	0.80	1.32
年最大连续30日平均流量/(m³/s)	58.17	12.47	0.66	1.78	0.79	1.70
年最大连续90日平均流量/(m³/s)	31.95	8.63	0.82	1.48	0.73	0.81
年最小连续7日流量/年均值流量/(m³/s)	0.16	0.18	0.93	0.85	0.10	0.09
年最小流量出现日期/d	187	184	0	0	0	0.24
年最大流量出现日期/d	215	190	0	0	0	0.67
年流量减少脉冲次数/次	7.00	14.00	1.29	0.46	1.00	0.64
年流量减少脉冲历时/d	4.50	7.00	0.61	1.82	0.56	1.98
年流量增加脉冲次数/次	8.00	3.00	1.06	1.83	0.63	0.73
年流量增加脉冲历时/d	4.00	2.00	1.00	0.50	0.50	0.50
日流量平均增长率/%	1.10	0.42	1.05	0.73	0.62	0.31
日流量平均降低率/%	−1.51	−0.50	−0.79	−0.59	0.67	0.25
流量过程转折点数量/个	123.00	131.00	126	0.06	124	0.78

表 2-19 石匣里站水文变化指数改变度统计

月份	中 RVA 范围			高 RVA 范围			低 RVA 范围		
	期望	实际	变化度	期望	实际	变化度	期望	实际	变化度
4	8	0	−1.00	7	1	−0.85	7	20	1.98
5	8	6	−0.21	7	1	−0.85	7	14	1.08
6	8	5	−0.34	7	1	−0.85	7	15	1.23
7	8	3	−0.60	7	1	−0.85	7	17	1.53
8	8	3	−0.60	7	0	−1.00	7	18	1.68
9	8	0	−1.00	7	1	−0.85	6	20	2.40
10	8	0	−1.00	7	0	−1.00	7	21	2.13
11	8	2	−0.74	7	0	−1.00	7	19	1.83
12	8	0	−1.00	7	0	−1.00	7	21	2.13
1	8	0	−1.00	7	0	−1.00	7	21	2.13
2	8	0	−1.00	7	0	−1.00	7	21	2.13
3	8	0	−1.00	7	0	−1.00	7	21	2.13

从表 2-17 和表 2-19 可以看出两站的水文过程受影响明显。其中，中、高流量范围的 RVA 改变度都是负值，说明受到干扰后高流量值减少，径流被均化，洪峰过程被削平，丰水季节水量减少。而低流量范围的 RVA 改变度都是正值，说明水量减少较多，枯水季节时间延长，低流量过程增加。

海河流域水利工程如大型水库的修建等人工干扰同时也显著地改变了河流年内极端水文特征变化的范围和趋势。年最小/最大 1 日平均流量、年最小/最大连续 3 日、7 日、30 日、90 日平均流量都被明显改变，如图 2-77 和图 2-78 的最小/最大 1 日平均流量，在水

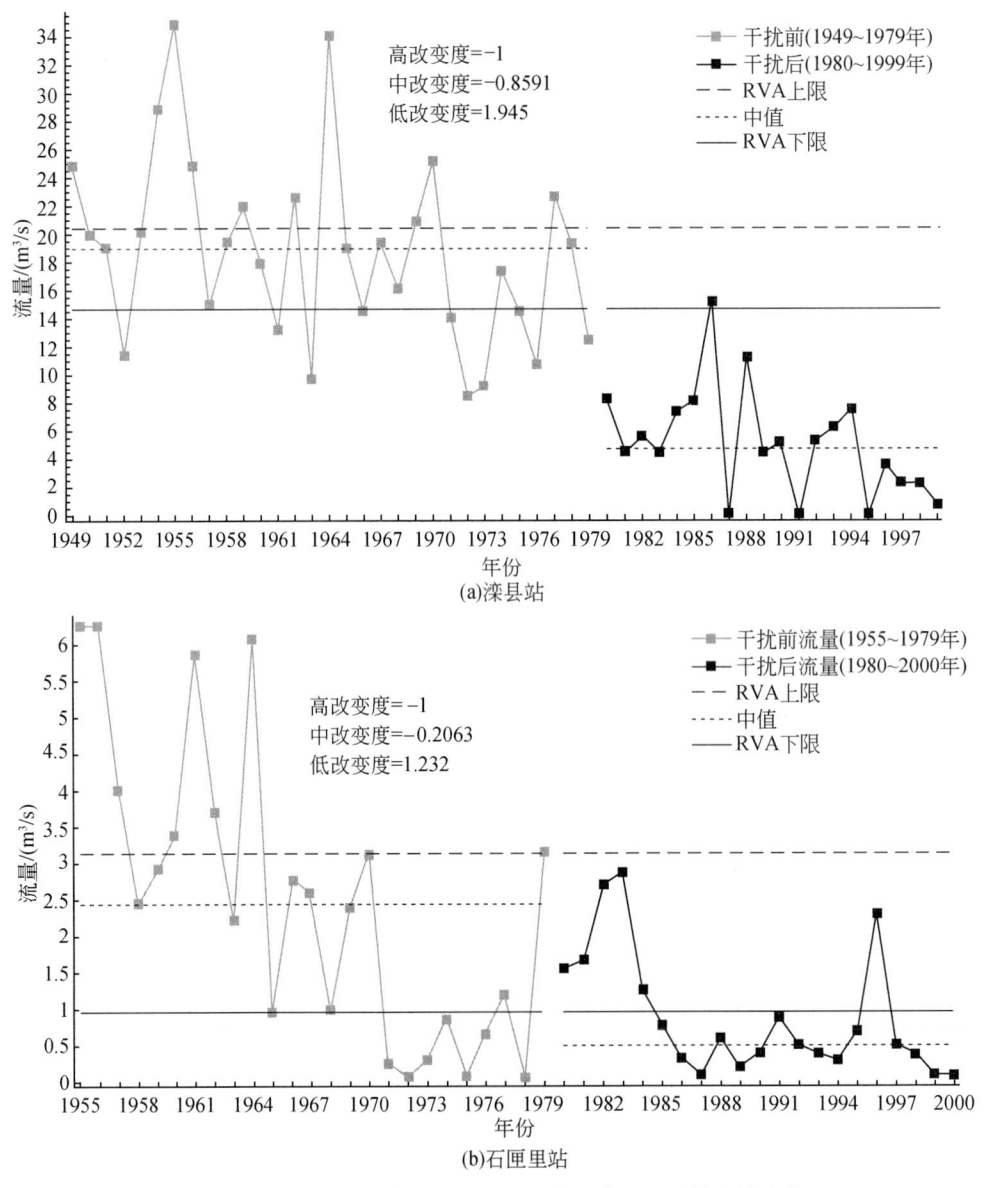

图 2-77 受干扰前后滦县站和石匣里站最小 1 日平均流量变化

量明显减少的同时,年际波动范围也明显减小,这是因为水利工程在汛期削减了洪峰流量及在非汛期下泄部分流量,以保证下游河道流量。由于年内极端水文现象的出现频率和发生历时往往是某些物种再生和发育的驱动因素,该因素的变化将影响河海流域水域生物群落的演替过程,并对河流生态系统产生长期的胁迫作用。

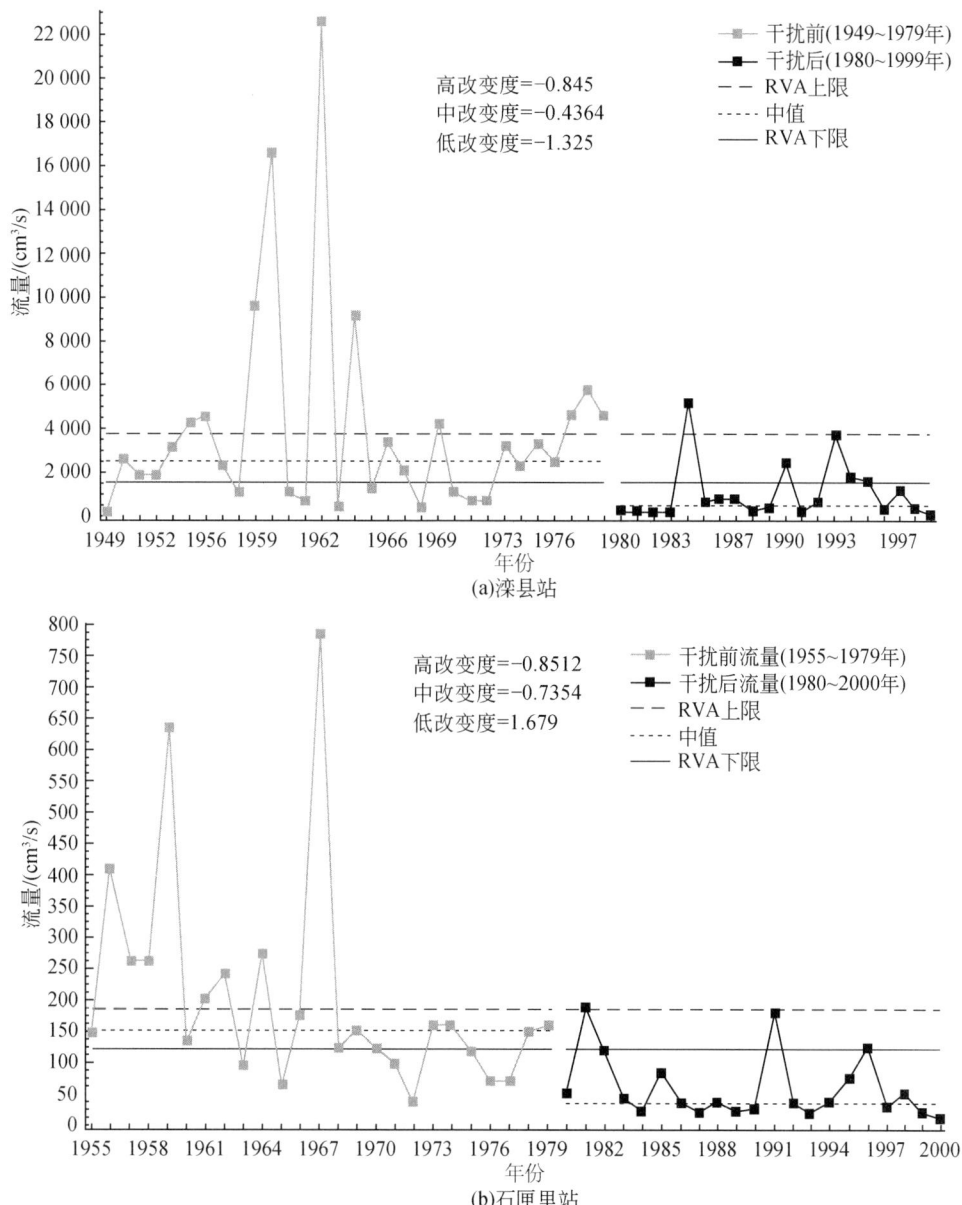

图 2-78 受干扰前后滦县站和石匣里站最大 1 日平均流量变化

从图 2-79 和图 2-80 可以分析出，出现流量增加脉冲的平均历时和流量出现变化次数都明显减小，脉冲流量对洪泛平原的周期性淹没是加强河流生态系统横向连续性的重要因素，而枯水流量增加脉冲的平均历时的缩短，导致了洪泛平原为岸边植物、浮游生物及鱼类产卵提供栖息地的重要生态功能减弱。

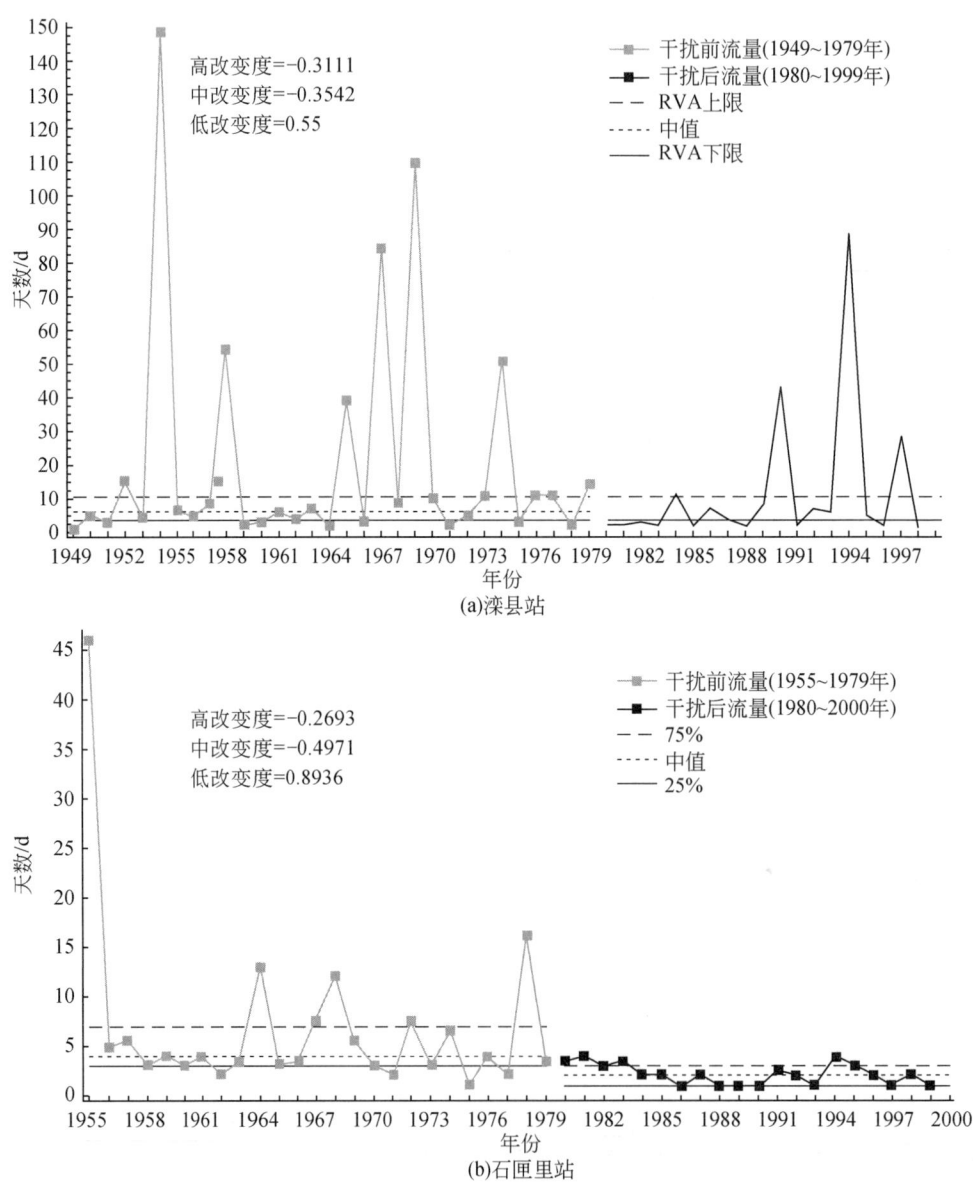

图 2-79 受干扰前后滦县站和石匣里站高流量脉冲的历时变化

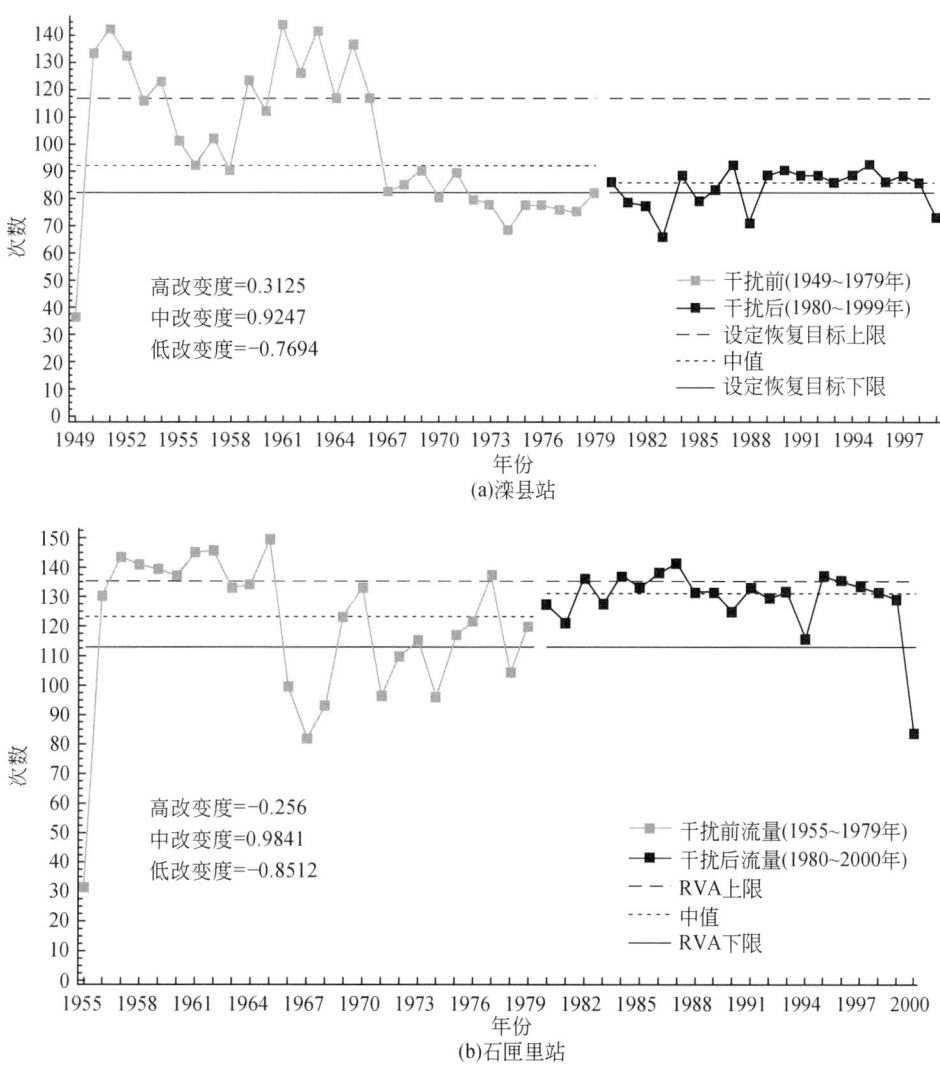

图 2-80 受干扰前后滦县站和石匣里站流量过程转折点的数量变化

2.5.3 环境流量指数

环境流量是将流量过程曲线划分为一系列与生态紧密相关的流量,即枯水流量、极枯水流量、高流量脉冲、一般洪水和特大洪水。这 5 种流量模式包含了流量过程曲线中的所有流量过程,对于维持河流生态系统完整性是十分重要的。这不仅仅体现在枯水季节满足一定的水量,更重要的是一定规模的洪水,甚至极端枯水流量都发挥着重要的生态功能。环境流量能够更加直观地描绘出河流情势的变化,其日间变化、季节变化以及年际变化都会对水生动植物产生不同程度的影响。归纳以上 5 种流量模式的相关统计特征,提取为 27 个环境流量指数,见表 2-20。通过分析海河流域在人类活动干扰前后这 27 个环境流量指数的变化情况,可以在一定程度上反映海河河流生态系统的受影响状况。

表 2-20　环境流量指数

环境流量指数分类	水文参数	生态响应
月枯水流量	月枯水流量的中值	为水生生物提供充足的栖息地
		维持河流适宜的水温、溶解氧浓度和水化学特征
		维持洪泛平原的地下水位和土壤湿度
		为陆生动物提供饮用水
		为鱼类向食物区和产卵区迁移提供通道
极枯水流量	年出现极枯水流量的次数	使洪泛平原的某些物种得到补充
	年极枯水流量的平均历时（d）	
	年极枯水流量的极小值	清除水生和岸边生物群落的外来入侵物种
	极小枯水流量的出现时间	
高流量脉冲	年出现高流量脉冲的次数	塑造河道的物理特征，如浅滩和深塘
	年极高流量脉冲的平均历时（d）	形成不同尺寸的河床沉积层颗粒，如沙石、砾石和卵石
	年高流量脉冲的极大值	防止岸边植物的侵蚀及涌入河道
	极高流量脉冲的出现时间	在经历了漫长的枯水期后，对恢复河流水质具有重要作用，冲刷掉污染物质
		维持河口地区适宜的盐度
一般洪水	年出现一般洪水的次数	为鱼类的洄游和产卵提供必要的提示，触发新一阶段的生命循环
	年一般洪水的平均历时（d）	为鱼类在洪泛平原内产卵创造条件，并为幼鱼的成长提供场所
	年一般洪水的极大值	为鱼类和水鸟提供食物
	年一般洪水的出现时间	回灌洪泛平原的地下水位
		维持洪泛平原植物的多样性（不同物种具有不同的耐性）
		控制洪泛平原植物的分布与丰富度
		有助于洪泛平原营养物质的沉积
特大洪水	年出现特大洪水的次数	维持水生和岸边物种的平衡
	年特大洪水的平均历时（d）	塑造洪泛平原的物理栖息地
	年特大洪水的极大值	为产卵区域沉积大量的砾石和卵石
	极特大洪水的出现时间	将大量营养物质和碎木屑冲入河道
		清除水生和岸边生物群落的外来入侵物种
		促进了河道的横向运动，形成了新的栖息地
		控制洪泛平原植物的分布与丰富度
		有助于洪泛平原营养物质的沉积

图 2-81 和图 2-82 反映了两站所在河流受干扰前后 5 种流量模式的总体变化状况。从图中可以看出，特大洪水和一般洪水事件在受到干扰后发生的次数明显减少。同时，极枯

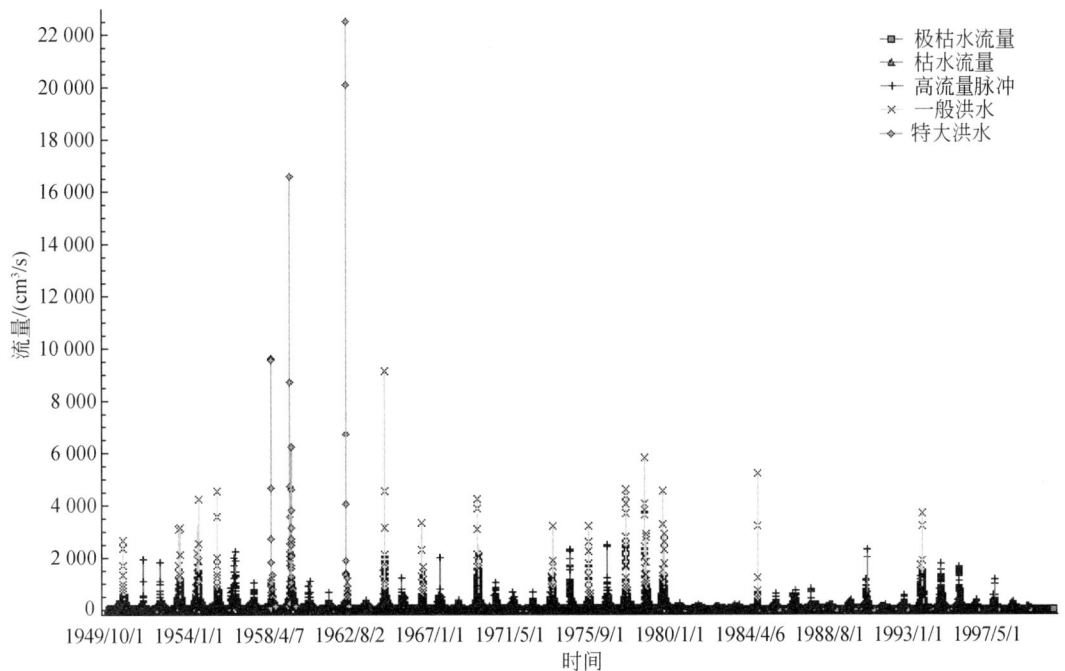

图 2-81　滦县站干扰前后环境流量分析

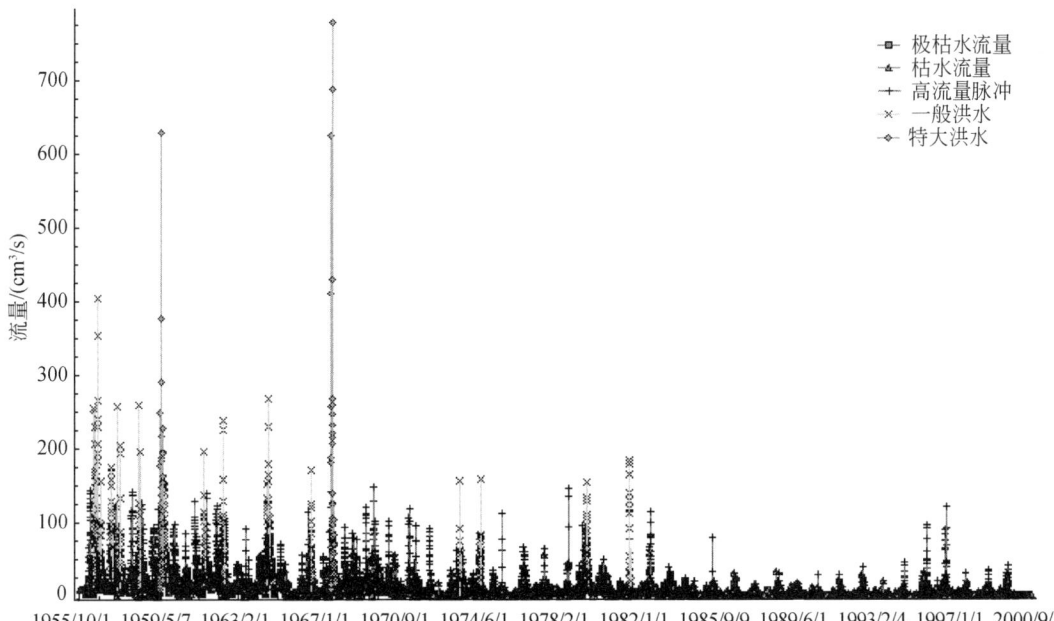

图 2-82　受干扰前后石匣里站环境流量分析

水流量过程也显著减少。大多数量过程都被划为高流量脉冲事件这一流量模式，这反映了在建坝后的时间序列中，流量的变化范围明显变窄，流量模式更加单一化。

分析干扰前后 28 个环境流量指数的变化情况，见表 2-21。从表 2-21 中可以看出，由于缺水严重，极小流量出现历时、频率都有所增加，而特大洪水基本不再出现，大部分是高流量脉冲事件，但量值减少。

表 2-21　滦县站环境流量指数分析

环境流量指数	中值 干扰前	中值 干扰后	离散系数 干扰前	离散系数 干扰后	偏差系数 中值	偏差系数 离散系数
4 月枯水流量中值/(m³/s)	58	47.35	0.33	0.34	0.18	0.03
5 月枯水流量中值/(m³/s)	38.85	59.10	0.30	0.37	0.52	0.23
6 月枯水流量中值/(m³/s)	38	78.40	0.58	0.30	1.06	0.48
7 月枯水流量中值/(m³/s)	60.85	45.43	0.60	0.38	0.25	0.37
8 月枯水流量中值/(m³/s)	94.80	44.68	0.30	0.84	0.53	1.85
9 月枯水流量中值/(m³/s)	93.90	44.63	0.34	0.61	0.52	0.78
10 月枯水流量中值/(m³/s)	82.80	46.40	0.35	0.73	0.44	1.10
11 月枯水流量中值/(m³/s)	63.95	34.80	0.57	0.44	0.46	0.22
12 月枯水流量中值/(m³/s)	43.20	27.70	0.40	0.38	0.36	0.06
1 月枯水流量中值/(m³/s)	30.70	30	0.47	0.20	0.02	0.58
2 月枯水流量中值/(m³/s)	32.58	27.20	0.62	0.39	0.17	0.37
3 月枯水流量中值/(m³/s)	48.60	34.85	0.30	0.58	0.28	0.90
年极枯水流量极小值/(m³/s)	19.70	12.15	0.16	0.58	0.38	2.69
年极枯水流量历时/d	5	7	1	1.36	0.40	0.36
年极枯水流量时间/d	36	306	0.35	0.35	0.52	0
年极枯水流量次数/次	2	4	2	0.69	1	0.66
年出现高流量脉冲极大值/(m³/s)	117.5	115.5	0.39	0.33	0.02	0.15
年出现高流量脉冲历时/d	6	6	1	0.71	0	0.29
年出现高流量脉冲时间/d	183.3	203	0.15	0.16	0.11	0.03
年出现高流量脉冲次数/次	4	7	0.75	0.68	0.75	0.10
年出现一般洪水极大值/(m³/s)	4 220	4 439	0.34	0.34	0.05	0.01
年出现一般洪水历时/d	89	44	0.44	1.09	0.51	1.49
年出现一般洪水时间/d	224	218.5	0.05	0.03	0.03	0.35
年出现一般洪水次数/次	23	12	0.37	0.93	0.41	1.21
年出现特大洪水极大值/(m³/s)	16 600	—	0.78	—	—	—
年出现特大洪水历时/d	107	—	0.96	—	—	—
年出现特大洪水时间/d	204	—	0.03	—	—	—
年出现特大洪水次数/次	0	0	0	0	—	—

注：干扰后特大洪水基本不再出现。

表 2-22 石匣里站环境流量指数分析

环境流量指数	中值 干扰前	中值 干扰后	离散系数 干扰前	离散系数 干扰后	偏差系数 中值	偏差系数 离散系数
1月枯水流量中值/(m³/s)	10.50	3.73	0.62	1.26	0.65	1.02
2月枯水流量中值/(m³/s)	11.40	3.84	0.57	0.39	0.66	0.32
3月枯水流量中值/(m³/s)	11.90	7.10	0.57	0.32	0.40	0.43
4月枯水流量中值/(m³/s)	13.98	5.17	0.81	0.71	0.63	0.12
5月枯水流量中值/(m³/s)	10.70	4.40	0.85	1.04	0.59	0.22
6月枯水流量中值/(m³/s)	7.62	5.36	0.79	0.18	0.30	0.77
7月枯水流量中值/(m³/s)	10.10	5.50	0.50	0.13	0.46	0.75
8月枯水流量中值/(m³/s)	9.67	5.40	0.79	0.58	0.44	0.27
9月枯水流量中值/(m³/s)	12.60	4.85	0.73	0.42	0.62	0.42
10月枯水流量中值/(m³/s)	14.78	5	0.50	0.78	0.66	0.56
11月枯水流量中值/(m³/s)	10.05	5.15	1.02	0.68	0.49	0.33
12月枯水流量中值/(m³/s)	8.92	3.60	0.89	0.31	0.60	0.65
年极枯水流量极小值/(m³/s)	2.03	1.97	0.36	0.32	0.03	0.11
年极枯水流量历时/d	3	4	1	0.56	0.33	0.44
年极枯水流量时间/d	182.5	202.5	0.15	0.28	0.11	0.81
年极枯水流量次数/次	1	12	7	1.13	11	0.84
年出现高流量脉冲极大值/(m³/s)	28.5	20.8	0.52	0.29	0.27	0.44
年出现高流量脉冲历时/d	4	2	1	1	0.50	0
年出现高流量脉冲时间/d	219	198.5	0.20	0.09	0.11	0.54
年出现高流量脉冲次数/次	10	6	0.80	1	0.40	0.25
年出现一般洪水极大值/(m³/s)	188	183.5	0.42	0.05	0.02	0.88
年出现一般洪水历时/d	36.5	18	0.49	0.11	0.51	0.77
年出现一般洪水时间/d	224.5	205	0.05	0.08	0.11	0.76
年出现一般洪水次数/次	19	10	0.34	0.07	0.43	0.62
年出现特大洪水极大值/(m³/s)	708	—	0.21	—	—	—
年出现特大洪水历时/d	71.5	—	0.38	—	—	—
年出现特大洪水时间/d	218.5	—	0.03	—	—	—
年出现特大洪水次数/次	0	0	0	0	—	—

注：干扰后特大洪水基本不再出现。

综合表 2-21、表 2-22 和图 2-83、图 2-84，极枯流量和高流量脉冲都表现出变化范围缩小、变化幅度减弱的趋势。滦县站因位于滦河下游，随着经济发展取水量加大，特枯流量的出现频率越来越高，石匣里站相对水量较充足，特枯流量出现的频率较低，变化范围比较集中。对于两站高流量脉冲，经过众多水库的调蓄已经改变得比较平滑，很少出现大幅度变化，这也造成河流水文情势、径流形态多样性的进一步破坏。

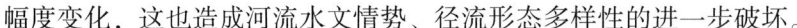

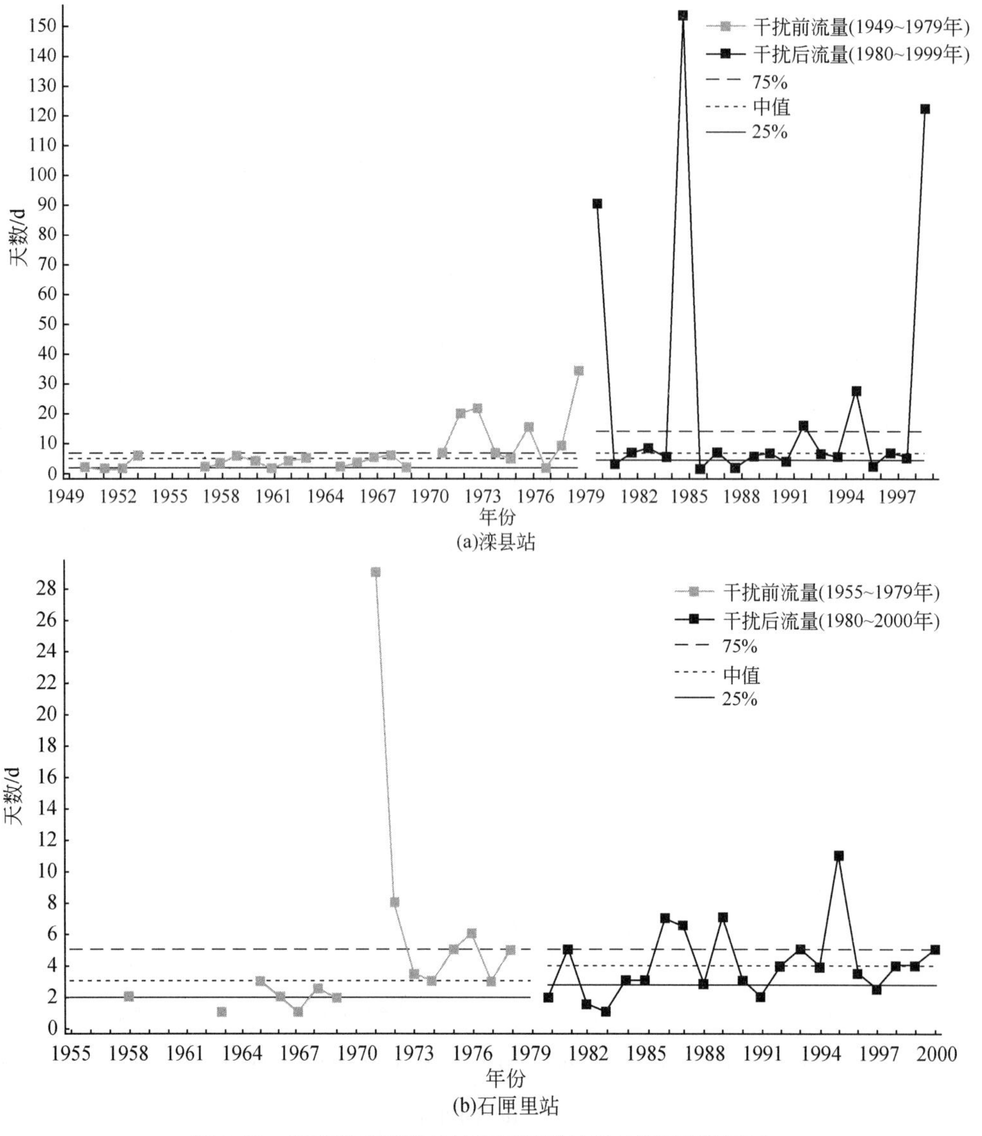

图 2-83　受干扰前后滦县站和石匣里站极枯流量历时变化

2.5.4　基于水文指数考虑生态目标的生态需水计算

(1) 最小生态径流过程的确定

最小生态需水的基流过程相对容易确定，一般常用水文学方法中的 Tennant 法和 Texas 法都可以确定，而高流量脉冲的确定较难。

对建坝后高流量脉冲事件的恢复是河流生态径流恢复的重要组成部分，因为高流量脉

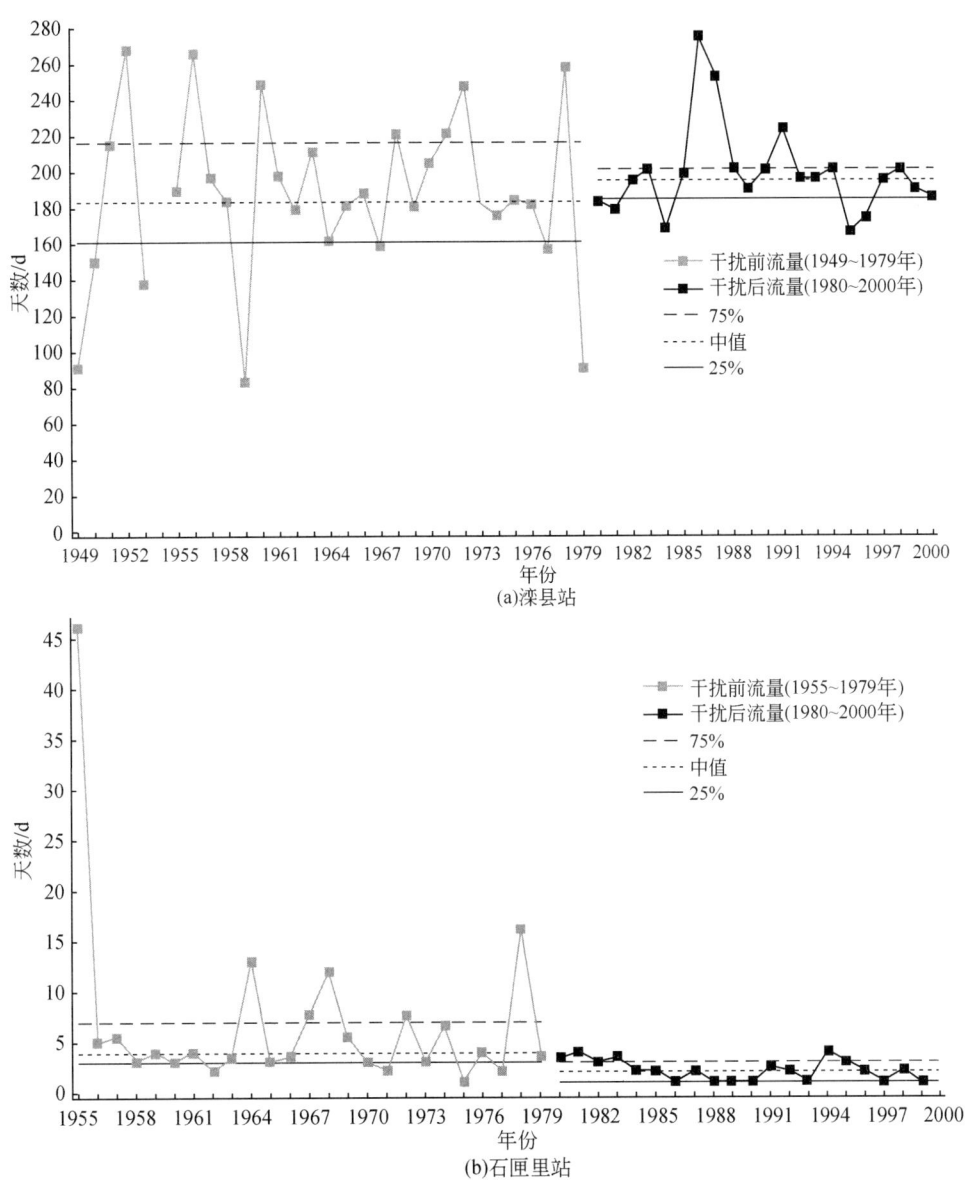

图 2-84　受干扰前后滦县站和石匣里站高流量脉冲天数变化

冲事件不仅是塑造河道物理特征的主要动力，也为水生生物的生存与繁衍提供了必要的条件，是维持洪泛平原生物多样性的重要保证。

建坝前滦县站和石匣里站高流量脉冲事件的统计结果如表 2-23 所示。为保证不同水平年可以满足对高流量脉冲和一般洪水的需求，将年高流量脉冲极大值的 P 值取 10%～25% 作为特枯水年的推荐范围，25%～75% 作为枯水年的推荐范围，将 P 值取 50% 作为平水年的推荐最值。

表 2-23 滦县站和石匣里站高流量脉冲事件的统计结果

站位	环境流量参数/%	10	25	50	75	90
滦县站	年高流量脉冲的极大值/(m³/s)	83	106.8	117.5	152.1	227.6
	年高流量脉冲的平均历时/d	2.55	4	6	10	21.3
	年高流量脉冲的次数/次	94.7	160.5	183.3	216.4	256.6
石匣里站	年高流量脉冲的极大值/(m³/s)	19.3	24	28.5	38.75	51.2
	年高流量脉冲的平均历时/d	2	3	4	7	14.2
	年高流量脉冲的次数/次	133	174.8	219	246.8	296.1

将计算最小生态需水基流过程和高流量脉冲事件叠加就得到表 2-24 和表 2-25 中两站的最小生态径流过程。

表 2-24 滦县站最小生态径流过程 （单位：m³/s）

月份	枯水流量 特枯水年	枯水流量 枯水年	枯水流量 平水年	高流量脉冲 特枯水年	高流量脉冲 枯水年	高流量脉冲 平水年
4	4.51	5.35	5.8	83~106	106~152	117
5	2.756	3.339	3.885	83~107	106~153	118
6	2.858	3.19	3.8	83~108	106~154	119
7	3.507	4.684	6.085	83~109	106~155	120
8	5.91	8.1	9.48	83~110	106~156	121
9	5.715	7.249	9.39	83~111	106~157	122
10	5.13	6.69	8.28	83~110	106~156	121
11	4.468	5.3	6.395	83~109	106~155	120
12	2.894	3.48	4.32	83~108	106~154	119
1	2.509	2.78	3.07	83~107	106~153	118
2	2.526	2.651	3.258	83~106	106~152	117
3	3.8	4.06	4.86	83~105	106~151	116

表 2-25 石匣里站最小生态径流过程 （单位：m³/s）

月份	枯水流量 特枯水年	枯水流量 枯水年	枯水流量 平水年	高流量脉冲 特枯水年	高流量脉冲 枯水年	高流量脉冲 平水年
4	0.73	0.86	1.40	19~24	24~38	28
5	0.46	0.54	1.07	19~24	24~38	28
6	0.40	0.51	0.76	19~24	24~38	28
7	0.55	0.80	1.01	19~24	24~38	28
8	0.39	0.57	0.97	19~24	24~38	28
9	0.58	0.90	1.26	19~24	24~38	28

续表

月份	枯水流量			高流量脉冲		
	特枯水年	枯水年	平水年	特枯水年	枯水年	平水年
10	0.61	0.90	1.48	19~24	24~38	28
11	0.40	0.72	1.01	19~24	24~38	28
12	0.33	0.59	0.89	19~24	24~38	28
1	0.57	0.78	1.05	19~24	24~38	28
2	0.65	0.83	1.14	19~24	24~38	28
3	0.76	0.92	1.19	19~24	24~38	28

（2）适宜生态径流过程

适宜生态径流的基流部分同样按照常用的 Tennant 法和 Texas 法确定，同时将年高流量脉冲极大值的 P 值取 25%~50% 作为枯水年的推荐范围，P 值为 50%~90% 作为平水年的推荐范围，将 P 值取 75% 作为丰水年的推荐最值。

河流生态系统在经历持续一定时期的枯水流量过程后，需要一定规模的漫滩流量，这对改善河流生境来说是十分重要的。如为鱼类的洄游和产卵提供必要的提示，触发新一阶段的生命循环，回灌洪泛平原的地下水位，控制洪泛平原植物的分布与丰富度等。因此，本研究认为在长期适宜生态径流过程中应适当考虑对一般洪水事件的恢复。

通过对干扰前一般洪水事件的统计分析（表 2-26），选用 25%~50% 为推荐值。计算得到两站适宜生态径流过程，见表 2-27 和表 2-28。

表 2-26　滦县站和石匣里站干扰前一般洪水事件的统计分析

站位	环境流量指数/%	10	25	50	75	90
滦县	年一般洪水极大值/（m³/s）	83	106.8	117.5	152.1	227.6
	年一般洪水历时/d	2.55	4	6	10	21.3
	年一般洪水次数/次	94.7	160.5	183.3	216.4	256.6
石匣里	年一般洪水极大值/（m³/s）	153.5	160.5	188	240.3	267.2
	年一般洪水历时/d	15.6	26.5	36.5	44.5	115.4
	年一般洪水次数/次	194.4	213.5	224.5	230.5	247.9

表 2-27　滦县适宜生态径流过程　　　　　　　　　　（单位：m³/s）

月份	枯水流量			高流量脉冲		
	特枯水年	枯水年	平水年	特枯水年	枯水年	平水年
4	26.75	29.00	36.25	106~117	117~227	152
5	16.70	19.43	22.55	106~118	117~228	153
6	15.95	19.00	27.00	106~119	117~229	154
7	23.42	30.43	41.59	106~120	117~230	155

续表

月份	枯水流量			高流量脉冲		
	特枯水年	枯水年	平水年	特枯水年	枯水年	平水年
8	40.50	47.40	54.50	106~121	117~231	156
9	36.25	46.95	52.40	106~122	117~232	157
10	33.45	41.40	47.83	106~121	117~231	156
11	26.50	31.98	44.60	106~120	117~230	155
12	17.40	21.60	26.10	106~119	117~229	154
1	13.90	15.35	21.10	106~118	117~228	153
2	13.26	16.29	23.40	106~117	117~227	152
3	20.30	24.30	27.70	106~116	117~226	151

表 2-28 石匣里适宜生态流量 （单位：m³/s）

月份	枯水流量			高流量脉冲		
	特枯水年	枯水年	平水年	特枯水年	枯水年	平水年
4	4.31	6.99	9.95	24~28	28~51	38
5	2.69	5.35	7.25	24~29	28~52	39
6	2.56	3.81	5.55	24~30	28~53	40
7	3.98	5.05	6.50	24~31	28~54	41
8	2.83	4.83	6.63	24~32	28~55	42
9	4.51	6.30	9.10	24~33	28~56	43
10	4.48	7.39	8.19	24~32	28~55	42
11	3.61	5.03	8.75	24~31	28~54	41
12	2.93	4.46	6.90	24~30	28~53	40
1	3.88	5.25	7.14	24~29	28~52	39
2	4.16	5.70	7.43	24~28	28~51	38
3	4.61	5.95	7.98	24~27	28~50	37

第 3 章 白洋淀水文变化特征、生态效应及其驱动机制

本章以白洋淀为重点，系统研究了白洋淀的水文变化特征、生态效应及其驱动因子，以期为白洋淀生态系统恢复和生态需水提供科学依据。白洋淀流域位于太行山东麓，113°39′E～116°11′E，39°4′N～40°4′N，属海河流域大清河水系，流域总面积 3.12 万 km²（图 3-1）。

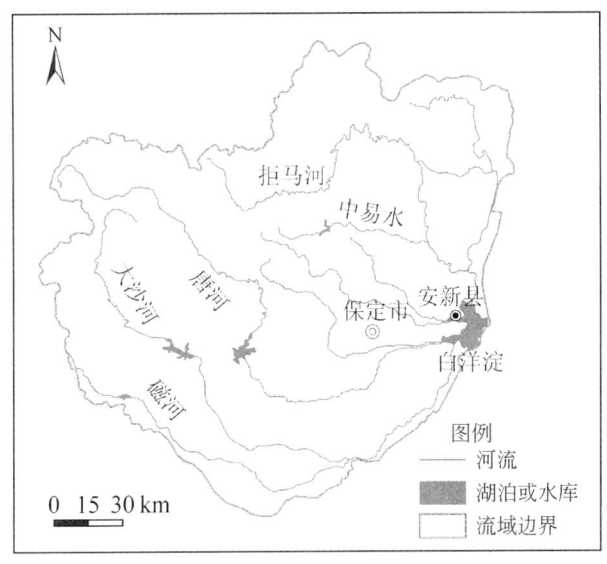

图 3-1 白洋淀流域

3.1 湿地水分遥感预测方法

运用 ASTER、TM 遥感数据，通过研究归一化植被指数（NDVI），地表温度和地面裸露的关系，研究与预测了湿地的水文条件与水位（图 3-2）。研究中首先建立地表温度（T）与 NDVI 和裸露程度（ED）的关系，并通过实地研究与遥感数据的结合，建立水文条件和 NDVI 和 ED 的关系，然后运用遥感数据反演，预测湿地水分环境。这一模型可为湿地水资源管理提供理论依据：$T = 26.395 + 2.545 \times ED - 4.668 \times NDVI \times ED - 21.362 \times NDVI^2 - 0.482 \times ED^2$，$P < 0.01$。

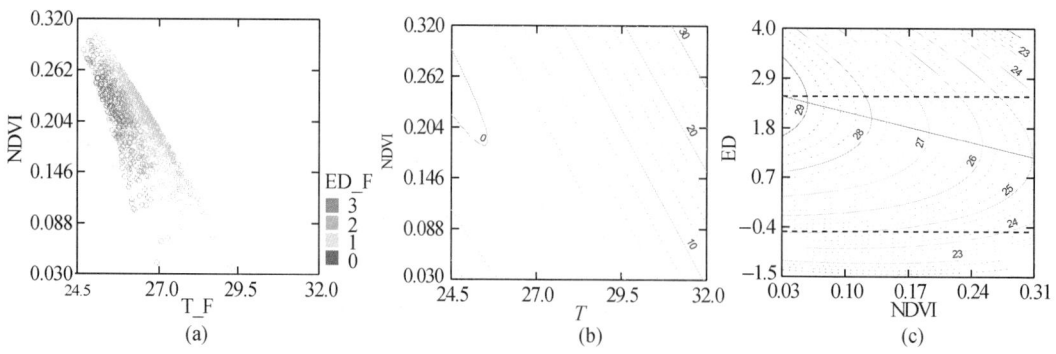

图 3-2 湿地水分环境的遥感监测模型及其反演

3.2 白洋淀水文演变特征及其驱动机制

(1) 白洋淀水文变化特征

1) 径流量。1962~2007 年，白洋淀流域年均径流量有不断下降的趋势。根据 MK 非参数检验，1962~2007 年，除安各庄水库水文站以外的其他 6 个水文站的年平均径流量均呈现下降趋势（图3-3），并且通过了显著性检验。通过比较各年代径流变化可以看出，从 20 世纪 60 年代到 2007 年，各水文站径流量有不断减小的趋势（图 3-4），安各庄水库、倒马关、阜平、龙门水库、紫荆关、西大洋水库和王快水库分别从 4.73 m³/s、10.13 m³/s、11.86 m³/s、2.81 m³/s、9.95 m³/s、19.33 m³/s、24.75 m³/s 下降到 3.07 m³/s、3.23 m³/s、3.35 m³/s、0.01 m³/s、3.21 m³/s、2.83 m³/s、6.92 m³/s。

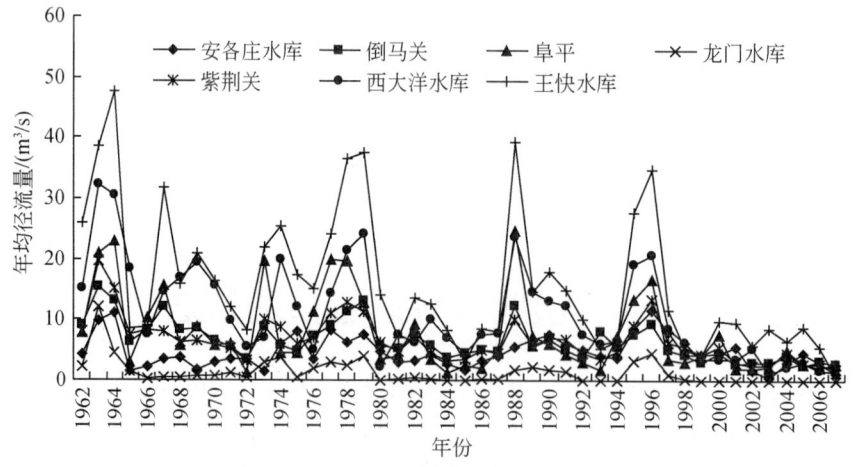

图 3-3 白洋淀流域径流量年际变化

20 世纪 50 年代以来，白洋淀入淀径流量有不断减小的趋势（图 3-5）。根据 MK 非参数检验，1951~2000 年，入淀径流量的下降趋势通过了显著性检验。1951~2000 年，白洋淀入淀径流量从 4.90 亿 m³ 减小到 0.24 亿 m³，2000 年以后基本无天然径流入淀。各年代年均入淀径流量也有减少的趋势（图 3-6）。

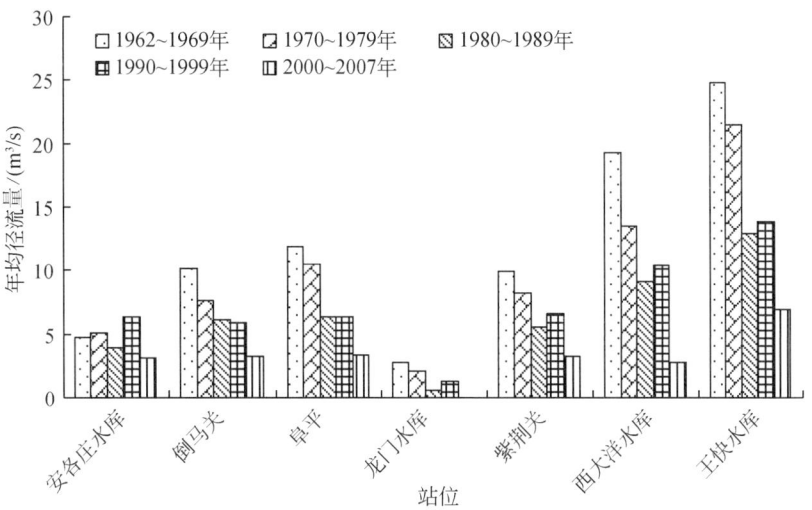

图 3-4 不同年代白洋淀流域径流量变化

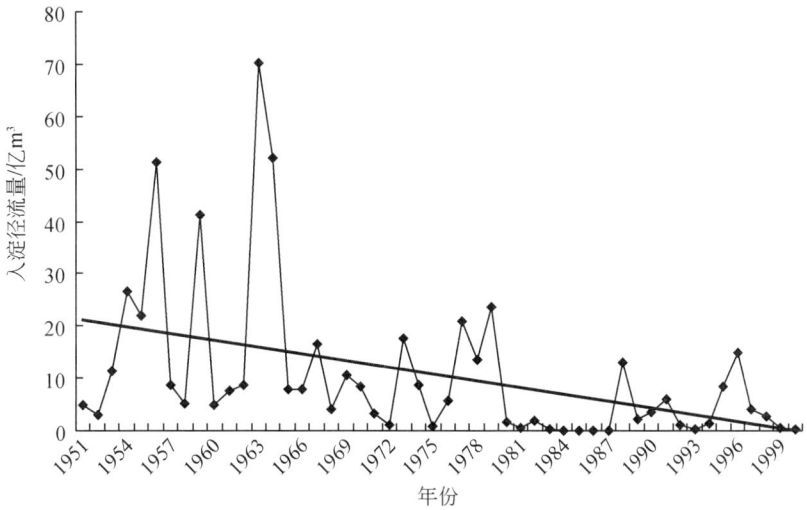

图 3-5 1951~2000 年白洋淀入淀径流量变化

2) 水位。白洋淀年均水位年际波动大,水位呈明显的下降趋势。60 多年来,淀区水位在干淀水位(监测水位低于 6.5m 时视为干淀)和 10.03m 之间波动。20 世纪 50 年代至 60 年代中期水位较高,最低水位为 8.12m;1965~1983 年,淀区水位在 6.37~8.69m,1984~1987 年连续 4 年淀区出现持续干淀现象(图 3-8 中间断部分);1988~2000 年,除在 1991 年和 1996 年出现水位回升现象,其余年份均显著下降;2001 年、2002 年两年再次干淀;2003~2008 年的平均水位为 7.04m,比 1950~1964 年的平均水位 8.99m 降低了 1.95m(图 3-7)。

20 世纪 50 年代以来,白洋淀入淀径流量有不断减小的趋势。20 世纪 50 年代平均入淀水量为 18.27 亿 m³(李英华等,2004),到 2000 年减少到 0.24 亿 m³,2000 年以后基本无天然

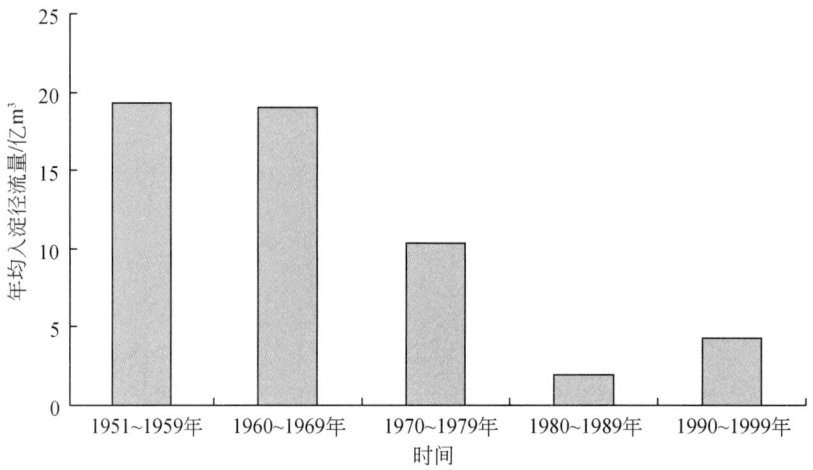

图3-6 不同年代白洋淀年均入淀径流量

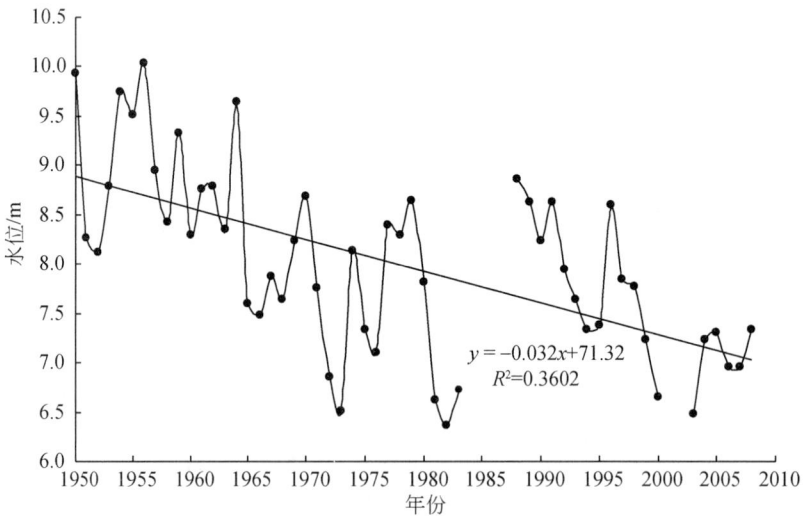

图3-7 白洋淀历年平均水位

径流入淀。与入淀水量减少相对应的是白洋淀水域面积减小、水位下降，1950~2007年，白洋淀年平均水位从9.32 m下降到6.57 m（图3-8）。应用MK非参数检验，1950~2007年白洋淀年平均水位呈显著下降趋势。

3）地下水埋深。1988年以来，白洋淀所在的安新县平均地下水水位有明显下降的趋势，地下水埋深由1988年的6.1 m下降到2007年的11.0 m（图3-9）。地下水水位下降受到白洋淀淀区和周围地下水开采的影响，并且可能受白洋淀流域超采地下水所引起的地下水流向改变的影响。地表水位和地下水水位下降意味着白洋淀可利用水资源在减少。

（2）白洋淀水文演变驱动机制

1）入淀径流量。白洋淀流域粮食产量增长的很大一部分原因是由于农田灌溉的发展，1949~2007年，保定市有效灌溉面积从16.9万 hm² 增加到63.8万 hm²。灌溉面积增加的

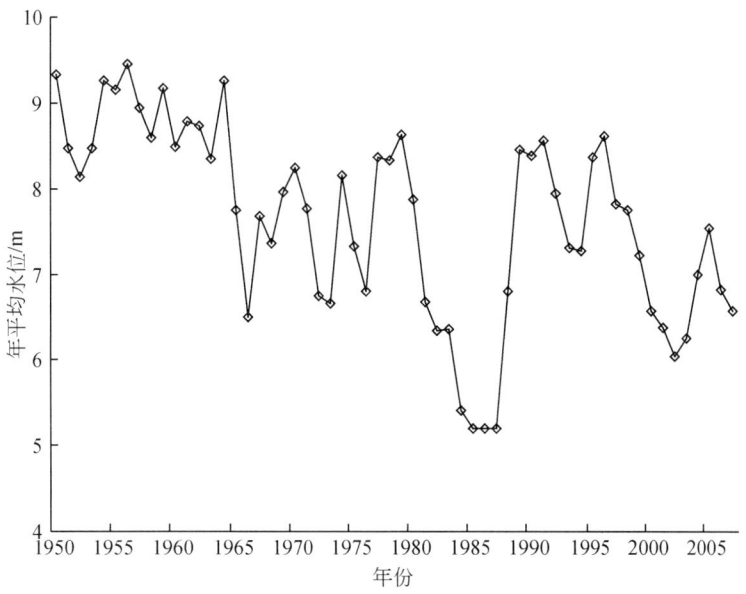

图 3-8　1950~2007 年白洋淀年平均水位变化

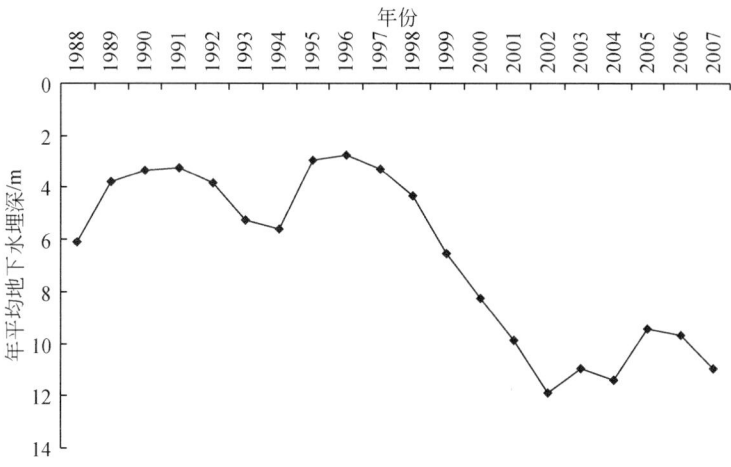

图 3-9　1988~2007 年安新县年平均地下水埋深

同时导致农田耗水量增长，进而导致白洋淀上游入淀水量减少，入淀径流量与有效灌溉面积成负相关关系（$r=-0.44$，$P<0.01$）（图 3-10）。

社会经济发展与水资源短缺的矛盾不断加剧，为了满足人们对水资源的需求，新中国成立以来在流域上游修建了 150 多座水库，水库拦截导致水库下游河流径流量减少。由于地表水资源不足，从 20 世纪 70 年代开始，人们开始大规模开采地下水，2006 年白洋淀流域机井数量达到 18 万眼，总用水量中地下水比例占 87.5%。长期超采地下水导致采补失衡，地下水水位普遍下降，并且形成一亩泉和保定市区等多处地下水漏斗。白洋淀入淀径流量与流域机井数量成负相关关系（$r=-0.48$，$P<0.01$）（图 3-11），地下水大量消耗也是白洋淀入淀径流量减少的重要原因。

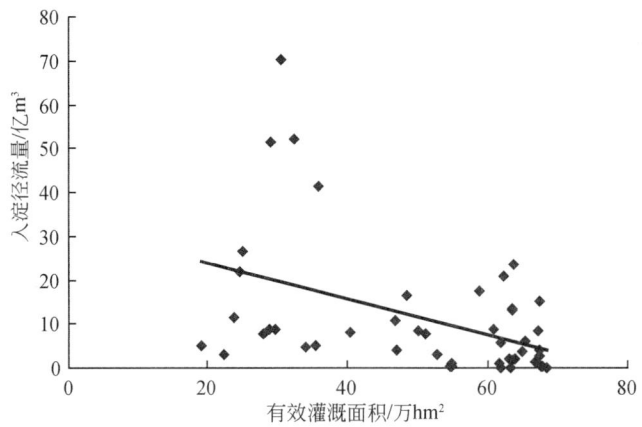

图 3-10 白洋淀入淀径流量与有效灌溉面积的关系

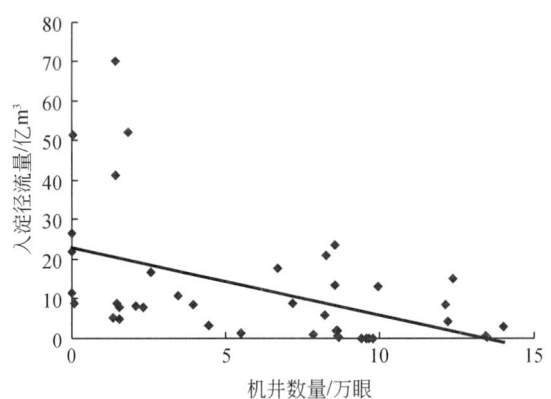

图 3-11 白洋淀入淀径流量与机井数量的关系

对影响白洋淀入淀径流量的因子降水量、人口、粮食产量、棉花产量、油料产量、有效灌溉面积和机井数量做主成分分析，发现前 3 个主成分的累积贡献率达到 93.5%（表 3-1）。其中第一个主成分（PC1）与人口、粮食产量、机井数量和油料产量相关性较强，第二个主成分（PC2）与棉花产量相关性较强，并且前两个主成分累积贡献率达到 80.8%，说明人类活动是影响白洋淀径流变化的主要因素。第三个主成分（PC3）与降水量相关性较强，说明降水量对白洋淀流域径流量也有一定影响。

表 3-1 主成分负荷

变量	PC1	PC2	PC3
人口	0.99	−0.01	0.09
降水量	−0.34	−0.41	0.84
油料产量	0.90	−0.21	−0.10
棉花产量	−0.05	0.93	0.30
粮食产量	0.97	−0.08	−0.01
有效灌溉面积	0.86	0.18	0.24
机井数量	0.98	0.02	0.12
贡献率/%	64.9	15.9	12.7

2）水位。流域人类活动对白洋淀水文变化起了很重要的作用。1950~2007 年，保定市人口从 520 万人增加到 1100 万人，增加了 1.1 倍；粮食产量从 7.7 亿 kg 增加到 52 亿 kg，增加了 5.8 倍。人均 GDP 由 1952 年的 91.3 元增加到 2007 年的 1.2 万元。人口增加、经济发展的同时流域用水量增加，2006 年流域用水量 46.9 亿 m³，是水资源可利用量的 1.6 倍，其中农业用水、工业用水、生活用水和生态环境用水分别占 78.8%、8.5%、8.9% 和 3.8%。农业用水是流域主要的用水方式，其中绝大部分是农田灌溉用水。

人口增加和经济快速发展使人类用水量大量增加，流入白洋淀的水量减少，导致白洋淀水位降低。1955~1990 年，白洋淀年均水位与保定市人口（$r=-0.60$，$P<0.01$）、有效灌溉面积（$r=-0.61$，$P<0.01$）、粮食产量（$r=-0.62$，$P<0.01$）、棉花产量（$r=-0.48$，$P<0.01$）显著相关（图 3-12）。1991~2007 年，保定市人口与白洋淀年均水位（$r=-0.67$，$P<0.01$）和地下水埋深（$r=0.83$，$P<0.01$）相关性显著，而粮食产量、棉花产量与年均水位、地下水埋深相关性均不显著。

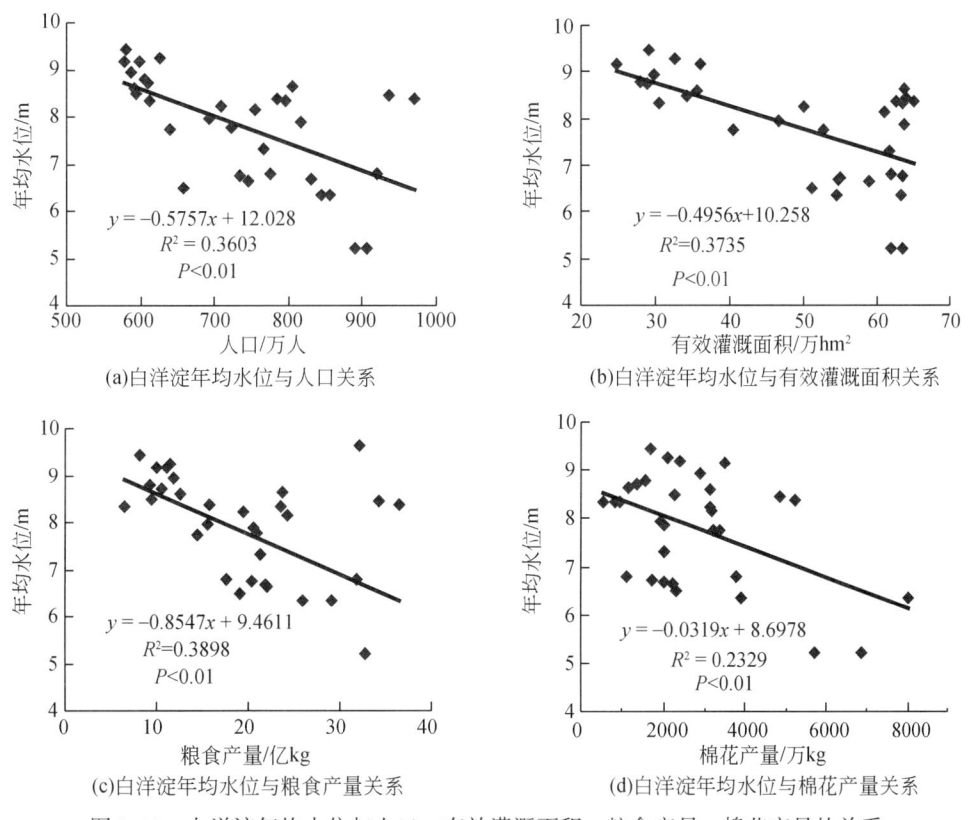

图 3-12　白洋淀年均水位与人口、有效灌溉面积、粮食产量、棉花产量的关系

为了找出影响白洋淀水位变化的主要因素，对 1955~1990 年人口、有效灌溉面积、粮食产量、棉花产量和降水量做了主成分分析。结果表明，前两个累积贡献率达到 82.8%，其中第一个主成分（PC1）与粮食产量、人口、有效灌溉面积和棉花产量相关性较强，并且它的贡献率达到 64.7%，说明人类活动是影响白洋淀水位变化的主要因素。而

第二个主成分（PC2）与降水量成较强的正相关（表3-2），说明降水量对白洋淀水位也有影响。

表 3-2 主成分负荷

变量	PC1	PC2
人口	0.957	0.209
有效灌溉面积	0.881	0.201
粮食产量	0.981	0.100
棉花产量	0.651	-0.197
降水量	-0.394	0.880
贡献率/%	64.7	18.1

1955~1990年，除了人类影响以外，流域降水量减少也是导致白洋淀水资源缺乏、水位下降的影响因素。研究发现，年均水位与流域降水量成正相关关系（$r=0.38$，$P<0.05$）（图3-13）。1991~2007年，流域降水量与白洋淀水位和地下水埋深相关性均不显著。

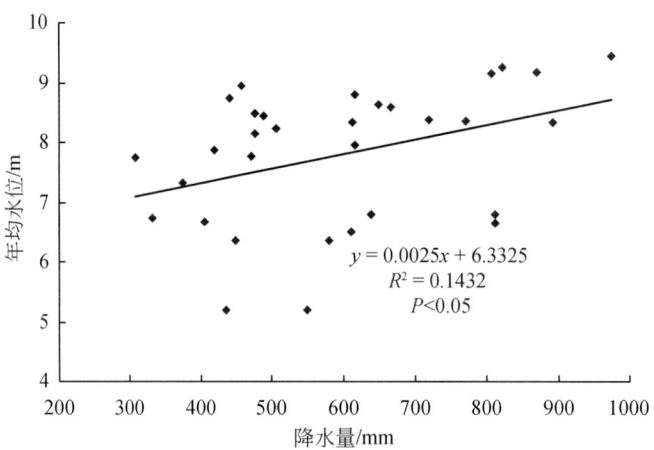

图 3-13 1955~1990 年白洋淀水位与流域降水量的相关性

3.3 白洋淀水文变化对湿地生态系统与生态服务功能的影响及其机制

（1）白洋淀水文变化对湿地生态系统的影响

1）景观变化。白洋淀地区湿地是优势景观类型，所占比例一直保持在50%以上（图3-14）。1974~2007年，白洋淀湿地面积先减小，然后增加，之后又减小。湿地面积从249.4 km² 下降到182.6 km²，减少了26.8%。其中水体面积从81.3 km² 下降到47.3 km²，减少了41.8%；沼泽面积从168.1 km² 下降到135.3 km²，减少了19.5%。湿地面积的变化过程比较复杂，水体、沼泽与农田相互转换，湿地面积及构成变化与白洋淀水位的变化以及农田开垦有着密切关系。在 34 年间，农田面积先增加，然后减少，之后又增加，面积从 70.0 km² 上升到 126.4 km²，增加了 80.6%。在整个研究时段内，居民地面积一直在增加，从 2.1 km² 上升到 12.5 km²，增加了 495.2%（图 3-15）。

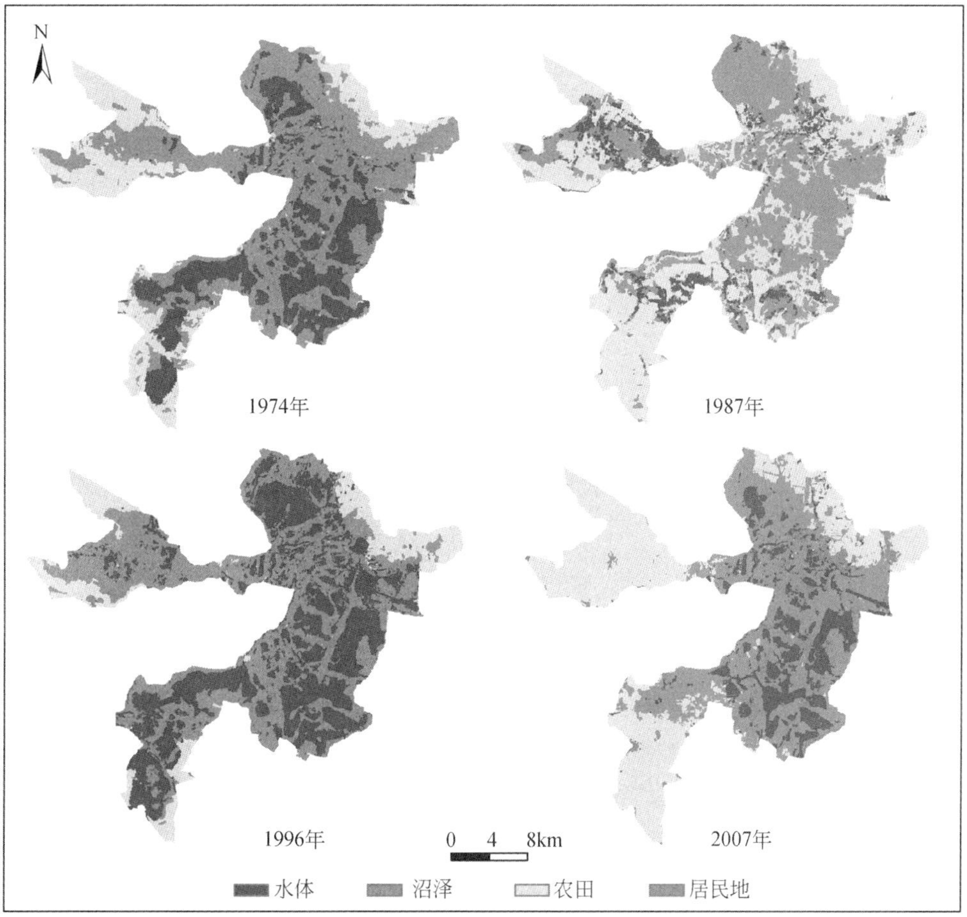

图 3-14 白洋淀景观类型分布

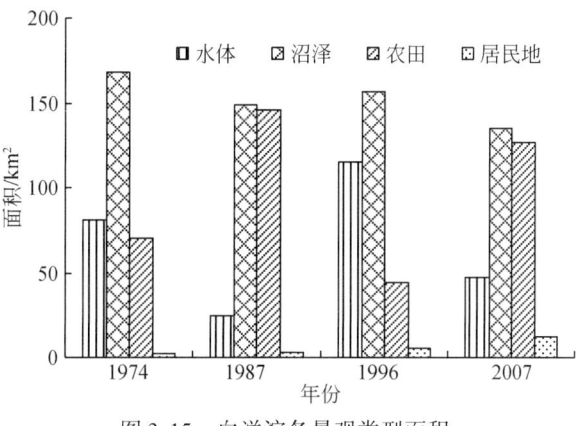

图 3-15 白洋淀各景观类型面积

不同时期景观类型的主要转变方向不同。1974~1987 年，湿地向农田的转变为主要方向（表3-3）。其中，分别有 48.08 km² 的水体和 39.67 km² 的沼泽转变为农田。1987~1996 年，农田向湿地的转变是主要方向（表3-3）。1996~2007 年，湿地向农田的转变是主要方向（表3-3）。1974~2007 年，白洋淀地区主要以沼泽向农田、水体向沼泽的转变为主（表3-3），面积分别是 50.18 km² 和 29.31 km²。

表3-3　白洋淀景观类型转移矩阵　　　　　　　　（单位：km²）

1974~1987 年

项目		1987 年			
		水体	沼泽	农田	居民地
1974 年	水体	1.45	31.57	48.08	0.16
	沼泽	19.39	108.49	39.67	0.56
	农田	3.46	8.49	57.38	0.68
	居民地	0	0.01	0.70	1.40

1987~1996 年

项目		1996 年			
		水体	沼泽	农田	居民地
1987 年	水体	2.68	20.86	0.74	0.02
	沼泽	50.33	95.16	2.97	0.10
	农田	62.11	40.36	40.29	3.07
	居民地	0.07	0.20	0.07	2.46

1996~2007 年

项目		2007 年			
		水体	沼泽	农田	居民地
1996 年	水体	42.35	47.28	24.70	0.86
	沼泽	4.33	86.33	61.90	4.02
	农田	0.57	1.55	39.61	2.34
	居民地	0.09	0.10	0.14	5.32

1974~2007 年

项目		2007 年			
		水体	沼泽	农田	居民地
1974 年	水体	37.53	29.31	13.58	0.84
	沼泽	8.75	103.16	50.18	6.02
	农田	1.04	2.70	62.59	3.68
	居民地	0.01	0.10	0	2.00

1974~2007 年，白洋淀景观斑块密度先增加，然后减小，之后又增加。斑块密度从

1.24 个/km² 增加到 2.24 个/km²（图 3-16），增加了 80.6%，景观破碎化加剧。景观形状指数经历了一个先增加又减小的过程，从 14.5 增加到 17.8，景观形状变得复杂。

与 1974 年相比，2007 年各景观类型斑块密度均有所增加（图 3-17）。水体从 0.68 个/km² 增加到 1.03 个/km²，沼泽从 0.30 个/km² 增加到 0.51 个/km²。农田从 0.16 个/km² 增加到 0.45 个/km²，居民地从 0.09 个/km² 增加到 0.24 个/km²。

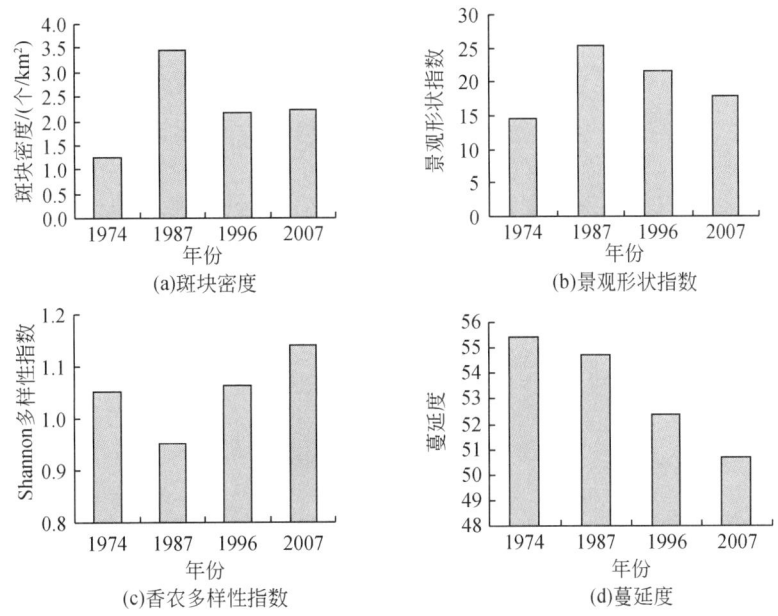

图 3-16 1974～2007 年白洋淀景观水平上景观格局指数变化

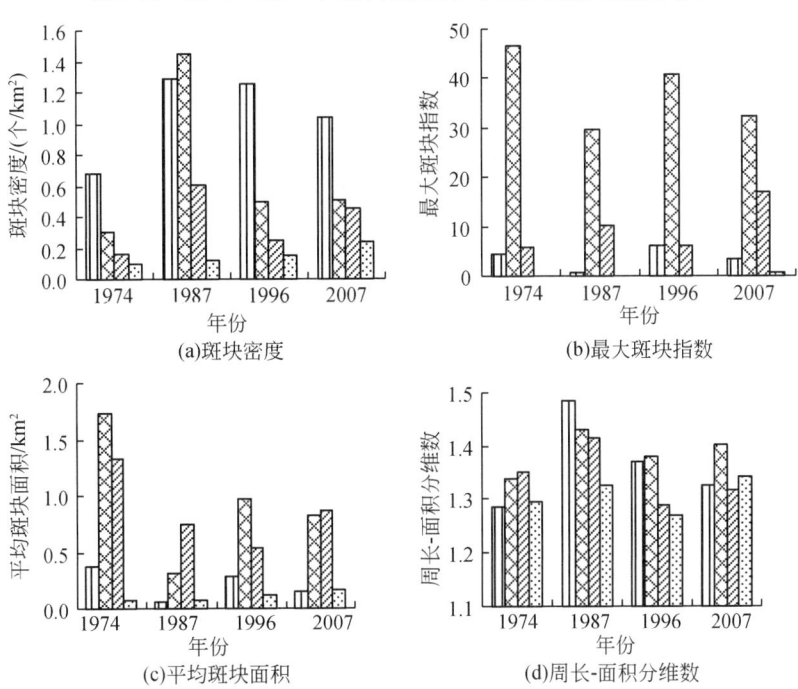

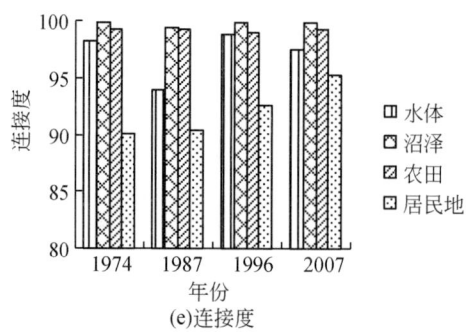

图 3-17 1974~2007 年白洋淀类型水平景观格局指数变化

水位变化是影响白洋淀景观变化的主要因素。水位升高，湿地面积增大，水位下降则会导致湿地面积减小（图 3-18）。水位对水体的影响比对沼泽的影响更大，在相同幅度的水位变化情况下，水体发生变化的比例要大于沼泽。例如，1974~1987 年，水位降低了 29.3%，水体面积减少了 70.1%，沼泽面积只减少了 11.6%。农田面积的变化也与水位变化相关，水位下降，则人们在淀区大量开垦农田，农田面积增加；水位升高，农田面积减小。

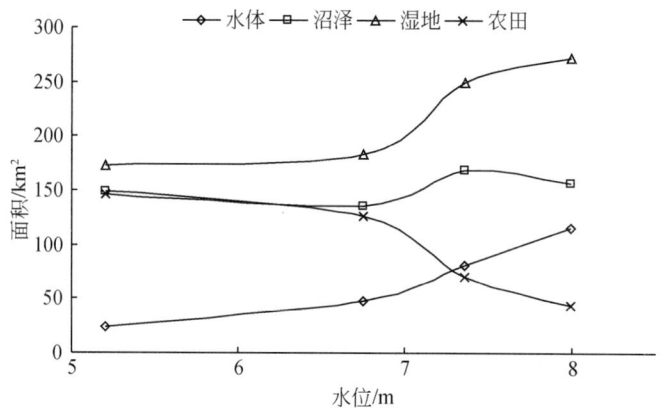

图 3-18 白洋淀景观类型面积变化与水位的关系

2）湖泊湿地景观格局。从各种景观类型所占面积来看，1974~2007 年，白洋淀湖泊湿地景观呈挺水植物、水体和耕地景观明显占优，居民用地、林草地和未利用土地插花镶嵌分布的总体格局，挺水植物在各年份的占有率分别为 35.4%、43.6%、39.0%、28.1%；水体分别为 31.1%、7.3%、31.4%、22.2%；耕地分别为 24.7%、37.1%、23.0%、41.8%。总体而言，挺水植物、水体、林草地以及未利用土地 4 种景观类型呈现不同程度的缩减趋势，而耕地、居民用地显著增加（图 3-19，表 3-4，表 3-5）。

从各种景观类型相互转移概率来看，挺水植物主要转出方向是耕地和水体，转出率分别为 31.07% 和 13.35%；水体主要转出方向是挺水植物和耕地，转出率分别为 27.29% 和 17.94%；景观格局变化最为剧烈的是 1996~2007 年，挺水植物、水体面积分别以 2.15%/a、2.26%/a 的速度减小了 3984.8hm^2 和 3371.4hm^2，耕地以 6.28%/a 的速度增加了 6865.6hm^2；

但居民用地变化最为剧烈的阶段是 1987~1996 年，10 年间以 4.1%/a 的速度增加了 437.3hm²（图 3-19，表 3-4，表 3-5）。

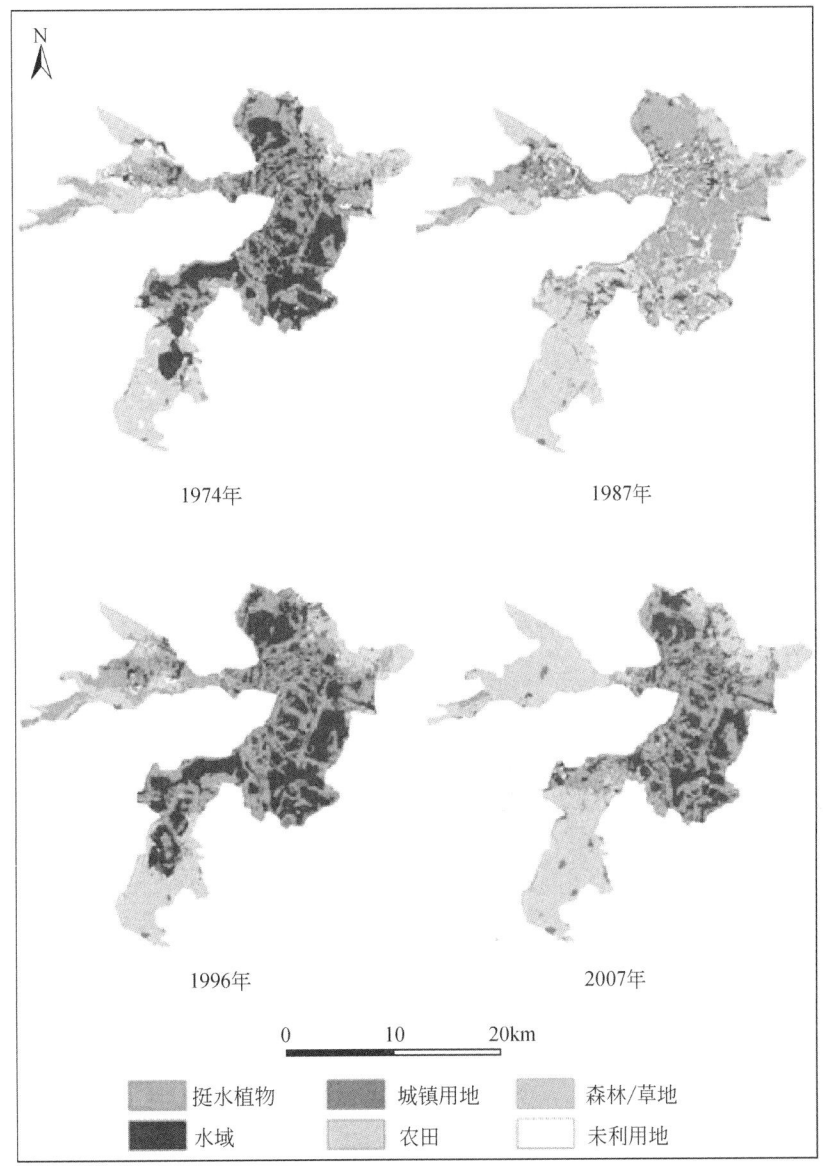

图 3-19　白洋淀淀区水生态遥感监测分类结果

从景观尺度的景观格局演变指数来看，PN 和 PD 总体呈减小趋势，各类景观的异质性降低；FRAC_MN 总体呈减小趋势，表明景观破碎度加大，趋于复杂化，受人为影响加大，但并未达显著水平。1974 年，研究区的 SHDI 和 SHEI 最大，表明此阶段景观多样性水平较高，异质性较大，景观中斑块的优势度较小。1987 年，SHDI 和 SHEI 出现最低值，表明研究区各类景观的异质性减小，优势度增加，这与该阶段水体面积锐减，挺水植物、耕地大幅增加相吻合。1996~2007年，SHDI和SHEI有增加趋势，说明景观朝着多样化、均匀化的方向发展，体现出了人类活动在此阶段影响剧烈（图3-19，表3-4，表3-5）。

表3-4 白洋淀草型湖泊景观格局评价指数动态变化

年份	斑块水平 PA/hm² (PR/%)							景观水平			
	挺水植物	水域	耕地	林地	城镇	裸地	PN/ind	PD /(ind/hm²)	FRAC_MN	SHDI	SHEI
1974	12 928.2 (35.4)	11 355.4 (31.1)	8 999.6 (24.7)	1 643.2 (4.5)	582.3 (1.6)	998.8 (2.7)	20 109	0.55	1.10	1.37	0.77
1987	15 923.4 (43.6)	2 662.7 (7.3)	13 531.8 (37.1)	1 527.8 (4.2)	820.4 (2.3)	2 041.4 (5.6)	23 560	0.65	1.08	1.29	0.72
1996	14 228.6 (39.0)	11 462.8 (31.4)	8 406.9 (23.0)	1 005.1 (2.8)	1 257.7 (3.5)	146.2 (0.4)	19 894	0.54	1.09	1.31	0.73
2007	10 243.8 (28.1)	8 091.4 (22.2)	15 272.5 (41.8)	1 283.2 (3.5)	1 490.1 (4.1)	126.5 (0.4)	19 788	0.54	1.08	1.32	0.74

注：PA：斑块面积；PN：斑块数量；PD：斑块密度；FRAC_MN：平均分维数；SHDI：Shannon多样性指数；SHEI：Shannon均匀度指数。

表3-5 白洋淀湿地1974~2007年景观类型转移概率矩阵 （单位：%）

景观类型	动态度K	挺水植物	水域	耕地	林地	城镇	裸地
挺水植物	-1.60	50.4	27.29	4.75	6.55	2.61	9.9
水域	-2.21	13.35	51.36	3.49	7.14	5.69	4.42
耕地	5.36	31.07	17.94	81.16	69.18	12.74	76.21
林地	-1.69	2.23	1.47	5.46	8.84	9.16	6.22
城镇	11.99	2.66	1.57	4.89	7.87	69.44	2.93
裸地	-6.72	0.28	0.37	0.25	0.42	0.37	0.32

3）芦苇湿地变化。在白洋淀地区，芦苇湿地是主要湿地类型，研究表明，2003年白洋淀地区芦苇湿地面积为15 260hm²。芦苇集中分布于北部、中部和东部地区，其西北的芦苇湿地所剩不多，而西南部的芦苇湿地消失殆尽（图3-20）。

1987~2003年，白洋淀地表水位经历了"干淀—高水位—低水位"的过程，芦苇湿地面积也呈现"落—起—落"的现象（图3-21）。水域与耕地是芦苇湿地变化的两个主要方向，前者的发生地主要分布在地势较低的北部与东部地区，后者主要分布在西北部与西南部地势较高的地区。地表水位是芦苇湿地面积变化的主导因子，人类活动的影响也不可忽视。

芦苇湿地面积与地表水位的关系分析：白洋淀地表水位与芦苇湿地面积的回归分析表明：近2年的平均地表水位与芦苇湿地面积呈抛物线形$y=-0.157\ 3x^2+215.90x-57\ 989$，决定系数$R^2$为0.97，可用抛物线方程来描述地表水位与芦苇湿地面积之间的关系。由拟合方程可知：在16年地表水位变化的范围之内，水位为6.9 m时，芦苇湿地分布面积达

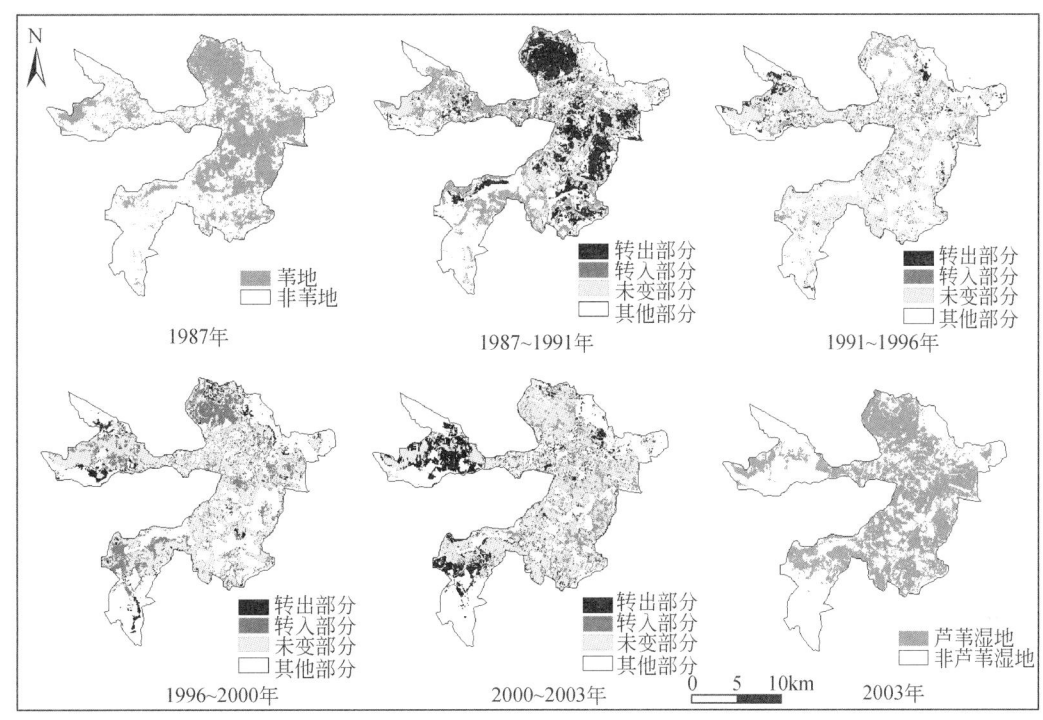

图 3-20　1987~2003 年白洋淀地区苇地变化空间分布

到最大值 16 000 hm²。低于此水位，芦苇湿地面积随水位的降低而缩小，至干淀时（水位低于 5.5m）芦苇湿地面积为 13 170 hm²；高于此水位，芦苇湿地面积随水位的升高而减小。

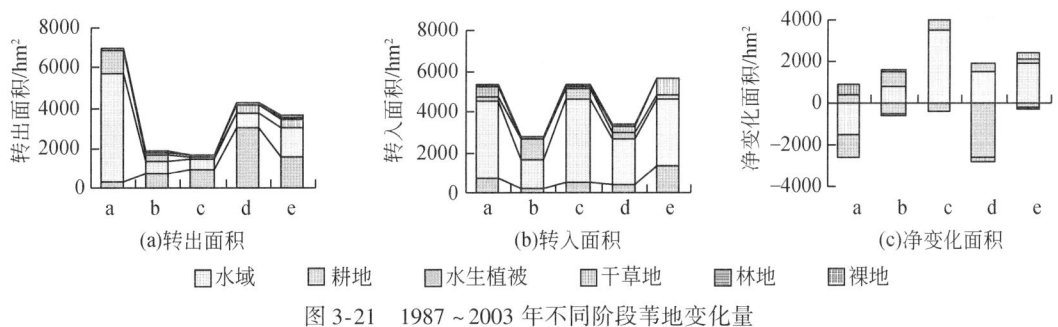

图 3-21　1987~2003 年不同阶段苇地变化量

注：a：1987~1991 年；b：1991~1996 年；c：1996~2000 年；d：2000~2003 年；e：1987~2003 年。

（2）白洋淀水文变化对生态系统服务功能的影响及机制

1）提供产品价值。随着水产业的发展，淀区发展了网箱、网围和围堤等养殖技术，水产品产量大量增加。由于芦苇湿地面积减少，芦苇产量下降。1974~2007 年，白洋淀提供产品总价值从 0.377 亿元增加到约 2.334 亿元，其中水产品价值增加较多，而芦苇价值有所减少（表 3-6）。

表 3-6　提供产品价值　　　　　　　　　　　　（单位：亿元）

项目	1974 年	1987 年	1996 年	2007 年
芦苇	0.303	0.267	0.282	0.243
水产品	0.074	0.005	1.082	2.091
合计	0.377	0.272	1.364	2.334

2）休闲娱乐价值。随着旅游业的发展，白洋淀游客数量不断增加，1988 年、1996 年和 2007 年接待旅游人数分别为 8.9 万人次、10 万人次和 97 万人次。1988 年、1996 年和 2007 年旅游总价值分别为 0.49 亿元、0.55 亿元和 5.3 亿元，有不断增加的趋势。

3）大气调节价值。从 1974 年到 2007 年，白洋淀大气调节价值有不断减小的趋势，从 1.028 亿元减小到 0.827 亿元（表 3-7）。由于芦苇湿地面积减小，造成芦苇的固碳和释氧价值均减小。

表 3-7　大气调节价值　　　　　　　　　　　　（单位：亿元）

项目	1974 年	1987 年	1996 年	2007 年
固碳	0.592	0.523	0.551	0.476
释氧	0.436	0.385	0.406	0.351
合计	1.028	0.908	0.957	0.827

4）调蓄洪水价值。白洋淀湿地是重要的蓄滞洪区，具有蓄滞上游洪水、削减洪峰的功能，然而，近年来白洋淀上游入淀水量减少，白洋淀的防洪功能未能充分发挥。白洋淀调蓄洪水价值有不断减小的趋势，从 1974 年的 19.55 亿元减小到 2007 年的 11.50 亿元，水体和沼泽的调蓄洪水价值都在减小（表 3-8）。

表 3-8　调蓄洪水价值　　　　　　　　　　　　（单位：亿元）

项目	1974 年	1987 年	1996 年	2007 年
水体	9.28	0	8.52	3.24
沼泽	10.27	0	9.57	8.26
合计	19.55	0	18.09	11.50

5）水资源蓄积价值。近年来，白洋淀缺水严重，水资源蓄积量大大减少。从 1974 年到 2007 年，白洋淀水资源蓄积价值处在不断波动变化之中，先减小，之后增加，然后又减小（表 3-9），白洋淀水资源蓄积价值由约 17.73 亿元下降到 6.44 亿元。

表 3-9　水资源蓄积价值　　　　　　　　　　　　（单位：亿元）

项目	1974 年	1987 年	1996 年	2007 年
水体	14.65	0	24.07	3.96
沼泽	3.08	0	2.87	2.48
合计	17.73	0	26.94	6.44

6）水质净化价值。由于水体面积减少，水体的净化能力变弱。芦苇产量减少，其收割所带走的 N、P 量也减少，其净化功能减弱。1974~2007 年，白洋淀水质净化价值由 415 万元下降到 314 万元（表 3-10）。

表 3-10　水质净化价值　　　　　　　　　　　（单位：万元）

项目	1974 年	1987 年	1996 年	2007 年
除 N	327	261	328	252
除 P	87	55	100	62
合计	415	316	428	314

7）白洋淀生态系统服务功能总价值。1974~2007 年，白洋淀生态系统服务功能价值经历了先下降，之后上升又下降的过程（表 3-11）。白洋淀生态系统服务功能价值从 1974 年的 38.73 亿元下降到 2007 年的 26.44 亿元，减少了 31.73%。与 1974 年相比，2007 年白洋淀提供产品和休闲娱乐价值增加，而大气调节、调蓄洪水、水资源蓄积和水质净化价值减小，直接价值所占比例增加，间接价值所占比例减小。

表 3-11　白洋淀生态系统服务功能价值

项目	1974 年 价值量/亿元	1974 年 比例/%	1987 年 价值量/亿元	1987 年 比例/%	1996 年 价值量/亿元	1996 年 比例/%	2007 年 价值量/亿元	2007 年 比例/%
提供产品	0.38	0.98	0.27	15.98	1.36	2.85	2.33	8.83
休闲娱乐	0	0	0.49	28.79	0.55	1.15	5.30	20.05
大气调节	1.03	2.65	0.91	53.37	0.96	2.00	0.83	3.13
调蓄洪水	19.56	50.49	0	0	18.08	37.72	11.50	43.51
水资源蓄积	17.73	45.77	0	0	26.94	56.20	6.44	24.37
水质净化	0.04	0.11	0.03	1.86	0.04	0.09	0.03	0.12
合计	38.74	100	1.70	100	47.94	100	26.44	100

注：1987 年的休闲娱乐价值用 1988 年数值代替。

水文变化是造成白洋淀湿地生态系统服务功能变化的重要原因。水位变化主要影响调蓄洪水、水资源蓄积、水质净化和生态服务功能总价值，随着水位增加，湿地调蓄洪水、水资源蓄积、水质净化和生态服务功能总价值增加（图 3-22）。人类为满足自身需求，在增强一些生态系统服务功能的同时，会对其他一些生态系统服务功能造成损害。

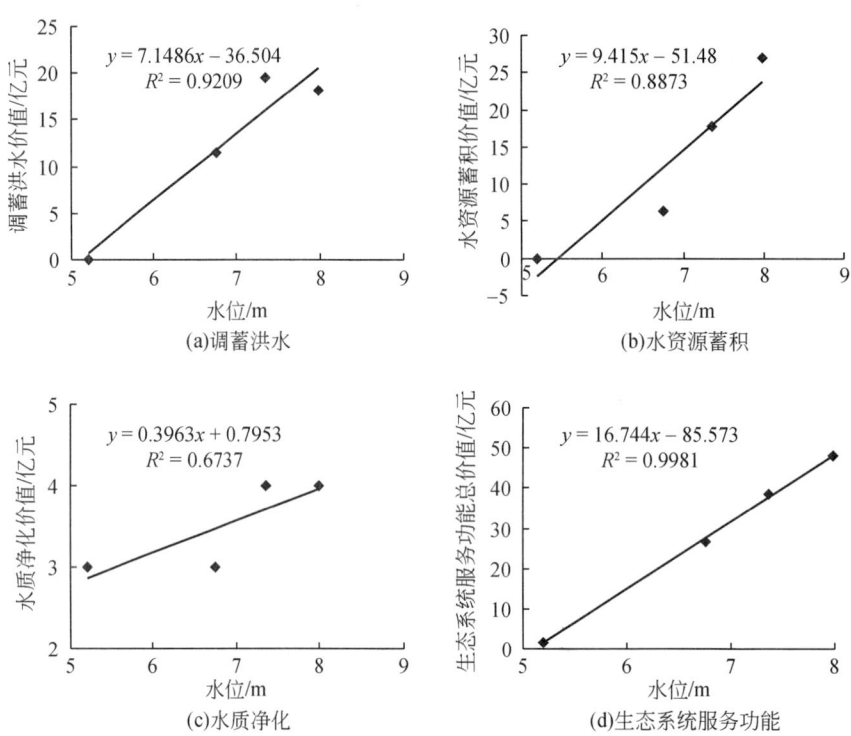

图 3-22 水位变化对白洋淀生态系统服务功能的影响

第4章 海河流域生态系统服务功能评价与生态功能区划

为了揭示海河流域生态系统服务功能空间格局，明确流域生态功能重要区域，本研究建立了流域生态系统评价指标体系与评价方法，研究了流域生态敏感性与生态服务功能的空间格局，编制了流域生态功能区划方案，确定了海河流域重要生态功能区域。

4.1 海河流域生态系统服务功能评价

生态系统服务功能是指生态系统与生态过程所形成及所维持的人类赖以生存的自然环境条件与效用。生态系统服务功能评价的目的是要明确回答区域各类生态系统的生态服务功能及其对区域可持续发展的作用与重要性，并依据其重要性分级，明确其空间分布。生态系统服务功能评价是针对区域典型生态系统，评价生态系统服务功能的综合特征，根据区域典型生态系统服务功能的能力，按照一定的分区原则和指标，将区域划分成不同的单元，以反映生态服务功能的区域分异规律，并用具体数据和图件支持评价结果。

根据海河流域生态系统的特点，对森林生态系统、湿地生态系统、草地生态系统和农田生态系统分别进行生态系统服务功能评价，构建了海河流域生态系统服务功能评价指标体系及方法（表4-1）。

表4-1 海河流域生态系统服务功能评价指标体系

评价项目	评价指标	计算指标	描述	生态系统类型	所需数据	评价方法
提供产品	食物	肉、粮食生产量	肉（牛、羊、猪）	草地、农田	牛、羊、猪肉等产量	市场价值法
			粮食（玉米、小麦）	农田	玉米、小麦等产量	
			果类（沙棘、白刺等）	森林、灌丛	水果产量	
	木材	采伐量	桦木、杨树、圆柏等	森林	木材生产量	
	药材	产量	黄芩、丹参、半夏、菊花等	森林、草地、农田	各类药材产量	
支持功能	营养物质保持	主要营养元素总量	土壤与生物质中的N、P、K总量	森林、草地、湿地、农田、荒漠	各类生态系统生物量、元素含量，土壤N、P、K含量	影子价格法
	生物多样性保护	生物多样性保护	国家一级、二级保护物种的价值	森林、草地、湿地	国家一级、二级保护物种的名录、数量及分布	支付意愿法

续表

评价项目	评价指标	计算指标	描述	生态系统类型	所需数据	评价方法
支持功能	固碳	固碳量	生物有机体固碳，土壤碳库	森林、草地、农田、湿地、荒漠	各种生态系统的生物量、净生产力，土壤有机质，土壤容重，土层厚度	造林成本法，碳税法
	释氧	氧气释放量	植物光合作用过程中释放的氧气	森林、草地、湿地、荒漠、农田	各类生态系统净生产力	造林成本，工业制氧成本
调节功能	涵养水源	水资源总量	当地水资源使用量与水资源储量	森林、草地、农田	冰川总量、流出源区的径流量、湖泊、湿地的存水量，生产生活用水量	影子价格法
	土壤保持	土壤保持量	各类生态系统的固土量	森林、草地、农田	实际流失量与理论流失量，运用水土流失方程模拟计算	机会成本法
	大气环境	大气污染物降解	吸收降解 SO_2、NO_x 等大气污染物的量	森林、草地、农田	生产生活排放 SO_2、NO_x 等污染物量，煤、油使用量，空气环境质量数据	市场价值法
	气候调节	水面蒸发湿度提高	水面蒸发对应的热量	湿地	水面面积	替代成本法
文化服务功能	休憩娱乐	景观资源	自然景观、文化景观	森林、草地、湿地、荒漠	自然、文化景观资源分布、规模	旅行费用法

4.1.1 森林生态系统服务功能特征

(1) 评价指标体系

根据千年生态系统评估框架工作组提出的生态系统服务功能分类方法，森林生态系统的服务功能可以归纳为提供产品功能、调节功能、文化服务功能和支持功能四大类，包括的指标主要有固碳、调节大气、涵养水源、土壤保持、休闲旅游和提供生境等。本研究选取了几个主要的生态系统服务功能指标，构建海河流域森林生态系统服务功能评价的指标体系（表4-2），并采用市场价值法、影子价格法、机会成本法等不同的方法对其进行价值评估。在具体评价的时候，受数据的限制，没有对全部指标进行评价。

表 4-2 海河流域森林生态系统服务功能评价指标体系

评价项目	评价指标	评价方法
提供产品	食物	市场价值法
	木材	
	药材	
	柴薪[a]	
	旅游[b]	旅行费用法
支持功能	营养物质循环	影子价格法
	生物多样性保护[c]	支付意愿法
	固碳	造林成本法、碳税法
	释氧	造林成本
调节功能	涵养水源	影子价格法
	土壤保持	机会成本法
	环境净化	市场价值法
文化服务功能[d]	休憩娱乐	旅行费用法
	文化遗产	支付意愿法
	宗教价值	支付意愿法

注：a、b、c、d 由于受数据限制，本研究未进行核算。

(2) 指标评价方法

1) 提供产品。森林生态系统服务功能的直接经济价值主要是林产品、林副产品。采用市场价值法，用如下公式进行评价：

$$V_p = \sum_{j=1}^{m} S_j \cdot V_j \cdot P_j \tag{4-1}$$

式中，V_p 为流域森林生态系统提供产品总价值；S_j 为第 j 种森林类型或果品的分布面积；V_j 为第 j 种森林类型单位面积净生长量或产量；P_j 为第 j 种森林类型木材或果品的市场价格；j 表示不同的森林类型。

2) 固碳释氧：

$$V_q = \sum_{j=1}^{m} \text{NPP}_j \cdot (1.62 P_C + 1.2 P_O) \tag{4-2}$$

式中，V_q 是固碳释氧总的价值量；NPP_j 为第 j 类森林类型的 NPP；P_C 为市场固定 CO_2 的价格；P_O 为市场制造 O_2 价格；其他同上。

3) 营养物质保持。

生物体内参与营养元素循环的价值：

$$V_n = \sum_{j=1}^{m} \text{NPP}_j \cdot (C_{Nj} \cdot P_N \cdot f_N + C_{Pj} \cdot P_P \cdot f_P + C_{Kj} \cdot P_K \cdot f_K) \tag{4-3}$$

式中，V_n 是生物库中营养物质保持的总价值；NPP_j 为第 j 类森林类型的 NPP；C_{Nj} 为第 j 类森林类型生物质中含 N 元素的百分比；C_{Pj} 为第 j 类森林类型生物质中含 P 元素的百分比；C_{Kj} 为第 j 类森林类型生物质中含 K 元素的百分比；P_N、P_P、P_K 分别对应于 N、P、K 的市场价格；f_N、f_P、f_K 分别代表森林生态系统中 N、P、K 的周转率；其他同上。

土壤库中参与营养元素循环的价值：

$$V_s = \sum_{j=1}^{m} M_j \cdot (S_{Nj} \cdot P_N \cdot f_N + S_{Pj} \cdot P_P \cdot f_P + S_{Kj} \cdot P_K \cdot f_K) \quad (4-4)$$

式中，V_s 是土壤库中营养物质保持的总价值；M_j 为第 j 类森林类型土壤库总量；S_{nj} 为第 j 类森林类型土壤库中含 N 元素的百分比；S_{Pj} 为第 j 类森林类型土壤库中含 P 元素的百分比；S_{Kj} 为第 j 类森林类型生物质中含 K 元素的百分比；其他同上。

营养物质保持总价值：

$$V_e = V_n + V_s \quad (4-5)$$

4）涵养水源：

$$V_w = P_w \cdot \sum_{j=1}^{m} (K_{fj} + K_{lj} + K_{sj}) \cdot S_j \quad (4-6)$$

式中，V_w 是涵养水源总价值；P_w 为单位面积修建水库的市场价格；K_{fj} 为第 j 类森林类型单位面积冠层截留降水的能力；K_{lj} 为第 j 类森林类型单位面积枯枝落叶层含水的能力；K_{sj} 为第 j 类森林类型单位面积土壤储水的能力；f 为冠层截留降水；l 为枯枝落叶层含水；S 为土壤储水；其他同上。

5）土壤保持。采用通用水土流失方程进行评价：

$$A = R \cdot K \cdot LS \cdot C \cdot P \quad (4-7)$$

式中，A 为年土壤流失量；R 为降水侵蚀因子；K 为土壤可蚀性因子；LS 为坡长坡度因子；C 为植被覆盖因子；P 为水土保持措施因子。土壤保持的物质量：

$$T = \sum_{j=1}^{m} S_j \cdot (E_{pj} - E_{rj}) \quad (4-8)$$

式中，T 为土壤保持总量；S_j 为第 j 类森林类型面积；E_{pj} 为第 j 类森林类型潜在土壤侵蚀模数；E_{rj} 为第 j 类森林类型现实土壤侵蚀模数。

保持土壤养分价值：

$$V_a = T_h \cdot \sum_{i=1}^{m} (C_i \cdot P_i) \quad (4-9)$$

式中，V_a 为保持土壤养分价值；i 为土壤中养分种类；C_i 为土壤中第 i 类养分含量；P_i 为第 i 类养分的市场价格。

减少土地废弃的价值：

$$V_b = \frac{T_h \cdot P}{d \cdot h \cdot 10\,000} \quad (4-10)$$

式中，V_b 为减少土地废弃价值；d 为土壤容重；h 为土壤厚度；P 为土地年均收益。

总的土壤保持价值：

$$V_s = V_a + V_b \quad (4-11)$$

6) 环境净化：

$$V_e = \sum_{i=1}^{n} \sum_{j=1}^{m} S_j \cdot (U_i \cdot P_i) \tag{4-12}$$

式中，V_e 为环境净化总价值；S_j 为第 j 类森林类型面积；U_i 为对第 i 种环境污染物的净化效率；P_i 为第 i 种环境污染物的净化市场价格。

7) 流域森林生态系统总服务功能：

$$V_t = \sum_{i=1}^{n} \sum_{j=1}^{m} V_{ij} \tag{4-13}$$

式中，V_{ij} 为第 j 类森林类型的第 i 种服务功能价值。

(3) 结果

1) 提供产品。海河流域森林提供产品的价值主要是森林活立木的价值和林果、药材等林副产品的价值。各种森林类型蓄积量如表 4-3 所示，从大小来看，提供木材产品价值最多是松柏类，其次是栎类和桦木类，最后是松杉类，灌丛不提供木材产品。林副产品主要是药材和林果，从各地统计年鉴查得药材和林果年产量，乘以市场价格得出药材的价值是 2.65 亿元，林果的价值是 6.52 亿元。

表 4-3 各种森林类型提供产品价值

项目	灌丛	杨树类	松柏类	栎类	桦木类	松杉类	针阔混交林
面积/hm²	3 132 348.8	183 567.5	1 711 169.8	1 005 907.8	283 783.9	30 310.3	233 452.8
年单位面积平均蓄积量/[m³/(hm²·a)]*	—	27.55	18.61	10.23	16.08	13.85	12.74
合计/亿元	—	23.8	171.1	98.2	31.8	2.42	22.2

*该指标经表 4-4 中 NPP 换算而来。

2) 固碳释氧。森林对碳素的固定是通过绿色植物的光合作用吸收 CO_2 制造碳氢化合物，以有机物的形式将大气中的 CO_2 固定于植物体内，同时释放出 O_2。森林土壤虽为陆地生态系统中比较重要的碳汇，因其固碳速率较慢，本研究未予以考虑。各种森林类型的净初级生产力（NPP）如表 4-4 所示，本研究根据光合作用方程式，即每形成 1t 干物质，可固定 1.62t CO_2，释放出 1.19t O_2，来估算各种森林类型的固碳和释氧量。CO_2 造林成本为 1320 元/t；工业制氧成本为 400 元/t。结果如表 4-4 所示，固碳释氧总价值为 514.08 亿元。

表 4-4 各种森林类型固碳释氧价值

项目	灌丛	杨树类	松柏类	栎类	桦木类	松杉类	针阔混交林
NPP/[t/(hm²·a)]	5.54	10.33	8.19	9.68	10.21	8.88	9.48
年 NPP/(t/a)	17 337 546	1 896 247	14 014 474	9 740 197	2 897 424	269 001	2 213 498
固碳价值/亿元	101.74	11.13	82.24	57.16	17.00	1.58	12.99
释氧价值/亿元	82.53	9.03	66.71	46.36	13.79	1.28	10.54
总价值/亿元	184.26	20.15	148.95	103.52	30.79	2.86	23.53

3）环境净化。森林可以依靠自身特殊的结构和功能，通过吸收、过滤、阻隔和分解等生理生化过程，净化人类活动排放到环境中的有毒气体（如 SO_2），也能吸附、黏着一部分粉尘，降低大气中的含尘量，从而达到净化环境的目的。本研究主要考虑森林的吸收 SO_2 和滞尘两大主要环境净化功能。根据中国林业科学研究院和北京市林业局"北京市山区森林生态系统服务价值评价"，林木对 SO_2 的年平均吸收能力为 120.85kg/hm²；滞尘的年平均能力阔叶林为 10.11t/hm²，针叶林为 33.2 t/hm²，针阔混交林取二者平均值，为 22.7 t/hm²。灌丛净化 SO_2 的能力为 18.91 kg/hm²，滞尘的能力为 1.18 t/(hm²·a)。市场治理 SO_2 的费用为 0.6 元/kg，处理粉尘的价格为 0.56 元/kg，计算各种森林类型环境净化价值如表 4-5 所示，总价值为 459.84 亿元。

表 4-5　各种森林类型环境净化价值　（单位：亿元）

价值	灌丛	杨树类	松柏类	栎类	桦木类	松杉类	针阔混交林
吸收 SO_2 价值	0.60	0.12	0.56	0.68	0.14	0.01	0.16
吸收粉尘价值	20.70	10.39	318.14	56.95	16.07	5.64	29.68
总价值	21.30	10.52	318.70	57.63	16.20	5.65	29.84

4）营养元素保持。生态系统的营养物质循环主要是在生物库、凋落物库和土壤库之间进行。其中生物与土壤之间的养分交换过程是最主要的过程。本研究只考虑土壤库和生物库。土壤库中参与生态系统维持养分循环的物质种类很多，主要考虑含量相对较大的 N、P、K。本研究森林土壤容重按 1.1t/m³ 计算，土层深度灌丛按 0.5m 计算，其他森林类型按 0.6m 计算。根据养分循环功能的服务机制，认为构成森林净初级生产力的营养元素量即为参与循环的养分量，参与评价的生物库中营养元素也仅考虑含量相对较大的 N、P、K。各种森林类型生物质中含 N、P、K 比例如表 4-5 所示。本研究区域森林生态系统 N、P、K 周转率分别取 0.086、0.053 和 0.091。根据 2006 年国产化肥平均价格，尿素为 1825 元/t，过磷酸钙为 522 元/t，氯化钾为 1948 元/t，计算营养元素保持的总价值如表 4-6 所示。

表 4-6　各种森林类型营养元素保持价值

项目	灌丛	杨树类	松柏类	栎类	桦木类	松杉类	针阔混交林
生物质中含 N 比例/%	0.215	0.21	0.271	0.164	0.74	3.1	0.897
生物质中含 P 比例/%	0.033	0.046	0.034	0.018	0.13	0.74	0.194
生物质中含 K 比例/%	0.206	0.134	0.157	0.328	0.19	0.29	0.22
生物质中元素价值/亿元	0.2	0.02	4.7	0.2	0.1	0.06	0.1
土壤库中元素价值/亿元	18.99	1.73	11.71	8.62	2.31	0.24	1.80
总价值/亿元	19.19	1.75	16.41	8.82	2.41	0.30	1.90

5）土壤保持。降水时非林地输出大量泥沙，这些泥沙带走土壤中大量的 N、P、K 和有机质，造成土层变薄，土壤肥力降低，并使得河流和水库淤积。森林的存在起到了明显的土壤保持作用。本研究从减少土地废弃和减少土壤肥力损失两个方面评价森林土壤保持的价值。森林各种类型土壤保持量利用通用水土流失方程进行估算。减少土地废弃价值按我国林业生产的平均收益 282.17 元/(hm²·a) 进行估算。减少土壤肥力按照森林土壤中

营养元素含量及其对应的市场价格进行估算，结果如表 4-7 所示。

表 4-7 各种森林类型土壤保持价值

项目	灌丛	杨树类	松柏类	栎类	桦木类	松杉类	针阔混交林
土壤含 N 比例/%	0.12	0.17	0.11	0.15	0.14	0.13	0.13
土壤含 P 比例/%	0.01	0.01	0.01	0.01	0.01	0.01	0.01
土壤含 K 比例/%	0.04	0.04	0.04	0.04	0.04	0.04	0.04
减少土壤肥力损失价值/亿元	31.2	0.45	24.6	15.9	3.7	0.4	3.1
减少土地废弃价值/亿元	1.1	0.01	0.9	0.5	0.1	0.01	0.1
总价值/亿元	32.3	0.46	25.5	16.4	3.8	0.4	3.2

6) 涵养水源。森林涵养水源主要表现为：冠层截留降水、枯枝落叶层含水和土壤储水3个方面。将这3个方面的森林保持水分的能力加在一起，形成了森林涵养水源量，其价值采用替代成本法，即修建相应库容的水库成本来进行计算。根据 1993~1999 年《中国水利年鉴》，平均水库库容造价为 2.17 元/m³，得到 2005 年单位库容造价为 6.11 元/m³。计算结果如表 4-8 所示。

表 4-8 各种森林类型涵养水源价值

项目	灌丛	杨树类	松柏类	栎类	桦木类	松杉类	针阔混交林
单位面积涵养水源量 /[m³/(hm²·a)]	2174.2	1665.8	2154.2	2216.2	3036.8	2562.3	2130.0
总价值/亿元	416.1	18.7	225.2	136.2	52.7	4.7	30.4

(4) 服务功能总价值及其特征

海河流域森林生态系统服务功能总价值是 2349.4 亿元（直接价值 358.7 亿元，间接价值 1990.7 亿元）。其中提供产品价值为 358.7 亿元（占 15.26%），调节功能价值为 1425.9 亿元（占 60.69%），支持功能价值为 564.8 亿元（占 24.04%），文化功能因数据限制没有进行核算。从具体的服务功能指标来看（图 4-1），所占比例最大的是涵养水源功能，其次是固碳释氧功能，最小的是营养循环功能。从不同森林类型来看（图 4-2），服务功能价值大小顺序依次是：松柏类>灌丛>栎类>桦木类>针阔混交林>杨树类>松杉类。但是从各种森林类型单位面积价值量来看（图 4-3），大小依次是：松杉类>松柏类>桦木类>针阔混交林>栎类>杨树类>灌丛。

4.1.2 草地生态系统服务功能特征

(1) 评价指标体系

根据千年生态系统评估框架工作组提出的生态系统服务功能分类方法，草地生态系统的服务功能可以归纳为提供产品功能、调节功能、文化功能和支持功能四大类，包括的指标主要有有机物质生产、调节大气、涵养水源、土壤保持、营养物质保持、废弃物降解、休闲旅游和提供生境等。本研究选取了几个主要的生态系统服务功能指标，构建海河流域

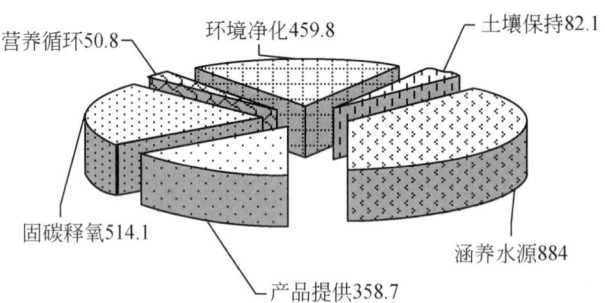

图 4-1　各种服务功能类型价值构成（单位：亿元）

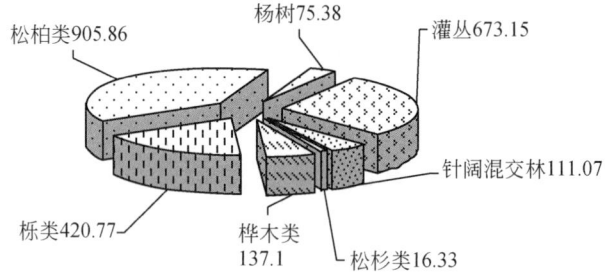

图 4-2　各种森林类型价值构成（单位：亿元）

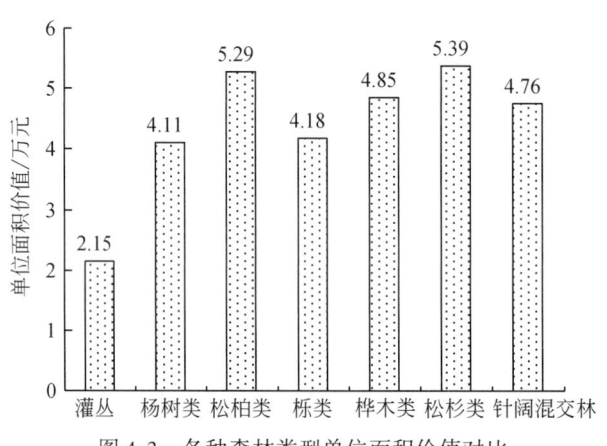

图 4-3　各种森林类型单位面积价值对比

草地生态系统服务功能评价的指标体系（表 4-9），并采用市场价值法、影子价格法、机会成本法等不同的方法对其进行价值评估。由于受数据的限制，部分评价指标未进行核算。

表 4-9　草地生态系统服务功能评价指标体系

评价项目	评价指标	评价方法
提供产品	食物（肉、蛋、奶等）	市场价值法
	药材	
	旅游[a]	旅行费用法

续表

评价项目	评价指标	评价方法
支持功能	营养物质保持	影子价格法
	生物多样性保护[b]	支付意愿法
	固碳	造林成本法、碳税法
	释氧	造林成本法、工业制氧法
调节功能	涵养水源	替代成本法
	土壤保持	机会成本法
	环境净化	市场价值法
	废弃物降解	替代成本法
文化服务功能	休憩娱乐[c]	旅行费用法

注：a、b、c 评价指标由于受数据限制，本研究未进行核算。

（2）指标评价方法

本研究中，研究对象为海河流域草地生态系统，主要属于暖温带草原类型。对其进行价值评估采用了市场价值法、影子价格法等多种方法。

1）提供产品。草地生态系统的产品提供包括畜牧业产品和植物资源产品两大类。采用市场价值法，对其产品提供功能产生的直接经济价值，按如下公式进行评价：

$$V_P = \sum_{j=1}^{m} P_i \cdot V_i \quad (4-14)$$

式中，V_P 为该流域草地生态系统提供产品总价值；V_i 为第 i 种产品的产量；P_i 为第 i 种产品的市场价格；i 表示提供的不同产品。

2）固碳释氧。采用造林成本法和碳税法来计算固碳的价值：

$$V_C = P_C \cdot (1.62 \text{NPP} + R_C \cdot S) \quad (4-15)$$

采用造林成本法和工业制氧法来计算释氧的价值：

$$V_O = 1.2 P_O \cdot \text{NPP} \quad (4-16)$$

固碳释氧的总价值：

$$V_q = V_C + V_O \quad (4-17)$$

式中，V_q 是固碳释氧总的价值量；V_C 为固碳的价值；V_O 为释氧的价值；NPP 为草地的 NPP；R_C 为草地土壤固碳速率；P_C 为市场固定 CO_2 的价格（造林成本法和碳税法）；P_O 为市场制造 O_2 价格（造林成本法和工业制氧法）。

3）营养物质保持。采用影子价格法对生物体内和土壤库内保持的营养物质的价值进行计算。生物体内参与营养元素循环的价值：

$$V_n = \text{NPP} \cdot (C_N \cdot P_N + C_P \cdot P_P) \quad (4-18)$$

式中，V_n 是生物库中营养物质保持的总价值；NPP 为草地的 NPP；C_N 为草地生物质中含 N 元素的百分比；C_P 为草地生物质中含 P 元素的百分比；P_N、P_P 分别对应于 N、P 的市场价格。

土壤库中参与营养元素循环的价值：

$$V_s = M \cdot (S_N \cdot P_N + S_P \cdot P_P) \tag{4-19}$$

$$M = S \cdot H \cdot \rho \tag{4-20}$$

式中，V_s 是土壤库中营养物质保持的总价值；M 为流域草地土壤库总量；S_N 为草地土壤库中含 N 元素的百分比；S_P 为草地土壤库中含 P 元素的百分比；H 为草地的计算深度；ρ 为草地的土壤容重；其他同上。

营养物质保持总价值公式参照式（4-5）。

4）涵养水源。采用替代成本法，来计算涵养水源产生的价值：

$$V_w = P_w \cdot Q \tag{4-21}$$

$$Q = \sum_{i=1}^{n} S_i \cdot J_i \cdot R = \sum_{i=1}^{n} S_i \cdot J_{0i} \cdot K \cdot R \tag{4-22}$$

式中，V_w 为涵养水源的价值量；P_w 为水库造价；Q 为与裸地相比较，草地生态系统截留降水、涵养水分增加量；J 为该流域多年均产流降水量（$P>20\text{mm}$）；J_0 为流域多年降水总量；K 为流域产流降水量占降水总量的比例；R 为与裸地比较，草地生态系统截留降水、减少径流的效益系数；$i=1,\cdots,n$，为降水量 J_0 分区数；其他同上。

5）土壤保持。采用通用水土流失方程进行评价，计算方程参照式（4-7）。

土壤保持的物质量：

$$T_h = S \cdot (A_p - A_r) \tag{4-23}$$

式中，T_h 为土壤保持总量；A_p 为草地潜在土壤侵蚀模数；A_r 为草地现实土壤侵蚀模数。

保持土壤养分价值公式参照式（4-9）。

减少土地废弃的价值：

$$V_b = \frac{P \cdot T_h}{\rho \cdot H} \tag{4-24}$$

式中，V_b 为减少土地废弃价值；P 为土地年均收益。

总的土壤保持价值计算方式参照式（4-11）。

6）环境净化。采用市场价值法计算海河流域草地生态系统净化大气污染物所产生的经济价值：

$$V_e = \sum_{i=1}^{n} S \cdot (U_i \cdot P_i) \tag{4-25}$$

式中，V_e 为环境净化总价值；S 为草地面积；U_i 为对第 i 种环境污染物的净化效率；P_i 为第 i 种环境污染物的净化市场价格。

7）废弃物降解。用替代成本法来计算该项服务功能的价值：

$$V_{ws} = P_{ws} \cdot G \tag{4-26}$$

$$G = \sum_{i=1}^{n} w_i \cdot r_i \tag{4-27}$$

式中，V_{ws} 为废弃物降解这一服务功能的价值量；P_{ws} 为人工降解废弃物所需的价格；G 为归还草地的粪便量；i 为牲畜类型（大牲畜和小牲畜）；w 为不同类型的牲畜数量；r 为不同类型牲畜个体粪便量。

8)流域草地生态系统总服务功能。流域草地生态系统总服务功能 V_t 计算公式为

$$V_t = \sum_{j=1}^{m} V_j \tag{4-28}$$

式中,V_j 为草地的第 j 种服务功能价值。

(3) 结果

1) 提供产品。海河流域草地生态系统提供的产品主要有肉、奶、毛等畜牧业产品以及药材等。其提供的各类产品产量、单价及价值量结果见表 4-10,提供产品的总价值量为 724.05 亿元。

表 4-10 2005 年海河流域草地生态系统产品提供情况

项目	肉类	奶类	羊毛	药材
产量/t	2 710 906.7	1 635 777.8	4 748.96	21 645
单价/(元/t)	23 590	4 380	104 300	0.75
价值量/亿元	639.50	71.65	4.95	7.95

2) 固碳释氧。海河流域绝大部分草地属于暖温带草原类型,面积为 6.67 万 km^2,根据现有研究,单位面积 NPP 为 572.5g/($m^2 \cdot a$),故 NPP 为 38 185 009t/a。草地生态系统固碳按土壤固碳来计算,其土壤固碳速率为 0.3320t/($hm^2 \cdot a$),计算固碳价值为 482.41 亿元,释氧价值为 151.40 亿元,其固碳释氧总价值为 633.81 亿元。

3) 营养物质保持。生态系统的营养物质循环主要是在生物库、凋落物库和土壤库之间进行,其中生物与土壤之间的养分交换过程是最主要的过程。本研究即估算草地生态系统生物体内和土壤库中营养物质的保持所产生的价值。参与生态系统维持养分循环的物质种类很多,结合现有的研究,主要考虑参与循环的主要元素 N 和 P。

采用影子价格法,由 NPP 和元素含量可计算出草地保持 N、P 的价值量。草地生态系统的植物体和土壤库中的营养元素含量见表 4-11。按公式计算,草地生态系统中,生物体内保持 N、P 的价值为 5.48 亿元,土壤中保持 N、P 的价值为 484.35 亿元,远大于生物体内保持价值,得出营养物质保持这项服务功能的总价值为 489.83 亿元。

表 4-11 生物体和土壤库中营养元素含量　　　　（单位:%）

项目	N 的比例	P 的比例
生物体库	1.66	0.16
土壤库	0.113	0.082

4) 涵养水源。本研究利用 GIS 软件的空间分析功能估算草地生态系统的涵养水分功能及其价值,海河流域各地区年平均降水量大于 400mm 而小于 1000mm,将其分为 3 个降水分区,各分区 J_0 取值见表 4-12。根据已有的实测和研究成果,该流域降水特征值 K 取 0.7026,R 值依据赵同谦等 (2004) 的研究结果,取 0.189。采用替代成本法,以水库建造成本来进行功能价值量评价。计算得涵养水源的价值为 193.23 亿元。

表 4-12 降水量分区及参数取值 (单位：mm)

降水量	400~600	600~800	800~1000
J_0 参考值	500	700	900

5）土壤保持。本研究利用通用水土流失方程估算草地土壤保持量，然后从减少土地废弃和保持养分的价值两个方面来计算土壤保持的价值。土壤中保持的养分主要为 N、P，减少土地废弃价值按单位面积草地收益 245.5 元/hm² 来计算，土壤厚度取 0.5m，土壤容重为 1.35g/cm³，减少废弃地损失的价值为 0.90 亿元，减少肥力损失的价值为 26.54 亿元，土壤保持的总价值为 27.44 亿元。

6）环境净化。草地生态系统通过吸收、降解、积累和迁移污染物，如二氧化硫、氟化物等，同时对粉尘有很大的阻挡、过滤、吸附作用，降低大气中的含尘量，从而起到净化大气的作用。

依据孙江河等（2003）的研究，草地对 SO_2 吸收能力为 21.7kg/hm²，草地的滞尘能力采用张天华等（2005）的研究为 0.12t/hm²，计算净化 SO_2 的价值为 0.87 亿元，吸收粉尘的价值为 4.48 亿元，环境净化的总价值量为 5.35 亿元。

7）废弃物降解。依据已有研究，大牲畜个体年均排放粪便量 1.96t，小牲畜个体年均排放粪便量 0.33t。根据统计资料，海河流域草地生态系统约有大牲畜 699.23 万头，小牲畜 2838.153 万头，采用替代成本法，按照城市垃圾的处理成本 108 元/t 计算，废弃物降解的价值为 24.92 亿元。

(4) 草地生态系统总服务功能及组成特征

根据以上评价结果得出，海河流域草地生态系统服务功能的总价值为 2098.63 亿元（表 4-13）。从服务功能类型来看，提供产品的价值为 724.05 亿元（占 34.50%），营养物质保持、固碳释氧这两种支持功能的总价值为 1123.64 亿元（占 53.54%），调节功能的价值为 250.94 亿元（占 11.96%），同时可得出海河流域草地生态系统单位面积价值量为 3.15 元/（m²·a）。

表 4-13 海河流域草地生态系统服务功能价值评价结果 (单位：亿元)

评价项目	评价指标	评价结果
提供产品	食物（肉、奶等）	724.05
	药材	
支持功能	营养物质保持	489.83
	固碳	482.41
	释氧	151.4
调节功能	涵养水源	193.23
	土壤保持	27.44
	环境净化	5.35
	废弃物降解	24.92

第 4 章 | 海河流域生态系统服务功能评价与生态功能区划

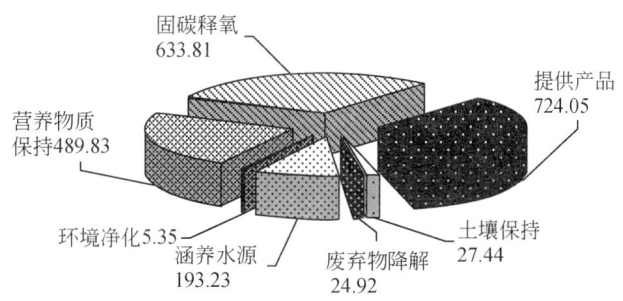

图 4-4　海河流域草地生态系统各服务功能价值量分布（单位：亿元）

从具体评价指标来看（图 4-4），提供产品的价值量最大，其次是固碳释氧和营养物质保持，而环境净化、废弃物降解、土壤保持这 3 项指标在海河流域草地生态系统总服务功能价值中所占比重非常小。对各评价指标按价值大小排列，依次为：提供产品>固碳释氧>营养物质保持>涵养水源>土壤保持>废弃物降解>环境净化。

4.1.3 湿地生态系统服务功能特征

（1）评价指标体系

本研究结合海河流域湿地生态系统特征、结构和生态过程的特点，将海河流域湿地生态系统服务功能划分为提供产品功能、调节功能、文化服务功能、支持功能，并建立了海河流域湿地生态系统服务功能价值评价指标体系，见表 4-14。

表 4-14　海河流域湿地生态系统服务功能价值评价指标体系

评价项目	评价指标	计算指标	评价方法
提供产品功能	淡水产品	渔业产值	市场价值法
	生活、生产及生态用水	生活用水，生产用水及生态用水价值	
	芦苇产品	芦苇生产价值	
	水电	水力发电价值	
调节功能	气候调节	气温下降，湿度提高价值	影子工程法
	调蓄洪水	调蓄洪水价值	
	地表水调蓄	地表水资源价值	影子价格法
	地下水补给	地下水补给价值	
	水质净化	水污染物降解价值	影子工程法
	固碳	固碳价值	造林成本法
文化服务	娱乐休闲	旅游收入	旅行费用法
支持功能	释氧	释氧价值	工业制氧法

（2）指标评价方法

1）淡水产品。湿地提供的淡水产品主要包括河流、水库、湖泊、沼泽、池塘湿地的一些动植物产品，主要包括鱼类、甲壳类、藻类等。本研究根据全国及各省市统计年鉴整理得到 2005 年海河流域的淡水产品和渔业产值，并以此作为海河流域湿地生态系统提供的淡水产品服务价值。

2）水资源供给。本研究根据《2005 年海河流域水资源公报》的数据，估算得到 2005 年海河流域生活、农业、工业和生态环境的地表水用水量分别为 12.57 亿 m^3、59.67 亿 m^3、12.84 亿 m^3、0.87 亿 m^3，生活、工业用水价格分别采用《2006 年中国物价年鉴》的 36 个大中城市的居民用水价格和工业用水价格，农业用水和生态环境用水价格采用《2005 年全国水利发展统计公报》公布的全国水利工程的平均供水价格。

3）芦苇产品。本研究根据已有资料，对天津市及河北省海河流域的湿地芦苇生产价值进行了评价。天津湿地年产芦苇 12 万 t，河北省 2002 年芦苇产量为 25 万 t，则芦苇总产量为 37 万 t/a，芦苇价格取 410 元/t。

4）水电。2005 年北京、河北的水力发电量分别为 4.71 亿 kW·h、5.61 亿 kW·h，山西海河流域、内蒙古海河流域、河南海河流域及辽宁海河流域的已建/在建开发量的中小型电站的年发电量分别为 2.68 亿 kW·h、0.13 亿 kW·h、1.65 亿 kW·h 和 0.10 亿 kW·h，经过计算得到海河流域 2005 年水力发电量为 14.88 亿 kW·h，供电均价取《2005 年全国水利发展统计公报》公布的农村水电网平均到户电价 0.515 元/（kW·h）。

5）气候调节。①降低温度：海河流域 2005 年河湖蒸发损失量为 12.69 亿 m^3，考虑到随着温度升高，水的汽化热会越来越小，因此本研究保守取值，取水在 100℃，1 个标准大气压下的汽化热 2260kJ/kg，则海河流域湿地蒸发吸收的总热量为 $28.68×10^{14}$ kJ，水面蒸发降低气温按照空调的制冷消耗进行计算，空调的能效比取 3.0，电价取 0.515 元/（kW·h）。②增加空气湿度。海河流域 2005 年河湖蒸发损失量为 12.69 亿 m^3。也就是说，海河流域湿地生态系统 2005 年为空气提供 12.69 亿 m^3 的水汽，提高了空气湿度，海河流域湿地水面蒸发增加大气湿度的价值采用加湿器使用消耗进行计算，以市场上较常见家用加湿器功率 32W 来计算，将 $1m^3$ 水转化为蒸汽耗电量约为 125kW·h，电价取 0.515 元/（kW·h）。

6）调蓄洪水。水库、湖泊、沼泽等有蓄积洪水水量、削减洪峰的作用。本研究主要计算了水库、湖泊、沼泽调蓄洪水的能力。以海河流域大中型水库的防洪库容作为水库调蓄洪水的能力，海河流域大型水库防洪库容 84.91 亿 m^3，统计的山区 98 座中型水库的防洪库容为 15.82 亿 m^3。海河流域湖泊调蓄洪水能力以我国东部主要湖泊调蓄洪水的能力来进行换算，我国东部平原地区统计湖泊（30 个面积大于 $100km^2$ 的湖泊）面积为 $16\ 269.79km^2$，其湖泊总调蓄洪水能力为 905.98 亿 m^3，2005 年海河流域湖泊湿地面积为 $779.13km^2$，则海河流域湖泊调蓄洪水能力为 43.39 亿 m^3。2005 年海河流域沼泽湿地面积为 $560.75\ km^2$，按洪水期平均最大淹没水深为 1m 进行计算，则海河流域沼泽湿地调蓄洪水能力为 5.61 亿 m^3。由此可知，海河流域湿地调蓄洪水的能力为 149.72 亿 m^3/a。

7）地表水调蓄。湿地能够将雨水蓄存起来，不仅可以减少汛期暴雨形成的洪涝灾害，还可以通过天然河川径流调节水资源，满足供水需求，减少旱季缺水所造成的灾害。地表水调蓄是湿地生态系统通过其水循环过程提供给人类的一项服务，其功能量就是当年所形成的地表水资源量。2005 年海河流域地表水资源量为 121.86 亿 m³，2005 年单位库容水库造价取 6.1107 元/t。

8）地下水补给：当地表水体水位高于两岸地下水水位时，地表水体便会渗漏补给地下水。海河流域平原区矿化度 $M \leqslant 2g/L$ 的淡水区 1980~2000 年地表水体平均渗漏补给地下水水量为 20.74 亿 m³/a，地下水的单价取海河流域用水均价 0.75 元/m。

9）水质净化。考虑海河流域河流湿地对于总氮和总磷的净化价值，海河流域点源和非点源入河总氮量为 17.79 万 t/a，总磷量为 4.55 万 t/a，2005 年海河流域参加评价的河长中，严重污染的河长为 53.7%，海河流域湿地净化的总氮、总磷量按照 46.3% 的比例进行计算，分别为 8.24 万 t 和 2.11 万 t，N、P 的处理成本分别取 1.5 元/kg、2.5 元/kg。

10）固碳。①湿地植物固碳。湿地主要通过植物进行光合作用来固定空气中的 CO_2。根据光合作用方程，植物每生产 1kg 干物质，能固定 1.62kg CO_2，并向空气中释放 1.2kg O_2。海河流域芦苇年总产量为 37 万 t，海河流域湿地植物年固碳量为 16.45 万 t。②湿地土壤固碳。海河流域湖泊湿地固碳速率采用东部平原地区湖泊湿地固碳速率 56.67g/(m²·a) 进行计算，沼泽固碳速率取 41.21g/(m²·a)，2005 年海河流域湖泊湿地与沼泽湿地面积分别为 779.13km² 和 560.75km²，则海河流域湿地土壤年固碳量为 6.73 万 t。

11）文化服务功能。由于资料限制，本研究仅对北京、天津、河北、山西、山东海河流域的湿地娱乐休闲价值进行评价。

在对娱乐休闲价值时，分别考虑了北京、天津、河北、山西、山东海河流域的国内旅游收入和外汇旅游收入，国内游客和国外游客的旅游目的以及水体对国内游客和国外游客的吸引力中在自然资源中所占的比例。海河流域湿地娱乐休闲价值计算公式如下：

$$V_r = \sum_{i=1}^{5} (\alpha_{i-1}\beta_{i-1}I_{i-1} + \alpha_{i-2}\beta_{i-2}I_{i-2}) \tag{4-29}$$

式中，V_r 为休闲娱乐价值；α_{i-1} 和 α_{i-2} 分别为（海河流域内各省、直辖市、自治区）水在国内游客和入境旅客感兴趣的资源中所占的比例；β_{i-1} 和 β_{i-2} 分别为（海河流域内各省、直辖市、自治区）国内游客和入境旅客的观光游览/度假休闲旅游目的在所有旅游目的中所占的比例；I_{i-1} 和 I_{i-2} 分别为（海河流域内各省、直辖市、自治区中）国内旅游收和旅游外汇收入；$i=1, \cdots, 5$，分别指北京、天津、河北、山西和山东海河流域。

12）支持功能。支持功能是其他服务功能产生的基础。在评价海河流域湿地生态系统支持功能时，主要考虑了湿地生态系统的光合产氧功能。根据光合作用方程，湿地生态系统每生产 1kg 干物质，能固定 1.63kg CO_2，同时能向空气中释放 1.2kg O_2，海河流域湿地生态系统年生产量为 37 万 t，则海河流域湿地植物年释放 O_2 量为 44.40 万 t。

(3) 结果

本研究主要对海河流域湿地生态提供的具有直接使用价值的生态产品（包括淡水产品、水资源供给、芦苇产品、水电和娱乐休闲）和具有间接使用价值的生态服务价值（包括固碳、释氧、气候调节、调蓄洪水、地表水调蓄、地下水补给和水质净化）进行了评价。根据本研究的评价结果，2005 年海河流域湿地生态系统服务功能总价值为 4123.66 亿元，其中直接使用价值为 257.46 亿元，占总价值的 6.24%，间接使用价值为 3866.20 亿元,占总价值的93.76%,是直接使用价值的15.02倍(表4-15)。2005年海河流域湿地生态系统提供的主要服务功能是气候调节、调蓄洪水和地表水调蓄,三者价值占到了总价值93.22%。其中,气候调节的价值大小为2184.50亿元,占总价值的52.97%;调蓄洪水的价值为914.89亿元,占总价值的22.19%;地表水调蓄的价值为744.65亿元,占总价值的18.06%。对所评价的12项湿地生态系统服务功能按其价值量大小排序,依次为气候调节>调蓄洪水>地表水调蓄>淡水产品>娱乐休闲>水资源供给>地下水补给>水电>固碳>释氧>水质净化>芦苇产品。海河流域湿地的单位面积服务功能价值为47.05万元/hm^2。

表4-15 2005年海河流域湿地生态系统服务功能价值汇总

湿地生态系统服务类型	价值量/亿元	比例/%
淡水产品	93.50	2.27
水资源供给	64.83	1.57
芦苇产品	1.52	0.04
水电	7.66	0.19
娱乐休闲	89.95	2.18
固碳	3.06	0.07
释氧	1.78	0.04
气候调节	2 184.50	52.97
调蓄洪水	914.89	22.19
地表水调蓄	744.65	18.06
地下水补给	15.56	0.38
水质净化	1.76	0.04
合计	4 123.66	100

4.1.4 农田生态系统环境损益特征

研究建立了海河流域农田生态系统功能评价指标体系。利用市场价值法、影子工程法和机会成本法等,定量评价了海河流域农田生态系统服务的经济价值和环境成本。结果表明:海河流域2005年农田生态系统环境效益总价值为1802.64亿元。其中,调节功能的价值(794.16亿元)占44.06%,支持功能的价值(1008.48亿元)占55.94%,提供产品和文化功能未进行核算。从不同的功能类型来看,其价值量大小依次为释氧>涵养水源>营养元素循环>土壤保持>废弃物净化>环境净化>固碳>秸秆还田。海河流域2005年农药/化肥流失和温室气体排放的环境成本较大,为422.93亿元。其中,2005年化肥流失量为427.42万t,成本为151.91亿元。海河流域年产生的温室气体折算为CO_2的量为3599.65万t,成本为271.02亿元。

(1) 评价指标体系的构建

农田生态系统最主要的功能是提供食品、纤维和燃料,同时也提供一些其他的间接服务,如土壤保持、水质净化等。农田生态系统在提供直接服务的同时,也需要间接服务的支持，如土壤保持、营养物质循环和授粉等，这对于农田生态系统提供食物而言非常重要。目前，由于农田生态系统这些功能的下降，导致农田提供食品能力的下降，因而也影响到全球的食品安全。本研究基于以往的研究，结合我国农田生态系统的具体实际，采用千年生态系统评估框架，从支持功能、调节功能、提供功能和文化服务功能4个方面，构建了海河流域农田生态系统服务的分类指标体系和评价方法（表4-16）。

表4-16 海河流域农田生态系统服务评价指标体系

功能	评价指标	评价方法
提供产品[a]	食物	市场价值法
	柴薪	影子价格法
	旅游	旅行费用法
支持功能	秸秆还田	替代成本法
	营养物质循环	影子价格法
	生物多样性保护[b]	支付意愿法
	固碳	造林成本法、碳税法
	释氧	造林成本
调节功能	涵养水源	影子价格法
	土壤保持	机会成本法
	环境净化	市场价值法
	废弃物净化	替代成本法
文化服务功能[c]	休憩娱乐	旅行费用法
	文化遗产	支付意愿法
	宗教价值	支付意愿法

注：a 提供产品价值本研究不做考虑；b、c 由于受数据限制，本研究未进行核算。

（2）评价方法

1）固碳释氧。农作物光合过程中吸收 CO_2 制造碳氢化合物，以有机物的形式将大气中的 CO_2 固定于作物体内，同时释放出 O_2。但农作物自身作为食物，当年就会被消耗掉，作物固定的 CO_2 很快释放到生物圈中，没有在生物质中累积。因此光合作用固定的 CO_2 并没有真正被固定在农田生态系统中。本研究采用农田土壤固碳速率[0.165 t/(hm²·a)]来反映农田生态系统固碳效益。光合过程中 O_2 直接释放到大气中，可以被人类直接利用。尽管秸秆在用做燃料和露天焚烧过程中需要消耗 O_2，但这方面属于人类活动对生态系统的影响，本研究未予考虑。固碳价值公式为

$$V_C = S \cdot k_C \cdot P_C \quad (4-30)$$

式中，V_C 为固碳总价值；S 为农田总面积；k_C 为农田土壤固碳速率；P_C 为市场固碳的价格。

释氧价值公式为

$$V_O = 1.2 \cdot \sum_{j=1}^{m} \text{NPP}_j \cdot P_O \quad (4-31)$$

$$\text{NPP}_j = \sum_{j=1}^{m} Y_j/f_j \cdot (1 - W_j) \quad (4-32)$$

式中，V_O 为释氧总价值；NPP_j 为第 j 类农产品或农副产品的净初级生产力；Y_j 为第 j 类农产品或农副产品的产量；f_j 为第 j 类农产品或农副产品的经济系数；W_j 为第 j 类农产品或农副产品含水率；P_O 为市场制造 O_2 价格。

固碳释氧总价值（V_q）公式为

$$V_q = V_C + V_O \tag{4-33}$$

2）营养物质循环。生态系统的营养物质循环主要在生物库、凋落物库和土壤库之间进行。其中，农田生态系统凋落物极少，生物与土壤之间的养分交换过程是最主要的过程，本研究只考虑土壤库和生物库。本研究对参与评价的生物库和土壤库中的营养元素仅考虑含量相对较大的 N、P、K。生物库参与营养元素循环的价值公式为

$$V_n = \sum_{j=1}^{m} NPP_j \cdot (C_{Nj} \cdot P_N + C_{Pj} \cdot P_P + C_{Kj} \cdot P_K) \tag{4-34}$$

式中，V_n 为生物库中营养物质循环的总价值；C_{Nj} 为第 j 类农产品生物质中含 N 的百分比；C_{Pj} 为第 j 类农产品生物质中含 P 的百分比；C_{Kj} 为第 j 类农产品生物质中含 K 的百分比；P_N、P_P、P_K 分别对应于 N、P、K 的市场价格。

土壤库中参与营养元素循环的价值公式为

$$V_s = \sum_{j=1}^{m} M_j \cdot (S_{Nj} \cdot P_N \cdot f_N + S_{Pj} \cdot P_P \cdot f_P + S_{Kj} \cdot P_K \cdot f_K) \tag{4-35}$$

式中，V_s 为土壤库中营养物质循环的总价值；M_j 为第 j 类农产品土壤库总量；S_{Nj} 为第 j 类农产品土壤库中含 N 的百分比；S_{Pj} 为第 j 类农产品土壤库中含 P 的百分比；S_{Kj} 为第 j 类农产品土壤库中含 K 的百分比；f_N、f_P、f_K 分别为 N、P、K 在土壤中的周转率，其值分别为 0.08、0.01 和 0.01。

营养物质循环总价值的公式如下：

$$V_e = V_n + V_s \tag{4-36}$$

3）涵养水源。农田生态系统可通过农作物截留水和土壤持水来保持降水过程中的一部分水分，从而减少径流，起到涵养水源的作用。本研究采用降水储存量法来计算农田涵养水源的潜力，即与裸地相比，农田保持水分的增加量。其价值采用替代成本法估算，即修建相应库容水库的成本来进行计算。涵养水源价值（V_w）的公式为

$$V_w = P_w \cdot \sum_{i=1}^{l} \sum_{j=1}^{m} \sum_{k=1}^{n} \cdot (S_{ijk} \cdot J_i \cdot R_j \cdot K_k) \tag{4-37}$$

式中，S_{ijk} 为第 k 区第 i 种降水分区中第 j 类农产品的面积；J_i 为第 i 类降水分区；R_j 为与裸地相比，第 j 类农田生态系统减少径流的效益系数；K_k 为第 k 个区域产流降水量占降水总量的比例。

4）土壤保持。降水时裸地输出的大量泥沙带走土壤中大量的 N、P、K 和有机质，造成土层变薄、土壤肥力降低以及河流和水库淤积。农田的存在起到了一定的土壤保持作用，减少了泥沙输出。本研究采用通用水土流失方程，模拟了降水情况下与裸地相比，农田所具有的潜在土壤保持效益。从减少土地废弃和减少土壤肥力损失两个方面评价农田土壤保持的价值。通用水土流失方程参照式（4-7）。

土壤保持物质量的计算公式参照式（4-8），相应因子为农作物因子。

保持土壤养分价值公式参照式（4-9）。

减少土地废弃的价值的计算公式参照式（4-10）。

总的土壤保持价值算式参照式（4-11）。

5）废弃物净化。传统农业的无废弃物生产模式和我国农户分散经营的土地利用方式，使农田生态系统担负了重要的环境净化功能。人畜粪便被作为有机肥料直接进入农田，一方面保持了农田的养分平衡，另一方面节约了大量处理这部分废弃物的成本。本研究中仅考虑牲畜（只包括大牲畜和小牲畜，不包括禽类）废弃物的净化。研究区农田生态系统环境净化功能的价值（V_e）算式如下：

$$V_e = \sum_{i=1}^{n} S \cdot (U_i \cdot P_i) \quad (4-38)$$

式中，U_i 为对第 i 种环境污染物的净化效率；P_i 为第 i 种环境污染物的净化市场价格；S 为农田面积。

6）流域农田生态系统总服务价值。研究区农田生态系统各项服务的总价值算式参照式（4-13），相应因子为农作物因子。

(3) 结果

1）固碳释氧。根据光合作用方程式，每形成 1t 干物质，释放 O_2 1.2t，计算得出总氧气释放量（表 4-17）。研究区农田固碳价值为 18.63 亿元，释氧价值为 728.20 亿元。

表 4-17　海河流域农田生态系统释氧量

作物品种	总产量/(万 t/a)	含水率	NPP/(万 t/a)	总释氧量/(万 t/a)
粮食	5 334.3	0.133	12 223.7	14 546.2
棉花	119.5	0.083	438.5	521.8
油料	255.7	0.09	691.8	823.2
麻类	0.7	0.133	2	2.3
烟叶	1	0.082	0.9	1.1
向日葵	2.1	0.133	3.6	4.3
水果	441.6	0.775	76.8	91.4
蔬菜	9 811.9	0.825	1 676.6	1 995.2
其他瓜果类	862.7	0.775	186.4	221.8

2）环境净化。农田可以依靠自身特殊的结构和功能，通过吸收、过滤、阻隔和分解等生理生化过程，净化人类活动排放到环境中的有毒气体（如 SO_2 等），也能吸附、黏着一部分粉尘，降低大气中的含尘量，从而达到净化环境的目的。本研究主要考虑农田吸收 SO_2 和滞尘两大主要环境净化功能。取农作物对污染物净化效率的平均值，即旱地和水田吸收 SO_2 的效率均为 45 kg/($hm^2 \cdot a$)，削减粉尘的效率分别为 0.92t/($hm^2 \cdot a$) 和 0.95t/($hm^2 \cdot a$)。研究区 2005 年旱地和水田环境净化的价值分别为 80.6 亿元和 0.7 亿元。因此，海河流域农田生态系统环境净化总价值为 81.3 亿元。

3）营养元素循环。基于研究区农田生物库和土壤库中 N、P、K 含量比例（表 4-18），算出海河流域 2005 年生物库和土壤库中营养元素保持价值分别为 42.2 亿元和 210.91 亿元，农田生态系统总营养物质循环价值为 253.11 亿元。

表 4-18 海河流域农田生态系统营养元素保持量及其价值

类别		营养元素含量比例/%	总含量/(万 t/a)	总价值/亿元
生物库	含 N	3.09	215.7	18.4
	含 P	0.74	51.4	0.7
	含 K	3.28	0.5	23.1
土壤库	含 N	0.065	426.37	36.32
	含 P	0.049	44.33	0.65
	含 K	1.83	1717.19	173.94

4）土壤保持。海河流域旱地和水田土壤保持总量分别为 83 701.8 万 t 和 701.5 万 t。按我国农业生产的年均收益（2.05 万元/hm²）估算减少土地废弃价值；按照农田土壤中营养元素含量（表 4-18）及其对应的化肥市场价格估算减少土壤肥力价值。结果表明，研究区旱地和水田土壤保持价值分别为 179.7 亿元和 1.51 亿元。因此，海河流域 2005 年农田生态系统土壤保持总价值为 181.21 亿元。

5）秸秆还田。秸秆是农作物的重要副产品，同时也是工农业生产的重要生产资源，农作物秸秆可用作肥料、饲料、生活燃料等多种用途。我国秸秆资源数量多，开发价值大，大力推广农作物秸秆综合利用技术对于农业和农村发展具有重要的现实意义。目前我国对秸秆的利用率非常低，本研究通过分析海河流域各地区秸秆还田的数量（表 4-19），来反映秸秆的价值。海河流域 2005 年共有秸秆量 9766.32 万 t，还田量仅 3961.03 万 t。采用每 100kg 鲜秸秆中含 N 0.48kg、P 0.38kg、K 1.67kg，折算为化肥的量后，计算秸秆还田的总价值为 8.54 亿元，其中水田和旱地秸秆还田的价值分别为 0.05 亿元和 8.49 亿元。

表 4-19 海河流域农田生态系统秸秆还田量及其价值

地区	秸秆量/(万/a)	归还率/%	归还量/(万/a)	总价值/亿元
北京市	83.81	0.47	39.58	0.09
天津市	259.07	0.47	122.7	0.26
河北省	4853.13	0.47	2303.88	4.97
山西省	901.09	0.56	503.92	1.09
内蒙古自治区	253.94	0.15	38.16	0.08
辽宁省	18.14	0.31	5.65	0.01
山东省	2055.5	0.24	484.13	1.04
河南省	1341.64	0.35	463.02	1

注：表中数据仅指海河流域部分，下同。

6）涵养水源。海河流域旱地和水田涵养水源量分别为 72.8 亿 m³ 和 0.6 亿 m³。研究区 2005 年旱地和水田涵养水源价值分别为 444.9 亿元和 3.78 亿元,农田生态系统涵养水源总价值为 448.6 亿元。

7) 废弃物净化。按大、小牲畜个体年均排放粪便量分别为 1.96 t 和 0.33 t 计算,海河流域农田生态系统承载牲畜年排放粪便总量为 7690.3 万 t。采用替代成本法,根据城市生活垃圾处理成本（108 元/t）计算,研究区农田生态系统废弃物净化总价值为 83.06 亿元（表 4-20）。

表 4-20　海河流域农田生态系统废弃物净化量及其价值

地区	大牲畜存栏数/万头	小牲畜存栏数/万头	大牲畜废弃物总量/(万 t/a)	小牲畜废弃物总量/(万 t/a)	废弃物总量/(万 t/a)	总价值/亿元
北京市	26.6	344.8	52.14	113.78	165.92	1.79
天津市	44.4	340.14	87.02	112.25	199.27	2.15
河北省	1013.05	5587.43	1985.58	1843.85	3829.43	41.36
山西省	185.79	916.51	364.15	302.45	666.6	7.2
内蒙古自治区	480.62	399.51	942.02	131.84	1073.85	11.6
辽宁省	8.2	20.7	16.07	6.83	22.9	0.25
山东省	466.62	1311.62	914.58	432.83	1347.41	14.55
河南省	105.5	539.8	206.78	178.13	384.91	4.16

(4) 海河流域农田生态系统总服务价值及其特征

海河流域 2005 年农田生态系统总服务价值为 1802.64 亿元。其中,调节功能的价值（794.16 亿元）占 44.06%,支持功能的价值（1008.48 亿元）占 55.94%,提供产品和文化功能未进行核算。从单项的功能指标来看,释氧功能（728.2 亿元）所占比例最大,其次是涵养水源功能（448.6 亿元）,秸秆还田功能（8.54 亿元）所占比例最小（图 4-5）。

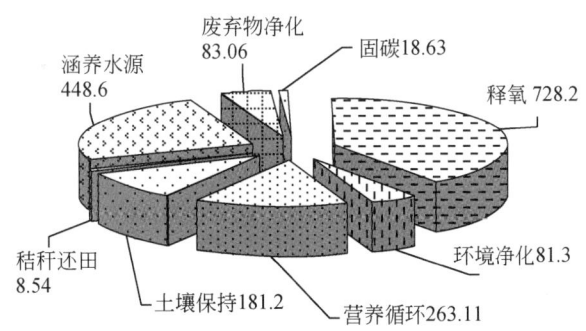

图 4-5　海河流域农田生态系统服务价值分布（单位:亿元）

海河流域生态系统服务功能物质量评价和价值量评价空间分布结果分别如图 4-6 和图 4-7 所示。

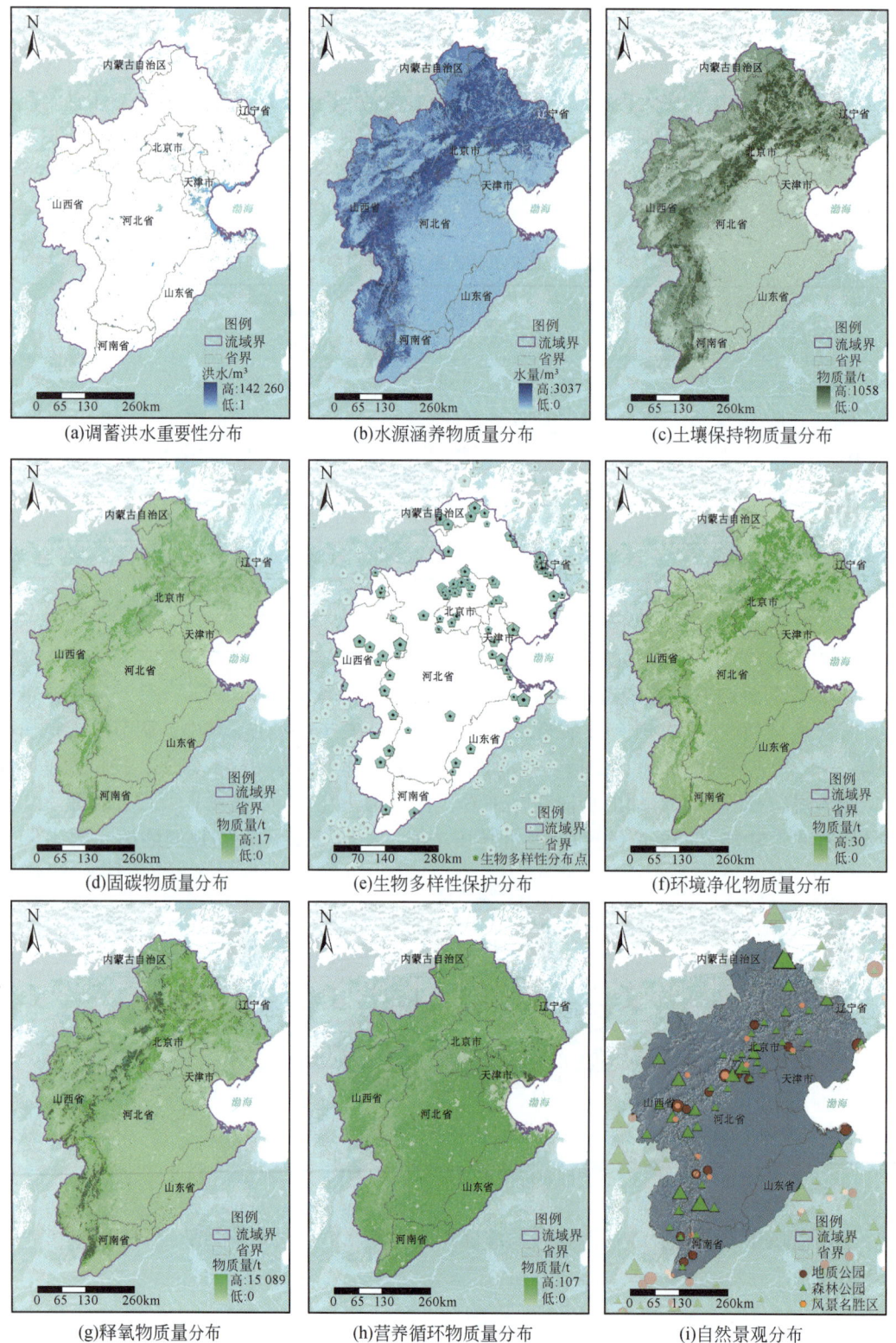

图 4-6 海河流域生态系统服务功能物质量评价

第 4 章 海河流域生态系统服务功能评价与生态功能区划

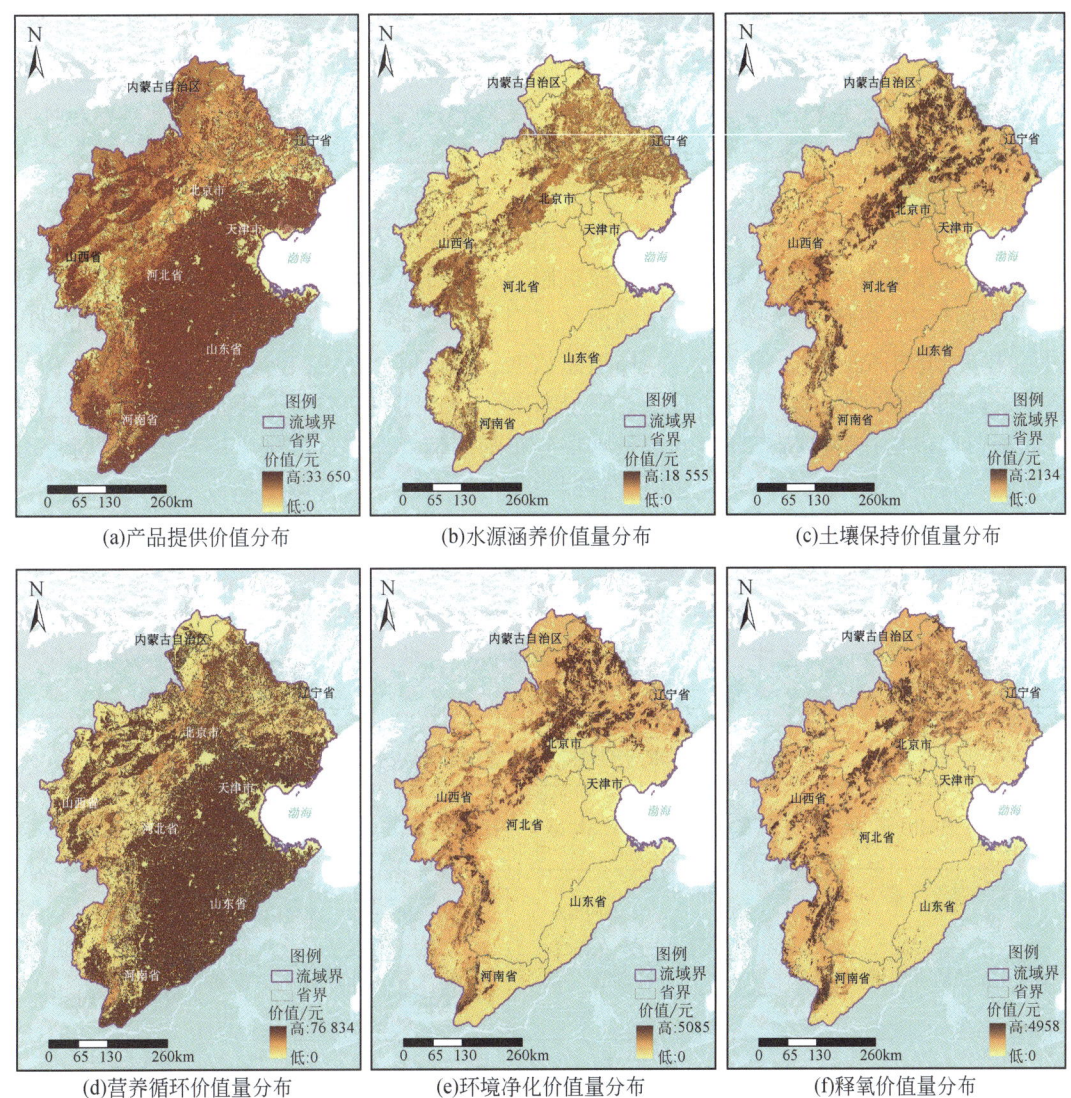

图 4-7 海河流域生态系统服务功能价值量评价

4.2 海河流域生态敏感性空间格局

生态环境敏感性是指生态系统对区域中各种自然和人类活动干扰的敏感程度。它反映的是区域生态系统在遇到干扰时，发生生态环境问题的难易程度和可能性的大小，也就是在同样的干扰强度或外力作用下，各类生态系统出现区域生态环境问题的可能性的大小。生态失调状况一般可通过生态系统的组成、结构变化和功能发挥等具体变化表现出来。例如在生态系统组成、结构方面，由于人类不合理的活动或自然干扰，造成生态系统组成二级结构的组成上发生变化，正常的生态功能发挥受到影响。或由于开荒、采伐、建设、采矿等使生态系统某一结构缺失，生态系统不完整，生态功能丧失。而其发生的根源则是各种生态过程在时间、空间上的相互耦合关系。在自然状况下，各种生态过程维持着一种相对稳定的耦合关系，保证着生态系统的相对平衡，而当外界干扰超过一定限度时，这种耦合关系将被打破，某些生态过程会趁机膨胀，导致严重的生态环境问题。所以，生态环境敏感性评价实质就是具体的生态过程在自然状况下潜在能力的大小，并用其来表征外界干扰可能造成的后果。

生态环境敏感性评价应明确区域可能发生的主要生态环境问题类型与可能性大小。评价过程中应根据主要生态环境问题的形成机制，分析研究区生态环境敏感性的区域分异规律，明确特定生态环境问题可能发生的地区范围与可能程度。生态环境敏感性评价可以应用定性与定量相结合的方法进行，利用遥感数据、地理信息系统技术及空间模拟等方法与技术手段来绘制区域生态环境敏感性空间分布图。分布图包括单个生态环境问题的敏感性分区图，也包括在各种生态环境问题敏感性分布的基础上，进行区域生态环境敏感性综合分区图。其中，每个生态环境问题的敏感性往往由许多因子综合影响而成，对每个因子赋值，最后得出总值。根据赋值所在的范围而将敏感性划分为极敏感、高度敏感、中度敏感、轻度敏感以及不敏感5个级别。

根据海河流域生态系统特征和生态环境主要影响因子，选择的生态环境敏感性评价内容主要包括土壤侵蚀敏感性、沙漠化敏感性和地质灾害敏感性，构建了海河流域生态敏感性评价指标体系（表4-21）。

表4-21 海河流域生态敏感性评价指标体系

生态问题	影响因子	不敏感	轻度敏感	中度敏感	高度敏感	极敏感
土壤侵蚀	年平均降雨量/(mm/月)	≤25	25~100	100~300	300~500	500~1000
	土壤质地（土壤类型或K值）	石砾、沙	粗砂土、细砂土、黏土	面砂土、壤土	砂壤土、粉黏土、壤黏土	砂粉土、粉土
	坡度/(°)	<8	8~15	15~25	25~35	>35
	地表覆盖物类型	水域、沼泽水田、城市	阔叶林、针叶林、灌丛	草地	旱地	裸地
沙漠化	湿润指数（干燥度）	>0.65	0.50~0.65	0.20~0.50	0.05~0.20	≤0.05
	植被覆盖	森林、水域、城市	灌木	草地	农田	裸地
	单位面积地表水资源量/(万m^3/km^2)	9.8~12.5	8~9.8	5.1~8	2.5~5	<2.5
地质灾害	降雨/mm	≤100	100~300	300~500	500~700	700~1000
	水系影响	>3000	2000~3000	1000~2000	500~1000	<500
	道路影响	>4000	3000~4000	2000~3000	1000~2000	<1000
	坡度/(°)	—	<15	15~25	25~35	>35

4.2.1 土壤侵蚀敏感性评价

(1) 评价方法

土壤侵蚀敏感性评价是为了识别容易形成土壤侵蚀的区域，评价土壤侵蚀对人类活动的敏感程度。根据生态功能区划技术导则推荐的方法，主要考虑降水侵蚀力（R）、土壤质地因子（K）和坡度因子（S）与地表覆盖因子（C）4个方面因素的影响。

1）降水侵蚀力（R）。与土壤侵蚀关系比较密切的降水特征参数较多，在实际工作中，一般采用综合的参数R值——降水冲蚀潜力（降水侵蚀力）来反映降水对土壤流失的影响。

2）土壤质地因子（K）。土壤质地组成主要包括砂粒、粉粒和黏粒这3类组分，根据国际制土壤质地分类系统，小于0.002mm的土粒为黏粒，0.002～0.02mm的土粒为粉粒，0.02～2mm为砂粒。根据这3类粒级组分的不同含量（百分比），可以把土壤质地进一步细分为砂土、壤质砂土、砂质壤土、壤土、砂质黏壤土、砂质黏土、黏壤土和黏土等。

3）坡度因子（S）。地形起伏度是影响土壤侵蚀的一个重要因素，它反映了坡长、坡度等地形因子对土壤侵蚀的综合影响。

4）地表覆盖因子（C）。植被覆盖是防止土壤侵蚀的一个重要因子，其防止侵蚀的作用主要包括对降水量的削减作用、保水作用和抗侵蚀作用。不同的地表植被类型，防止侵蚀的作用差别较大，由森林到草地到荒漠，其防止侵蚀的作用依次减小。

5）土壤侵蚀敏感性综合评价。结合以上4种因子的评价结果，利用地理信息系统软件中的空间叠加分析功能，计算土壤侵蚀敏感性指数，分级后得到土壤侵蚀综合敏感性评价结果：

$$SS_j = \sqrt[4]{\prod_{i=1}^{4} C_i} \tag{4-39}$$

式中，SS_j为j空间单元土壤侵蚀敏感性指数；C_i为i因素敏感性等级值。

(2) 评价结果

评价结果见图4-8(a)。评价结果表明，海河流域土壤侵蚀敏感性受地形和降水量分布影响很大，极敏感区域面积为31 275.23km^2，占整个流域总面积的9.8%，主要分布在流域北部、西部和南部的太行山、燕山山区等。该区域地形起伏较大，人类活动对土地、植被等自然资源实行掠夺式开发利用，导致植被退化严重，这是引起这个地区水土流失的主要因素。高度敏感区面积为45 510.33km^2，占流域总面积的14.28%，主要分布在太行山、燕山山区及华北平原局部地区。这些区域降水侵蚀力较大，很多区域土壤为沙壤土或壤黏土。该区地形起伏较大，一旦植被破坏，容易发生水土流失。中度敏感区面积为108 736.6km^2，占流域总面积34.12%，主要集中于流域中部和东部的华北平原和晋中小盆地。该区域主要土地利用类型为旱地，人为活动对该区域干扰较大。水土流失轻度敏感区，面积为44 631.27km^2，占流域面积的14%，主要在太行山山前平原、山间盆地和晋中盆地。水土流失不敏感区域主要分布在海河流域北部内蒙古草原和海河流域东部沿海地带，面积88 471.11 km^2，占流域面积的27.8%。

4.2.2 沙漠化敏感性评价

(1) 评价方法

根据生态功能区划技术导则提供的方法,土地沙漠化可以用湿润指数、植被覆盖、水资源等来评价区域沙漠化敏感性程度,具体指标与分级标准见表4-21。

沙漠化敏感性指数计算方法如下:

$$\mathrm{DS}_j = \sqrt[3]{\prod_{i=1}^{3} D_i} \tag{4-40}$$

式中,DS_j 为 j 空间单元沙漠化敏感性指数;D_i 为 i 因素敏感性等级值。

(2) 评价结果

评价结果见图4-8(b)。根据评价结果,海河流域沙漠化敏感区域主要集中分布在流域西北、中部和中东部地区。其中,沙漠化极敏感区域面积为744.71km², 占流域总面积的0.24%。主要分布在流域内河北、山西和内蒙古三地交界区。该区域生态环境异常脆弱,植被一旦破坏就会引起沙丘活化、流沙再起等,对于人类活动极其敏感。沙漠化高度敏感区域主要分布于流域南部、中部和东部的平原地区,面积为91 351.75km², 占流域总面积的29.62%。该区域特征是气候干燥,大风日数较多,植被覆盖低,主要以旱地为主,容易发生沙化。中度敏感区面积为103 926.7km², 占流域总面积的33.70%, 主要分布在山西盆地和太行山山前平原区域。沙漠化轻度敏感区面积为58 012.48 km², 占流域总面积的18.81%, 主要分布于北部山区和太行山中部山区。其余为沙漠化不敏感地区,面积为54 363.61 km², 占流域总面积的17.63%。

4.2.3 地质灾害敏感性评价

(1) 评价方法

本研究根据流域坡度、降水、水系分布和道路分布评价流域内地质灾害敏感性程度,具体指标与分级标准见表4-21。

地质灾害敏感性指数计算方法如下:

$$\mathrm{ES}_j = \sqrt[4]{\prod_{i=1}^{4} D_i} \tag{4-41}$$

式中,ES_j 为 j 空间单元地质灾害敏感性指数;D_i 为 i 因素敏感性等级值。

(2) 评价结果

评价结果见图4-8(c)。根据评价结果,海河流域地质灾害敏感区域主要集中分布在流域西北、中部和中东部地区。其中,地质灾害极敏感区域面积为4462.12km², 占流域总面积的1.4%, 主要分布在太行山、燕山山区地势起伏剧烈的地区。地质灾害高度敏感区域主要分布于流域山区地势起伏较大的区域面积为11 315.62km², 占流域总面积的3.6%。地质灾害中度敏感区面积为51 268.66km², 占流域总面积的16.1%, 主要分布在平

| 第 4 章 | 海河流域生态系统服务功能评价与生态功能区划

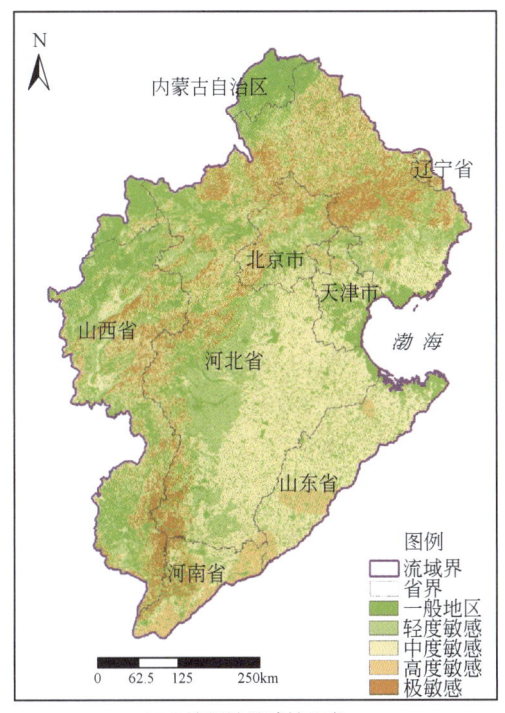
(a)土壤侵蚀敏感性分布

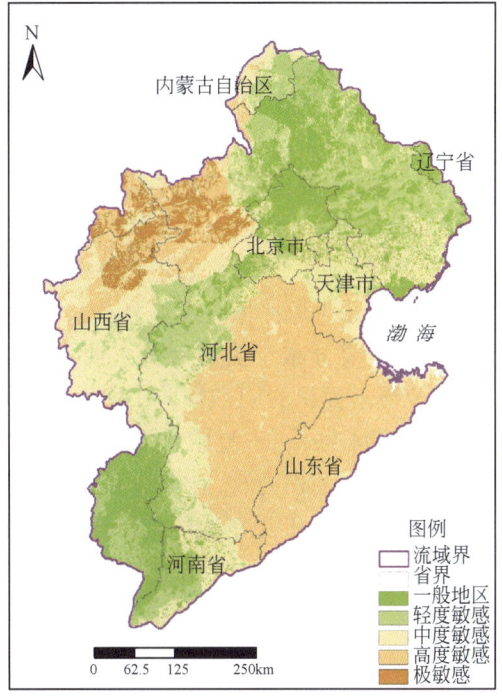
(b)沙漠化敏感性分布

(c)地质灾害敏感性分布

图 4-8 海河流域生态敏感性评价

原区域水系附近。地质灾害轻度敏感区面积为 110 163.8km², 占流域总面积的 34.56%, 主要分布于流域北部、西部和南部山区。其余为地质灾害不敏感地区, 面积为 141 506.7km², 占流域总面积的 44.4%。

4.2.4 海河流域敏感性综合评价

根据评价结果, 海河流域敏感性综合评价极敏感区域主要分布于流域北部山区和西部山区, 另外南部平原区域有零星分布, 面积为 19 369.35km², 占流域总面积的 6.1%。高度敏感区域主要分布于流域北部、西部和南部的太行山、燕山山区, 面积为 35 574.38 km², 占流域总面积的 11.2%。中度敏感区域主要分布于流域北部山区和中部平原区, 面积为 78 813.94 km², 占流域总面积的 24.8%。轻度敏感区域主要分布于流域东部和中部的山前平原区, 面积为 62 319.45 km², 占流域总面积的 19.6%。一般区域主要分布于流域北部内蒙古高原和沿海地区, 面积为 121 595 km², 占流域总面积的 38.3%（图 4-9）。

图 4-9 海河流域敏感性综合评价

4.3 海河流域生态服务功能空间格局

生态系统服务功能重要性评价是针对流域典型生态系统，评价生态系统服务功能的综合特征，根据区域典型生态系统服务功能的能力，按照一定的分区原则和指标，将区域划分成不同的单元，将其分为极重要、重要、中等重要、一般 4 个等级，以反映生态服务功能的区域分异规律，并用具体数据和图件支持评价结果。

根据海河流域生态系统的特点，选择土壤保持、水源涵养、固碳、释氧、环境净化等因素进行生态系统服务功能重要性综合评价。评价结果见图 4-10。

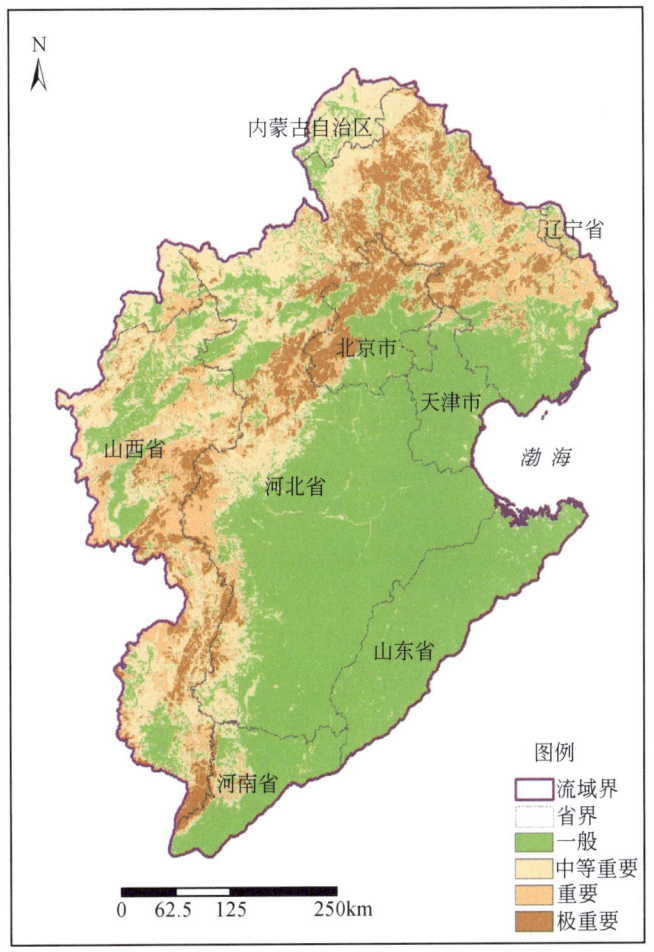

图 4-10 海河流域服务功能重要性评价

根据评价结果，海河流域服务功能极重要区域主要分布于流域北部山区和中部、南部山区，面积为 30 336.6 km²，占流域总面积的 9.5%。重要区域主要分布于流域太行山、燕山山区，面积为 35 496.69 km²，占流域总面积的 11.2%。中等重要区域主要分布于流域北部内蒙古草原和太行山山区，面积为 65 742.3 km²，占流域总面积的 20.7%。一般区域主要分布于流域东部、中部、南部平原和山西盆地，面积为 186 224.4 km²，占流域总面积的 58.6%。

4.4 海河流域生态功能区划方案

4.4.1 生态功能区划内涵

生态功能区划的对象是区域生态环境。区域内的各种生态因子相互联系，相互制约，形成多样的结构，进行着各种生态过程，为人类提供多种多样的服务功能，构成区域生态环境综合体。按照区域不同级别生态环境的整体联系性、空间连续性及相似性和相异性，探讨其生态过程的特征和服务功能的重要性以及人类活动影响强度，并以此为依据进行空间区域的划分或合并，就是生态功能区划。

生态功能区划是实施区域生态环境分区管理的基础和前提，其要点是以正确认识区域生态环境特征、生态问题性质及产生的根源为基础，以保护和改善区域生态环境为目的，依据区域生态系统服务功能的不同、生态敏感性的差异和人类活动影响程度，分别采取不同的对策。它是研究和编制区域环境保护规划的重要内容。生态功能区划不同于以往的综合自然区划及各种专业和部门的区划，它是运用现代生态学的理论，在充分考虑区域生态过程、生态系统服务功能以及生态环境对人类活动强度敏感性关系的基础上进行的综合功能区划。按照区划的原则和方法，将区域划分为不同级别的功能单元，根据各单元的生态过程特点，生态环境的敏感性及所面临的生态环境问题，进行综合分析和评价，揭示其空间分布规律，为区域生态环境综合整治提供科学依据。

生态功能区划的结果以区域的生态环境现状评价、生态环境敏感性和生态服务功能重要性分布与分区、生态功能区划图等一系列图件来表示。其主要作用是为区域生态环境管理和生态资源信息的配置提供一个地理空间上的框架，为管理者、决策者和科学家提供服务：①对比区域间各生态系统服务功能的相似性和差异性，明确各区域生态环境保护与管理的主要内容。②以生态敏感性评价为基础，建立切合实际的环境评价标准，以反映区域尺度上生态环境对人类活动影响的阈值或恢复能力。不同的生态区域因其生态环境的敏感程度有较大的区别，导致其对人类影响所能承受的阈值以及遭到破坏后的恢复能力存在一定的差异，因此，在制订生态环境评价标准和生态环境管理条例时应根据各区域的情况，区别对待。③预测未来人类活动对区域生态环境影响的演变规律。根据各生态功能区内当前人类活动的规律以及生态环境的演变过程和恢复技术的发展，预测区域内未来生态环境的演变趋势。④根据各生态功能区内的资源和环境特点，对工农业的生产布局进行合理规划，既让区域内的资源得到充分的利用，而又不至于对生态环境造成很大的影响，持续地发挥区域生态环境对人类社会发展的服务支持功能。

海河流域水资源严重匮乏，属于资源性严重缺水地区。按 1956~1998 年水文系列统计，全流域水资源总量 372 亿 m³，人均占有量 305m³，仅为全国平均值的 1/7，世界平均值的 1/27，远低于人均 1000m³ 的国际水资源紧缺标准。流域降水时空分布极不均匀，年内、年际丰枯变化明显。从地区分布看，大部分地区多年平均降水量一般在 400~800mm，只有局部地区小于 400mm 或大于 800mm，但各地区之间经常出现丰、枯不平衡的情况。海河流域水生态环境日趋恶化，水污染状况在全国七大流域中最为严重。由于海河流域水污染日趋严重，污染危害及造成的损失也在逐年增加。据分析，近年来，全流域因水污染造成的经济损失每年高达 40 亿元。水污染严重危害人体健康，地下水超采造成大面积区域性地下水位下降及城市附近地区地面下沉、土壤沙化、土壤中有毒有害物质积累、河湖干涸、湿地减少、生物多样性消失等生态环境问题突出。海河流域生态功能区划是海河流域可持续发展管理的需求，是客观的必然的结果。通过海河流域生态功能区划不仅可以合理地把经济的发展和环境保护统一起来，同时还可以因地制宜地进行产业结构的布局，扬长避短，发挥区域优势，在提高经济效益的同时，提高生态效益，提高生态系统的服务功能，保护生物多样性。

4.4.2 海河流域生态功能区划目标

海河流域生态功能区划是根据流域生态系统受胁迫现状、生态系统敏感性、生态系统服务功能重要性分异规律以及存在的主要生态问题，提出海河流域生态功能分区方案；明确各区生态系统的特征、功能、发展方向与保护目标，并提出相应的保护和建设方案。具体目标是：

1）评价流域主要生态环境问题、成因与空间分布特征，明确生态系统类型的结构、生态过程及其空间分布特征。

2）评价流域生态系统因人类活动影响而受到的胁迫现状及空间分布。

3）评价不同生态系统类型的生态服务功能及其对区域可持续发展的支撑能力与作用。

4）确定流域生态环境敏感区与生态环境脆弱区的分布及其特点。

5）提出海河流域生态功能区划，明确各级功能区的生态环境与社会经济功能以及生态环境保护目标。

4.4.3 海河流域生态功能区划原则

海河流域生态功能区划一方面反映规划区域生态系统胁迫状况、服务功能重要性空间分异性；另一方面也要尊重生态系统的自然边界，在充分考虑流域生态价值的同时，要体现在不同的历史时期，人类的主观价值需求。因此，海河流域生态功能区划包含了以下原则。

1）发生学原则。根据流域地形地貌特征，主要生态环境问题和生态系统服务功能与生态系统结构、过程和景观格局的关系，确定区划中的主导因子及区划依据，这是生态功能区划的基本依据。

2）生态系统等级性原则。生态系统为包容性等级系统，尺度特征明显，低等级组分依赖与高等级组分的存在，高等级组分特征在低等级组分中得以反映。生态过程与格局之间的关系取决于尺度大小，低层次非平衡过程可以被整合到高层次稳定过程中，这是逐级划分或合并的理论基础。

3）主导生态系统服务的相似性。每一个生态系统都提供多种生态系统服务功能，对于给定的生态系统单元，当人们结合自己的价值选择，确定了其主导生态功能。如果相邻的两个或几个生态系统单元具有一致的主导生态系统服务功能，则可以合并生成一个高一级尺度的生态功能区。

4）区域共轭性原则。区域划分的对象必须是具有独特性，空间上完整的自然区域。即任何一个生态功能区必须是完整的个体，不存在彼此分离的部分，即每个区划单元是独特的、不重复出现的，但是在空间上是连续的。

5）重视与人类发展密切相关的生态过程和功能。该原则内容主要包括能量转换、水循环、物质迁移等生态过程以及水源涵养、土壤保持、物质生产、生物多样性维持、环境净化、文化休闲娱乐等功能。生态系统功能区不同于生态区的一个根本的地方，就在于它被赋予了人类价值选择的特性。在特定的时间和空间尺度，人们认为生态系统的某种服务功能对于区域社会经济、生态安全和人类文明进步具有特别重要的作用，于是按照这一目标来进行区域生态系统的管理，进行土地利用和资源利用的决策。因此，生态功能区单元的划分要和这种管理目标和土地利用方向结合起来。

6）可持续发展与前瞻性原则。区划目的是促进区域可持续发展，区划要结合社会经济发展水平与定位，使其成为具有前瞻功能的指导性依据。

7）城市发展空间原则。合理划分生态功能区，确保城市未来合理的生长空间，控制城市合理的成长规模，避免城市无序发展。

4.4.4 海河流域生态功能区划方法

生态功能区划是建立在区域生态环境特征及空间分异规律基础上的，因此，分析区域生态环境和社会经济发展现状特点、主要生态环境问题的辨识及开展生态环境敏感性评价和生态系统服务功能重要性评价，是提出区域生态功能区划分方案的基础。生态功能区划分必须在充分结合区域自然条件、生态环境现状及生态系统服务功能提供特征等空间分异特征的基础上进行。区划方案完成后，还应分析各生态功能区生态建设与保护的重点和对策、提出各功能区的约束因子与发展方向，以更好地指导区域生态环境管理和生态建设。海河流域生态功能区划的具体工作程序见图 4-11。

生态系统具有自然界固有的等级特征，即生态系统是一个具有多层次等级结构的有序整体。在这个有序整体中，每个层次上的系统都是由低一级的系统组成，并产生新的整体属性。不同等级层次上的系统具有不同的生态系统结构、功能及生态过程。因此，生态功能的分区也是多等级分层次的。海河流域的生态功能区划分为 3 个等级：以自然气候、地理特点和生态系统特征来划分生态区；根据生态系统类型与生态系统服务功能类型划分生态亚区；在生态亚区基础上，再根据生态功能重要性、生态环境问题来划分生态功能区。

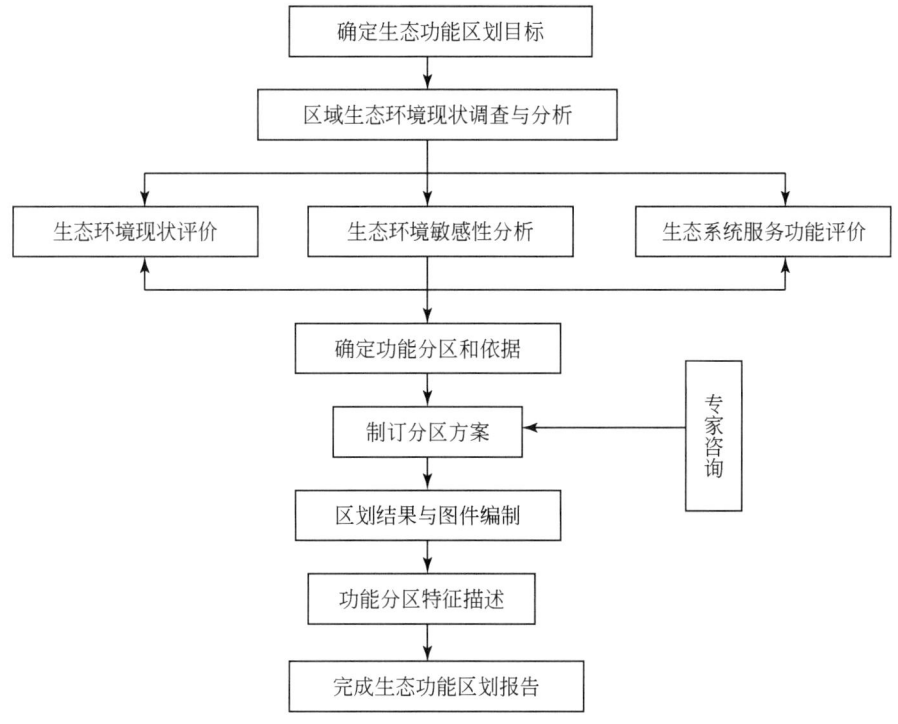

图 4-11　生态功能区划工作流程

本研究的区划技术方法主要是利用 GIS 技术，采用定性分区和定量分区相结合的方法自上而下地进行不同等级的分区划界。

1）生态区。根据区划的原则和依据，首先将海河流域地貌与气候要素方面的有关图件进行叠加，注意区域内气候特征的相似性和地貌单元的完整性，并利用植被区划图进行修正，同时考虑山脉、河流等自然特征与地区级行政边界线，最后划出海河流域生态功能区的一级区界线。

2）生态亚区。在一级区划界线确定基础上，对重点反映生态系统类型区域分布和生态功能特征的有关图件进行叠加，按照区域内生态系统类型与过程完整性和生态服务功能类型一致性划出二级生态功能区初步界线，在此基础上，适当考虑自然环境特征和地区、县级行政边界等因素。

3）生态功能区。二级区界线确定基础上，结合海河流域生态环境现状，存在问题等情况，重点对生物多样性保护、水源涵养、土壤保持等重要性评价图件进行综合分析，并尽可能与流域界线和县级界线进行适当衔接，最后划出海河流域生态功能区的三级区界线。

(1) 分区命名

生态功能区单元命名是生态功能区划的重要步骤，它是不同生态功能区单元等级性的具体体现与标志。生态区（一级区）、生态亚区（二级区）和生态功能区（三级区）的命名规则如下。

1）一级区命名要体现分区的地貌或气候特征，由地名+地貌特征+生态区构成。地貌特征包括平原、山地、丘陵等，命名时选择重要或典型者。

2）二级区命名要体现分区生态系统的结构、过程与生态服务功能的典型类型，由地名+生态系统类型（生态系统服务功能）+生态亚区构成。生态系统类型包括森林、草地、湿地、农业、城镇等，命名时选择重要或典型者。

3）三级区命名要体现出分区的生态服务功能重要性、主要生态环境问题等特征，由地名+生态功能特点+生态功能区构成。生态系统服务功能包括生物多样性保护、水源涵养、水文调蓄、水土保持、景观保护等，命名时选择重要或典型者。

（2）分区概述

海河流域生态功能分区概述结果将包括对各个分区的区域特征描述，包括以下内容：

1）自然地理条件和气候特征，典型生态系统类型。
2）存在的或潜在的主要生态环境问题、成因以及解决方案。
3）生态功能区生态系统服务功能类型和生态敏感性特征。
4）生态环境保护目标，生态环境保护与发展方向。

4.4.5 海河流域生态功能区划

在海河流域生态环境现状、生态系统服务功能重要性、生态环境敏感性等评价研究的基础上，将一系列相同比例尺的评价图，采用空间叠置法、相关分析法、专家集成等方法，按生态功能区划的等级体系，通过自上而下划分方法进行海河流域生态功能区划。

按前述区划原则分别细划为 5 个生态区，24 个生态亚区，112 个生态功能区，区划方案如下。

（1）一级分区

海河流域一级分区共 5 个，如图 4-12 所示，分别为：

I-1 内蒙古高原中东部典型草原生态区；
I-2 黄土高原农业与草原生态区；
I-3 燕山-太行山山地落叶阔叶林生态区；
I-4 京津唐城镇与城郊农业生态区；
I-5 华北平原农业生态区。

（2）二级分区

海河流域二级分区共 24 个，如图 4-13 所示，分别为：

I-1-1 坝上内陆湖高原草原与农业生态亚区；
I-1-2 尚义高原草原与农业生态亚区；
I-1-3 阴山山地落叶灌丛-草原生态亚区；
I-1-4 坝上高原草原与农业生态亚区；
I-1-5 锡林郭勒典型草原生态亚区；
I-1-6 多伦太旗高原草原与农业生态亚区；

第 4 章 | 海河流域生态系统服务功能评价与生态功能区划

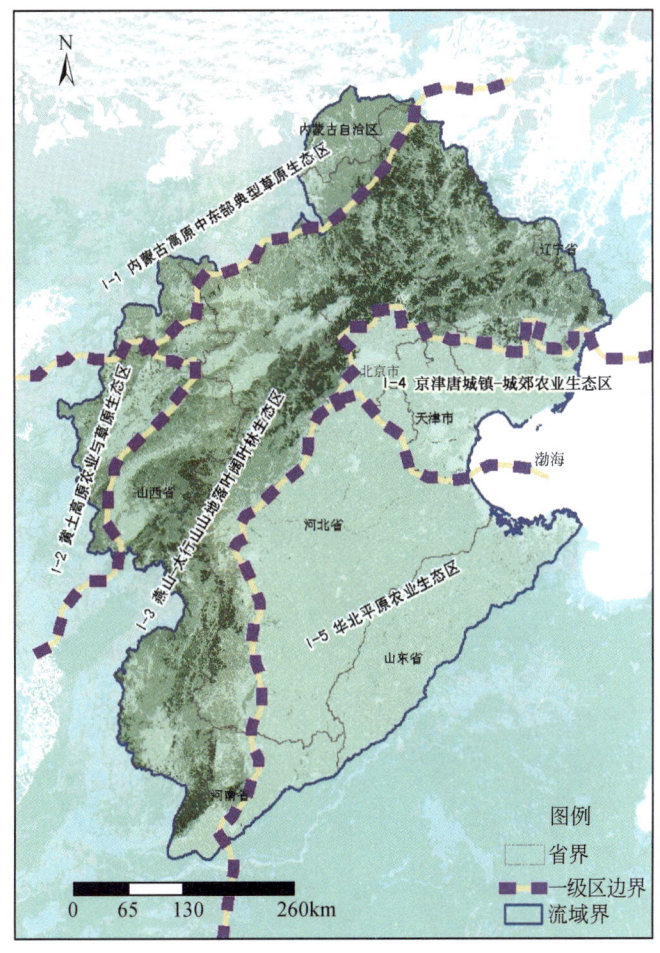

图 4-12 海河流域生态区

I-1-7 乌兰察布山地落叶灌丛–草原生态亚区；

I-2-1 晋北山地丘陵半干旱草原生态亚区；

I-2-2 吕梁山山地落叶阔叶林生态亚区；

I-3-1 辽西低山丘陵针阔混交林生态亚区；

I-3-2 冀北及燕山山地落叶阔叶林生态亚区；

I-3-3 永定河上游山间盆地林农草生态亚区；

I-3-4 太岳山山地丘陵落叶阔叶林生态亚区；

I-3-5 豫西北太行山南麓丘陵农业生态亚区；

I-3-6 太行山山地落叶阔叶林生态亚区；

I-3-7 太行山太岳山山间盆地丘陵农业生态亚区；

I-4-1 京津唐城郊农业生态亚区；

I-4-2 北京城市人居保障生态亚区；

I-4-3 天津城市人居保障生态亚区；
I-4-4 天津滨海渔业生态亚区；
I-5-1 运东滨海平原农业生态亚区；
I-5-2 豫北平原农业生态亚区；
I-5-3 冀中南平原农业生态亚区；
I-5-4 鲁北平原农业生态亚区。

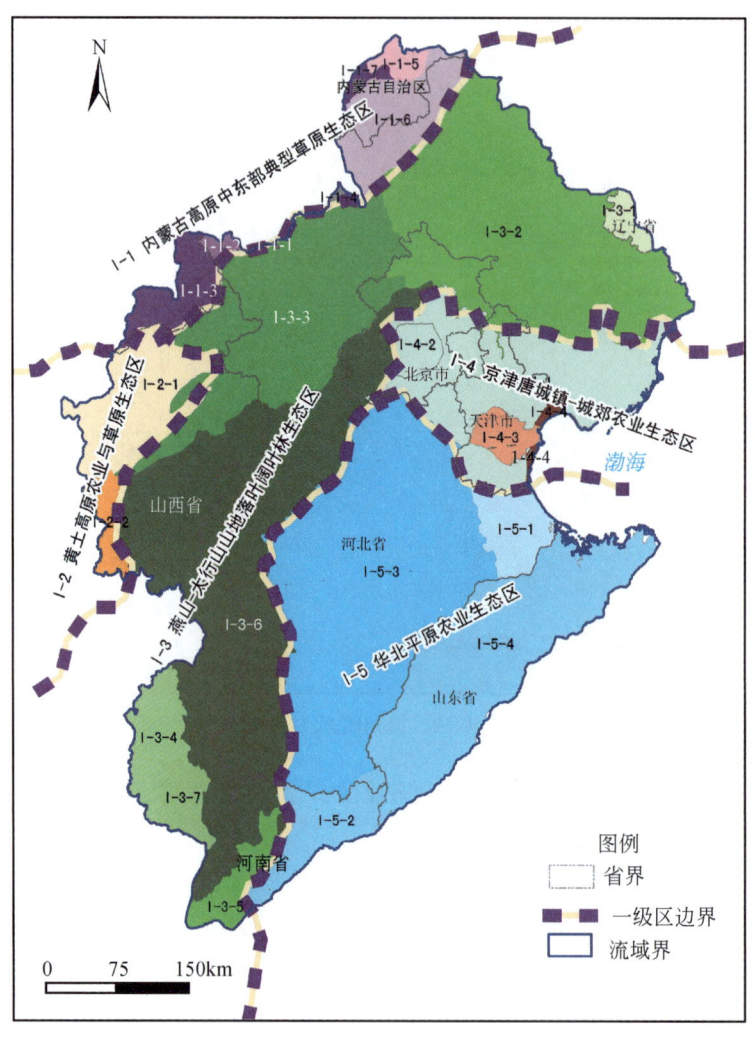

图 4-13 海河流域生态亚区

(3) 三级功能区划图

海河流域三级功能分区共 112 个，如图 4-14 所示。分别为：

I-1-1-1 坝上内陆湖区农牧业与防风固沙生态功能区；

I-1-2-1 尚义草原防风固沙生态功能区；

I-1-3-1 坝上内陆湖区农牧业生态功能区；

I-1-3-2 阴山南部草原防风固沙生态功能区；

I-1-4-1 坝上高原农牧业生态功能区；

I-1-5-1 浑善达克东部防风固沙生态功能区；

I-1-6-1 多伦太旗农牧业与防风固沙生态功能区；

I-1-6-2 承德坝上高原南部水源涵养与农牧业生态功能区；

I-1-6-3 御道口农牧业与土壤保持生态功能区；

I-1-6-4 燕山北部山地灌丛草地生物多样性保护生态功能区；

I-1-6-5 多伦太旗防风固沙生态功能区；

I-1-6-6 闪电河东部防风固沙生态功能区；

I-1-6-7 塞罕坝土壤保持生态功能区；

I-1-7-1 乌兰察布典型草原防风固沙生态功能区；

I-2-1-1 大同盆地农牧业与防风固沙生态功能区；

I-2-1-2 黑驼山山地丘陵林牧与土壤保持生态功能区；

I-2-1-3 缓坡丘陵林业与防风固沙生态功能区；

I-2-2-1 芦芽山管涔山水源涵养与生物多样性保护生态功能区；

I-3-1-1 凌（源）南冀辽山地丘陵生物多样性保护与土壤保持生态功能区；

I-3-1-2 凌源–建平土壤保持生态功能区；

I-3-2-1 燕山山地北部水源涵养与土壤保持生态功能区；

I-3-2-2 燕山山地中部生物多样性与水源涵养生态功能区；

I-3-2-3 燕山山地南部土壤保持与水源涵养生态功能区；

I-3-2-4 燕山山地南部农林业生态功能区；

I-3-2-5 兴隆–遵化东部文物古迹保护与水源涵养生态功能区；

I-3-2-6 安达木河土壤保持生态功能区；

I-3-2-7 汤河、白马关河、白河水库水源涵养生态功能区；

I-3-2-8 云蒙山生物多样性保护生态功能区；

I-3-2-9 密云水库水源涵养生态功能区；

I-3-2-10 平谷土壤保持生态功能区；

I-3-2-11 金海风景名胜保护生态功能区；

I-3-2-12 句河上游山间谷地农林业生态功能区；

I-3-2-13 盘山–八仙山生物多样性保护与水源涵养生态功能区；

I-3-2-14 侵蚀丘陵土壤保持生态功能区；

I-3-2-15 山前洪积冲积盆地农林业生态功能区；

I-3-2-16 于桥水库水源涵养生态功能区；

I-3-2-17 燕山山地南部城市群人居保障生态功能区；

I-3-3-1 怀安万全盆地土壤保持生态功能区；

I-3-3-10 广灵山间盆地农牧业生态功能区；

I-3-3-11 小五台山水源涵养与生物多样性保护生态功能区；

I-3-3-12 恒山山地水源涵养生态功能区；

I-3-3-2 冀西北山间盆地中部土壤保持生态功能区；

I-3-3-3 采凉山山地丘陵水源涵养与土壤保持生态功能区；

I-3-3-4 天镇阳高盆地农牧业生态功能区；

I-3-3-5 丰稔山山地丘陵林牧业生态功能区；

I-3-3-6 冀西北山间盆地中部农林业生态功能区；

I-3-3-7 松山生物多样性保护生态功能区；

I-3-3-8 延庆农业生态功能区；

I-3-3-9 官厅水库水源涵养生态功能区；

I-3-4-1 北浊漳河上游农业与地质遗迹保护生态功能区；

I-3-5-1 新安鹤土壤保持生态功能区；

I-3-5-2 济焦新山前平原土壤保持生态功能区；

I-3-6-1 怀柔水库水源涵养生态功能区；

I-3-6-10 周口店文化遗产保护生态功能区；

I-3-6-11 忻定盆地农业生态功能区；

I-3-6-12 五台山自然文化遗产保护与水源涵养生态功能区；

I-3-6-13 太行山中段、南段土壤保持与水源涵养生态功能区；

I-3-6-14 系舟山山地丘陵土壤保持与水源涵养生态功能区；

I-3-6-15 阳泉丘陵土壤保持生态功能区；

I-3-6-16 和顺左权山地丘陵土壤保持与水源涵养生态功能区；

I-3-6-17 太行山南部山地生物多样性保护生态功能区；

I-3-6-18 新安鹤水源涵养生态功能区；

I-3-6-19 林县山间盆地农业生态功能区；

I-3-6-2 八达岭–十三陵风景名胜保护生态功能区；

I-3-6-3 永定河上游土壤保持生态功能区；

I-3-6-4 灵山生物多样性保护生态功能区；

I-3-6-5 沁水河上游农林牧业与土壤保持生态功能区；

I-3-6-6 太行山北段林牧业与土壤保持生态功能区；

I-3-6-7 十渡风景名胜保护生态功能区；

I-3-6-8 灵丘山地丘陵农林牧业生态功能区；

I-3-6-9 百花山生物多样性保护生态功能区；

I-3-7-1 长治盆地农业生态功能区；

I-4-1-1 潮白河密云段水源涵养生态功能区；

I-4-1-10 港团生物多样性保护与水源涵养生态功能区；

I-4-1-11 南部旱作农业生态功能区；

I-4-1-12 大黄堡–七里海生物多样性保护生态功能区；

I-4-1-13 廊坊永定河沿岸土壤保持生态功能区；

I-4-1-14 渔业生产生态功能区；
I-4-1-15 冀东滨海农业生态功能区；
I-4-1-16 冀东滨海渔业生态功能区；
I-4-1-17 冀东城郊农业生态功能区；
I-4-1-18 冀东平原城镇人居保障与农业生态功能区；
I-4-1-19 冀东城镇人居保障与土壤保持生态功能区；
I-4-1-2 团河行宫风景名胜保护生态功能区；
I-4-1-20 北京城郊农业与土壤保持生态功能区；
I-4-1-21 京北农业生态功能区；
I-4-1-22 引滦州河段水源涵养生态功能区；
I-4-1-3 京密引水渠周边土壤保持生态功能区；
I-4-1-4 潮白河通州段土壤保持生态功能区；
I-4-1-5 永定河下游土壤保持生态功能区；
I-4-1-6 永定河下游洪水调蓄生态功能区；
I-4-1-7 房山东部城镇人居保障与农业生态功能区；
I-4-1-8 青龙湾南岸土壤保持生态功能区；
I-4-1-9 官庄林果业生态功能区；
I-4-2-1 历史文化名城保护生态功能区；
I-4-2-2 北京中心城区人居保障生态功能区；
I-4-3-1 城郊农业生态功能区；
I-4-4-1 汉沽渔业生态功能区；
I-4-4-2 塘沽渔业生态功能区；
I-5-1-1 运东滨海平原农业生态功能区；
I-5-1-2 南大港湿地生物多样性保护生态功能区；
I-5-2-1 豫北平原北部农业与土壤保持生态功能区；
I-5-2-2 豫北平原南部农业与土壤保持生态功能区；
I-5-3-1 保北平原和白洋淀生物多样性保护生态功能区；
I-5-3-2 河北平原中部农业生态功能区；
I-5-3-4 太行山前平原区水源涵养与洪水调蓄生态功能区；
I-5-3-5 冀中南平原农业制生态功能区；
I-5-4-1 黄河三角洲生物多样性保护生态功能区；
I-5-4-2 鲁中北农业生态功能区；
I-5-4-3 鲁中农业与土壤保持生态功能区；
I-5-4-4 鲁东北农业生态功能区；
I-5-4-5 鲁中南农业与土壤保持生态功能区。

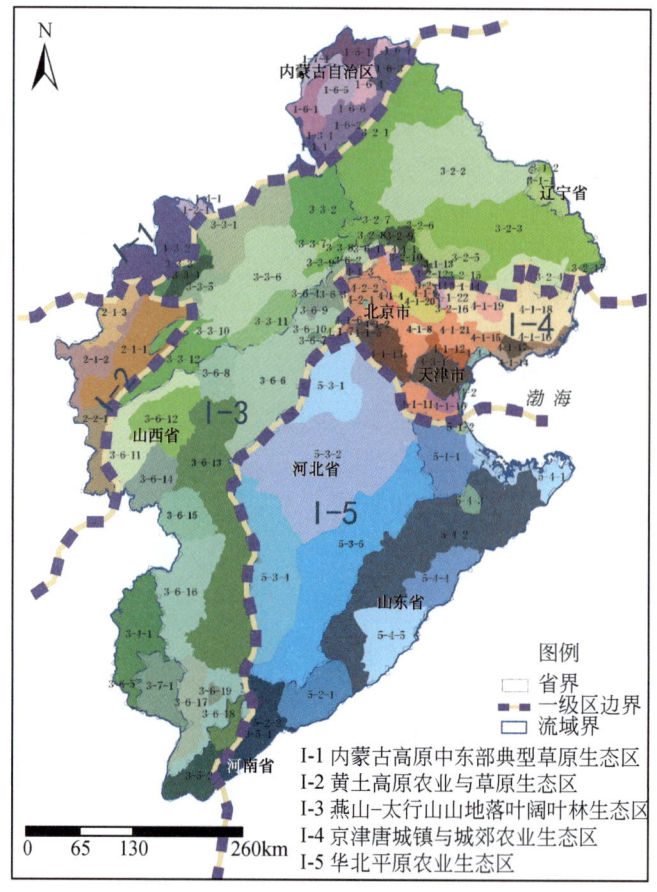

图 4-14 海河流域生态功能区

4.5 海河流域重要生态功能区

根据海河流域区划结果，以生物多样性保护、水源涵养、水土保持和防风固沙 4 类主导生态功能为依据，确定了对于海河流域生态安全具有显著意义的 11 个生态系统服务功能重要区域，各重要生态功能区的名称、主导功能和辅助功能如下（表 4-23，图 4-15）。

表 4-23 海河流域重要生态功能区

序号	重要生态功能区名称	生物多样性	水源涵养	土壤保持	防风固沙
1	京津水源地水源涵养重要生态功能区		++	+	
2	官厅水库水源涵养重要生态功能区		++	+	
3	太行山地土壤保持重要生态功能区		+	++	
4	阴山北麓-浑善达克沙地防风固沙重要生态功能区				++
5	尚义草原防风固沙重要生态功能区				++

续表

序号	重要生态功能区名称	生物多样性	水源涵养	土壤保持	防风固沙
6	黄河三角洲湿地生物多样保护重要生态功能区	++			
7	白洋淀湿地生物多样性保护重要生态功能区	++			
8	南大港湿地与生物多样性保护重要生态功能区	++			
9	百花山生物多样性保护重要生态功能区	++		+	
10	灵山生物多样性保护重要生态功能区	++		+	
11	松山生物多样性保护重要生态功能区	++		+	

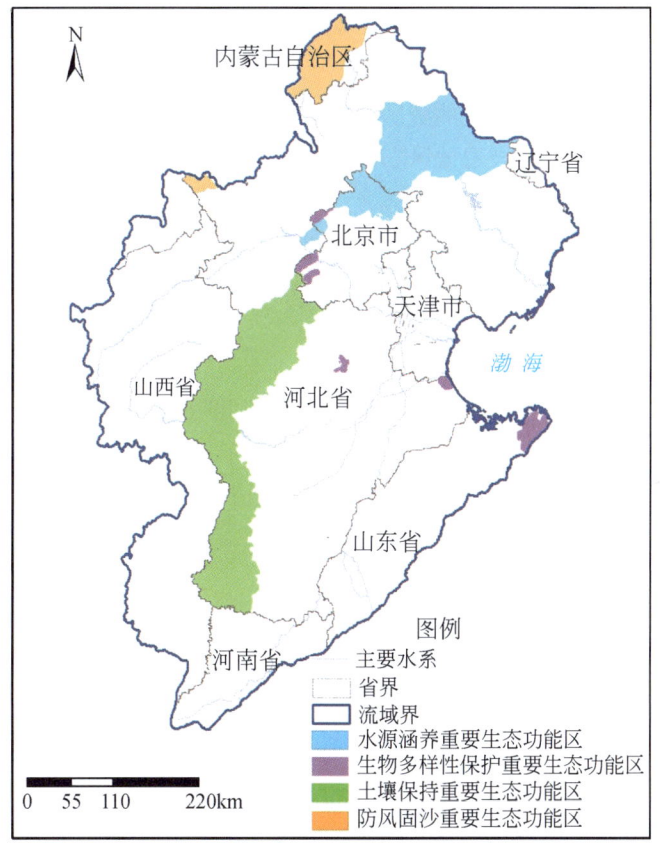

图 4-15　海河流域重要生态功能区

4.5.1　水源涵养重要生态功能区

（1）京津水源地水源涵养重要生态功能区

该区包括密云水库、于桥水库、潘家口水库等北京市、天津市重要水源地的涵养区，以及滦河、潮白河上游源头，面积为 16 810 km²。该区内植被类型主要为温带落叶阔叶林，天然林主要分布在海拔 600~700m 的山区，树种主要有栎类、山杨、桦树和椴树等。

主要生态问题：水资源过度开发，环境污染加剧；现有次生林保水保土功能较弱，土壤侵蚀和水库泥沙淤积比较严重；水库周边地区人口较密集，农业生产及养殖业等面源污染问题比较突出；地质灾害敏感程度高，泥石流和滑坡时有发生。

生态保护主要措施：加强水库流域林灌草生态系统保护的力度，通过自然修复和人工抚育措施，加快生态系统保水保土功能的提高；改变水库周边生产经营方式，发展生态农业，加强畜禽和水产养殖污染防治，控制面源污染；上游地区加快产业结构的调整，控制污染行业，鼓励节水产业发展，严格水利设施的管理。

（2）官厅水库水源保护区

位于延庆县的西南角，包括康庄镇的全部，张山营镇东南部部分区域，八达岭镇西北部部分区域，大榆树镇、延庆镇东部部分区域，总面积 574 km²。

主要生态问题：面临富营养化的威胁，库区周边有沙化现象。

生态保护主要措施：减少周边地区农药化肥的施用量，防止工业污染，通过工程措施和林业措施减轻沙化现象

4.5.2 土壤保持重要生态功能区

太行山地土壤保持重要生态功能区。

该区位于山西、河北两省交界处，行政区涉及河北省的保定、石家庄、邢台、邯郸 4 个市，面积为 26 529 km²。太行山是黄土高原与华北平原的分水岭，是海河及其他诸多河流的发源地，其土壤保持功能对保障区域生态安全极其重要。该区发育了以暖温带落叶阔叶林为基带的植被垂直带谱，森林植被类型较为多样，在防止土壤侵蚀、保持水土功能正常发挥方面起着重要作用。

主要生态问题：太行山山高坡陡，具有土壤侵蚀敏感性强的特点，在长期不合理资源开发影响下，出现山地生态系统的严重退化，表现为生态系统结构简单、土壤侵蚀加重加快、干旱与缺水问题突出、山下洪涝灾害损失加大。

生态保护主要措施：停止导致土壤保持功能继续退化的人为开发活动和其他破坏活动，加大退化生态系统恢复与重建的力度；有效实施坡耕地退耕还林还草措施；加强自然资源开发监管，严格控制和合理规划开山采石，控制矿产资源开发对生态的影响和破坏；发展生态林果业、旅游业及相关特色产业。

4.5.3 防风固沙重要生态功能区

（1）阴山北麓-浑善达克沙地防风固沙重要生态功能区

该区地处阴山北麓半干旱农牧交错带、燕山山地及坝上高原，行政区涉及内蒙古自治区的锡林郭勒、乌兰察布、赤峰等盟（市），以及河北省北部的张家口和承德两市 6 个县，面积为 5262 km²。该区气候干旱，多大风，沙漠化敏感性程度极高，属于防风固沙重要

区，是北京市乃至华北地区沙尘暴主要沙尘源区。

主要生态问题：长期以来的草地资源不合理开发利用带来的草原生态系统严重退化，表现为退化草地面积大、土地沙化严重、耕地土壤贫瘠化、干旱缺水，对华北地区生态安全构成威胁。

生态保护主要措施：停止导致生态功能继续退化的人为破坏活动，控制农垦范围北移，坚持退耕还草方针；以草定畜，推行舍饲圈养、划区轮牧、退牧、禁牧和季节性休牧；改变农村传统的能源结构，减少薪柴砍伐；对人口已超出生态承载力的地方实施生态移民，改变粗放的牧业生产经营方式，走生态经济型发展道路。

(2) 尚义草原防风固沙重要生态功能区

该区地处尚义县中北部，面积 663 km²。

主要生态问题：风蚀，草场退化。

生态保护主要措施：加强草原保护与荒漠化治理，加大退耕还林还草力度。

4.5.4 生物多样性保护重要生态功能区

(1) 黄河三角洲湿地生物多样保护重要生态功能区

该区地处黄河下游入海处三角洲地带，行政区涉及山东省垦利县、利津县、河口区和东营区 4 个县（区），面积为 1192 km²。区内湿地类型主要有灌丛疏林湿地、草甸湿地、沼泽湿地、河流湿地和滨海湿地 5 大类。湿地生物多样性较为丰富，是珍稀濒危鸟类的迁徙中转站和栖息地，是保护湿地生态系统生物多样性的重要区域。

主要生态问题：黄河中下游地区用水量增大，对下游三角洲湿地生态系统产生影响；海水倒灌引起淡水湿地的面积逐年减少，湿地质量不断下降；石油开发与湿地保护的矛盾突出。

生态保护主要措施：合理调配黄河流域水资源，保障黄河入海口的生态需水量；严格保护河口新生湿地；通过对雨水的有效调蓄，遏制海水倒灌，禁止在湿地内开垦或随意变更土地用途的行为，防止农业发展对湿地的蚕食，以及石油资源开发和生产对湿地的污染。

(2) 白洋淀湿地生物多样性保护重要生态功能区

该区包括固安县西北边缘地区，雄县西部，安新县大部等，面积为 237 km²。

主要生态问题：缺水干旱，东南部盐渍化严重。

生态保护主要措施：生物措施与工程措施相结合，全方位整治水土环境，增加调蓄能力，保护水源地，提高水的质量。加强白洋淀湿地的保护，加强生物多样性保护，合理开发旅游资源。

(3) 南大港湿地与生物多样性保护重要生态功能区

该区分布于黄骅市东北部，面积 257 km²。

主要生态问题：土壤盐渍化严重。

生态保护主要措施：加强南大港湿地的保护，加强以鸟类为主的生物多样性保护，适度开展生态旅游。

（4）百花山生物多样性保护重要生态功能区

位于门头沟和房山区的交界处，总面积 231 km²。

主要生态问题：泥石流、地质崩塌、采矿易塌陷点多，容易发生地质灾害，生物多样性有降低的危险，矿山污染严重。

生态保护主要措施：保护动植物生境免遭人类的干扰和破坏，保护森林植被，保护野生动植物。通过植树造林提高该区的森林覆盖率。加强对采矿区的管理工作，尽量减少矿区的塌陷现象。对采矿破坏过的区域进行生态恢复。

（5）灵山生物多样性保护重要生态功能区

位于门头沟的西北部，包括清水镇、斋堂镇、大村乡西北部部分区域，总面积 354 km²。

主要生态问题：地质崩塌点多，水土流失严重，生物多样性降低。

生态保护主要措施：严格按照自然保护区条例进行建设，保护动植物生境免遭人类的干扰和破坏，保护森林植被，保护野生动植物。

（6）松山生物多样性保护重要生态功能区

该区位于延庆县的西北角。总面积 262 km²。

主要生态问题：地质塌陷高发区，水土流失严重，生物多样性有减少趋势。

生态保护主要措施：保护动植物生境免遭人类的干扰和破坏，保护森林植被，保护野生动植物。

第 5 章　流域生态水文过程模拟与调控

在明晰变化环境下海河流域典型生态系统与水循环系统的耦合与适应机制的基础上，综合考虑各类生态系统自身对水分依赖程度的差异性及其与流域水循环之间的相互影响程度的强弱，提出了海河流域生态水文相互作用的概念模式，以此概念模式为依据，将生态要素、过程和水文要素过程进行合理的简化，并最终在基于统一的物理机制的前提下，构建起适用于海河流域的生态水文模型，用于海河流域生态水文演变的模拟和预测，为流域管理提供技术支撑。

5.1　海河流域生态水文模型构建与校验

在综合考虑各典型生态系统在海河流域内空间分布特征、生态过程模拟、水文过程模拟、模型模拟精度及运算效率的基础上，选择具有代表性的滦河流域、白洋淀流域（图5-1）作为典型区，构建了具有统一物理机制的大尺度流域生态水文模型。

5.1.1　统一物理机制下的生态水文模型构建思路

（1）统一物理机制要求

为建立统一物理机制的模型，在模拟开发过程中，需做到 4 个统一：模拟要素过程统一、过程表达统一、参数统一、时空尺度统一。

1）模拟要素过程统一。所谓模拟要素过程统一，是指在模拟过程中，考虑到模型耦合的需要和变化环境下生态水文的相互影响机制，对能量流动、水循环和生态过程模拟的各要素过程进行选取。将各要素过程统一到各圈层中的能量过程、水循环过程以及生态过程中来。

2）过程表达统一。一方面是指对于所遴选的基本要素过程，选用的数学/物理方程要相同；另一方面是指对于生态水文过程相互影响机制的描述和表达要统一。因此，在机理明确的基础上，进行恰当的公式化表达和描述，从而更加精确地实现陆面过程的模拟。

3）参数统一。首先表现在参数的物理内涵要统一；其次是指对于所搜集到的多源数据，由于监测方式、基位（空基、地基、海基等）、时空尺度和精度的不一致，彼此之间存在较大的差距，不能直接进行应用，在数据输入模型进行模拟预测分析时，要注意进行多源数据的同化。

4）时空尺度统一。在水文模拟中，往往以小时或日为单位；在能量过程模拟中，往往以小时为单位；在生态模拟中，生态演替过程则是多尺度嵌套的时间尺度模拟。对于时

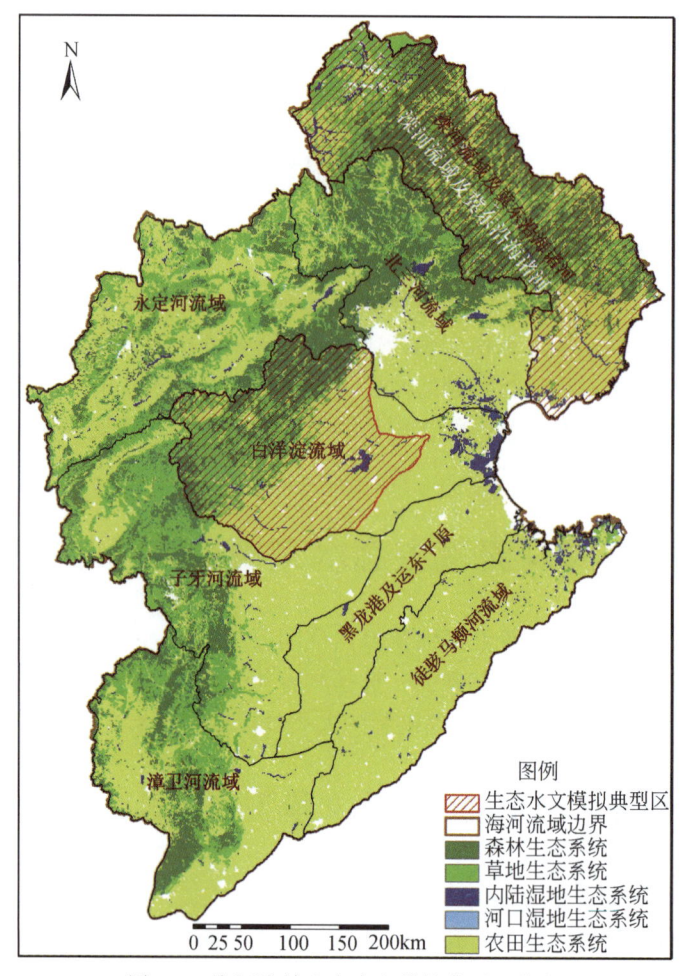

图 5-1 海河流域生态水文模拟典型区分布

间尺度统一,则应采用相关的时间尺度转化措施。与此同时,水文过程往往是以规则的单元格空间剖分;而对于生态过程而言,则需要充分考虑到各类植被的空间分布及其立地条件。

(2) 总体建模策略

在统一物理机制下,明确各要素相互作用机制后,可通过模块化建模技术,充分发挥各模型的模拟优势,在流域生态水文模拟框架(图 5-2)指导下,进行生态水文模型耦合。

1) 模拟要素选取。生态水文过程概化为能量、生态和水循环 3 个基本过程。其中,生态过程以碳循环为主线开展研究。

能量过程:考虑建立能量过程和陆面过程之间的联系,重点模拟地表辐射过程、感热通量、潜热通量以及土壤冠层热通量等部分。

生态过程:重点关注净初级生产力产生、物质分配及其流转、对光的竞争、繁殖、物

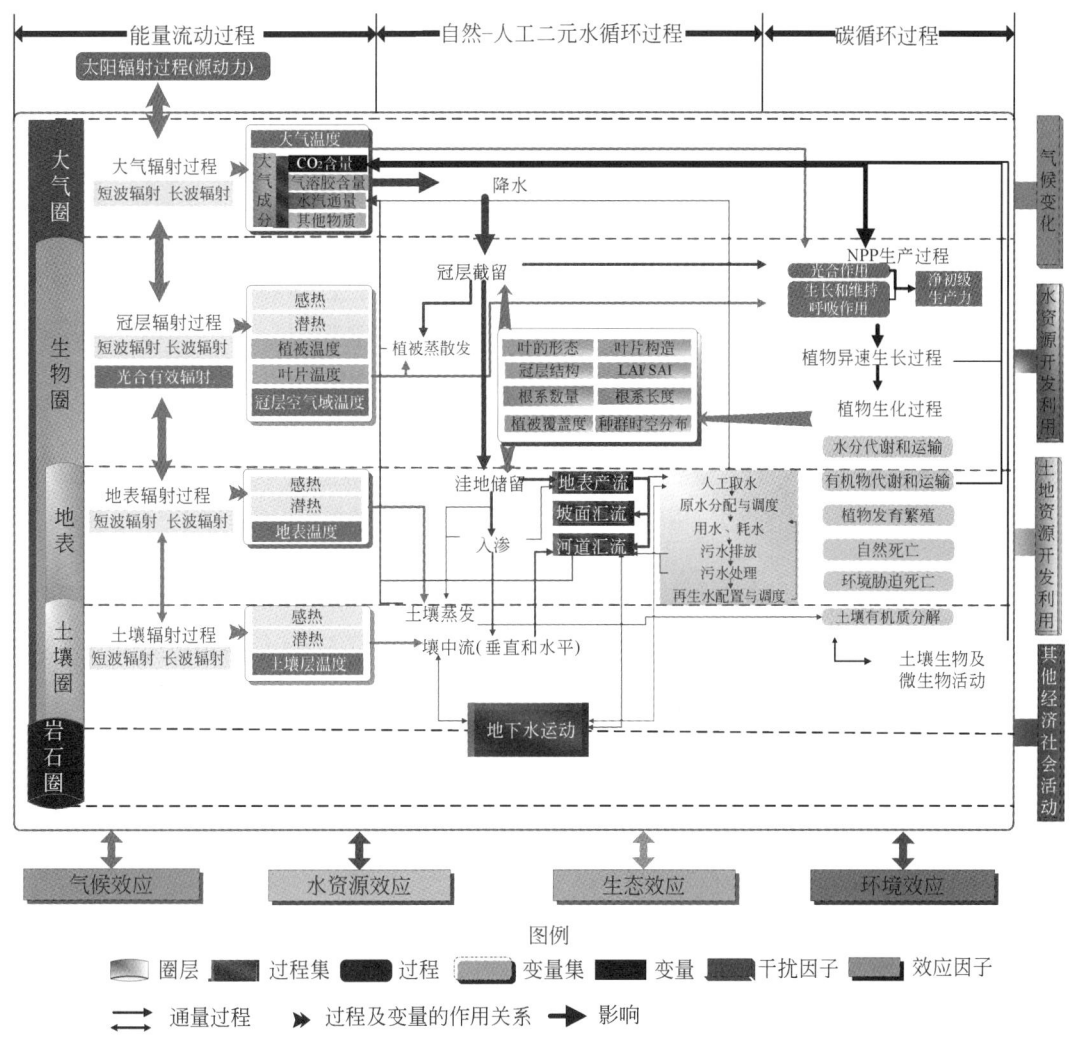

图 5-2 流域生态水文模拟框架

种入侵、生物气候学过程、死亡和土壤有机质分解模块模拟植被生长演替等基本生态过程。

水循环过程：侧重于冠层截留、蒸散发、地表水过程、土壤过程、地下过程、坡面汇流和河道汇流等水文过程。

2）时空尺度嵌套。为满足空间尺度统一的要求，在本项目中采用基础规则单元格的"马赛克"法进行空间剖分。由于各模块的调用时间差异，需要进行时间尺度选取及嵌套（图 5-3）。由于关注重点不同，不同时空尺度下的生态水文耦合机制也不尽相同。

(3) 生态水文耦合机制

1）变化环境下的生态水文驱动机制。变化环境主要考虑全球气候变化和人类活动干扰，决定了生态水文的驱动机制。太阳活动和大气构成物质的改变导致整个大气层的辐射

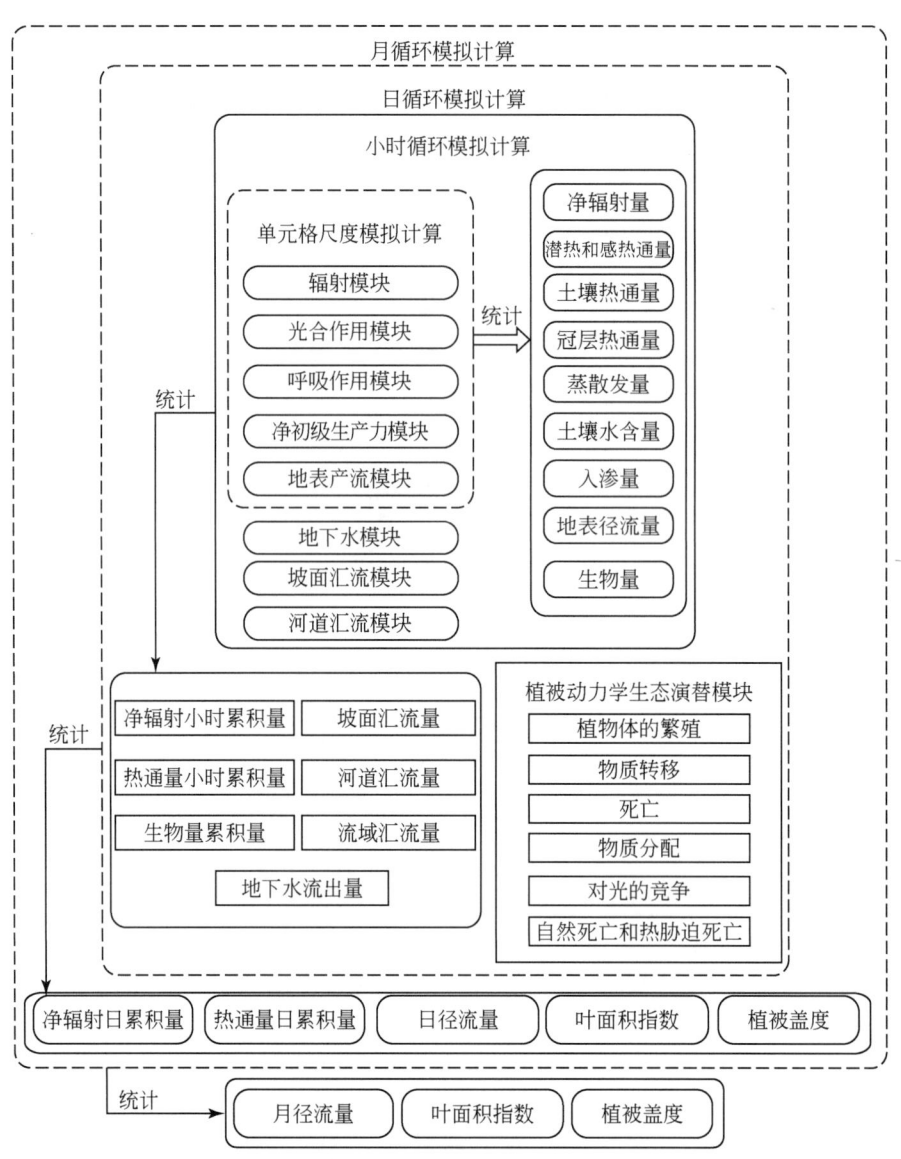

图 5-3　时间尺度选取及嵌套

能量发生变化，致使大气动力学过程改变，影响气温和降水的时空分布格局。除岩石圈外的各圈层辐射过程主要涉及短波辐射、长波辐射和光合有效辐射。前两者直接影响大气、植被、冠层空气域、地表和土壤的感热、潜热、温度变化程度，通过水的相变、量变和区域水汽通量分布变化作用于水循环通量及循环速率。而温度不仅是生物体内酶的控制因子，还是各种理生化过程的关键影响因子。光合有效辐射通量是光合速率的直接限制因素。在全球气候变化和人类活动干扰双重作用下，水汽通量、二氧化碳、气溶胶和其他大气组成成分不断发生时空变化，致使温度、降水等生态水文关键要素改变。

2）变化环境下生态水文相互作用机制。生态系统中的植被和水循环过程是密切相关的。局地水平衡是陆生植被分布和生产力的关键影响因子。水分是生态系统中至关重要的环境因子。水分条件的变化会影响到植被的形成、发展和演替。由于植被不同生长阶段均需要与之相对应的水分条件，因此水分的时空变化会影响其组成、生态特征及演变过程。其中，生态特征包括分布、状态和质量等。水分在植被的生长过程中既有维持作用又有胁迫作用。当胁迫作用发生时，植被的演替方向为水生—湿生—旱生；反过来，方向相反。从植被生理方面来说，区域水汽通量直接制约光合作用率，土壤水含量通过影响与气孔行为密切相关的蒸散发过程作用于净初级生产力。

相应地，在水循环过程的蒸散发和产流形成过程中，植被种群的结构和分布占有重要地位。从景观格局方面来看，植被经过一系列基本生态过程，其种群结构和区域分布将进行更新，改变下垫面条件，影响坡向、坡度和地表糙度，导致水的汇流时间、滞留时间、流向及汇流过程发生变化，间接影响流域水文格局。从植被结构和生理过程来看，叶片质地和茎/叶面积直接影响冠层截留过程；地表枯枝落叶层厚度也是土壤蒸发的重要决定因子；根的特征（长度、深度、数量和密度）变化会影响土壤孔隙度，进而影响到入渗过程；植被通过控制气孔行为和根系吸水调节蒸散发过程，影响土壤水的垂向（壤中流）和水平运动。

3）变化环境下的生态水文效应。全球气候变化和人类活动作用下的生态水文过程导致气候效应、水资源效应、生态效应和环境效应。同时，以上4方面效应又反作用于能流驱动下的生态水文过程。全球气候变化改变了水循环及其伴生水化学、水生态和水沙过程演变特征及动力学机制，其资源环境效应具有潜在性、累积性和突发性特征。全球气候变化加快了水循环速率，降低水循环系统的稳定性，不确定性增强，改变降水、径流过程和时空分布格局，增加洪水、干旱等极值过程发生频率。

5.1.2 生态水文模型总体结构

（1）水平结构

模型的空间计算单元采用正方形网格。耦合模型总体格网单元为500m×500m。考虑网格内土地利用的不均匀性，在海河流域范围内，采用"马赛克"法，即把网格内的土地归成数类，分别计算各类土地类型的地表水热通量，取其面积平均值为网格单元的地表面水热通量。土地利用首先分为水域、裸地-植被域、不透水域三大类。裸地-植被域又分为裸地、草地、耕地、林地。基于植被功能类型对林地进行细化，分为常绿针叶林、常绿阔叶林、阔叶落叶林等。不透水域分为地表面与都市建筑物。另外，根据流域数字高程（DEM）及数字化实际河道等，设定网格单元的汇流方向来追踪计算坡面径流。而各支流及干流的河道汇流计算，根据有无下游边界条件，采用一维运动波法或动力波法由上游端至下游端追踪计算。

（2）垂向结构

模型基本计算单元内采用相同的垂向结构。在铅直方向，从上到下分别依次是大气层、植被截留层、地表洼地储留层、土壤表层、土壤中层、土壤底层、过渡带层、浅层地下水层、不透水层和深层地下水层（图5-4）。

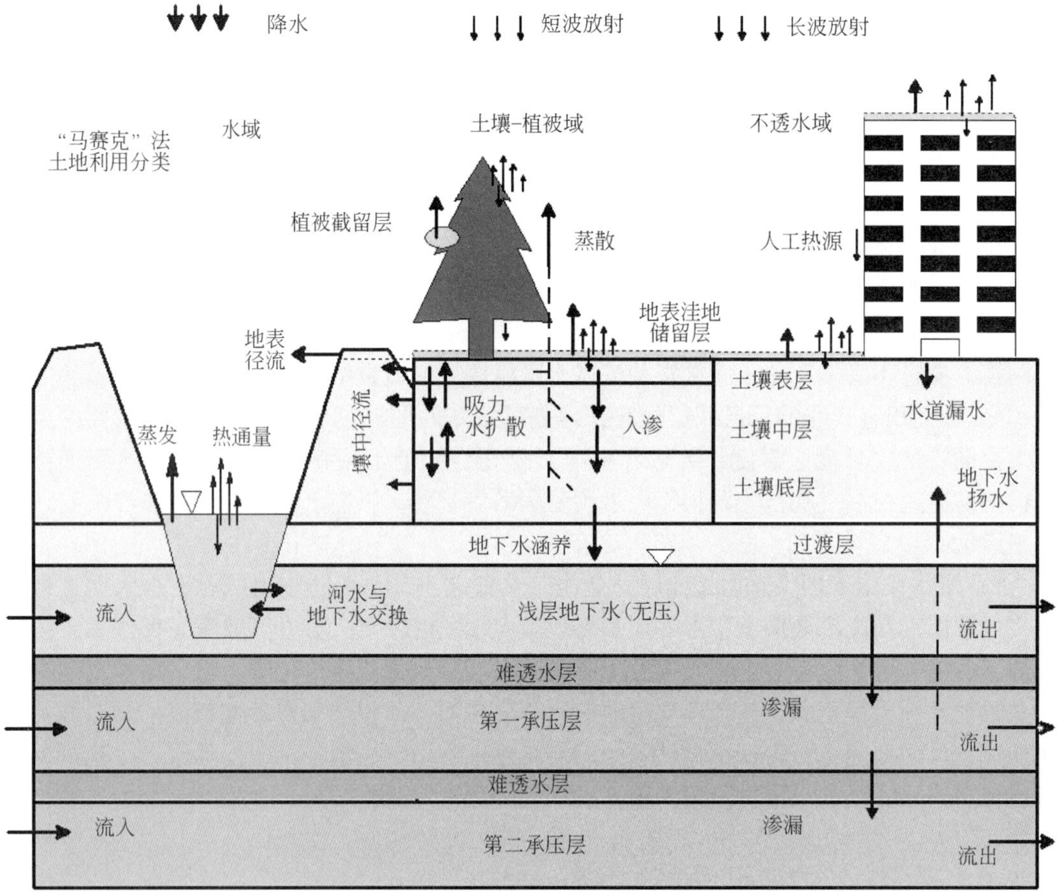

图5-4 生态水文模型的垂向结构

5.1.3 海河流域生态水文模型校验

(1) 总体校验策略

基于物理机制的分布式生态水文模型的参数均具有明确的物理意义，即所有的参数理论上都可以通过观测和推算求出。但由于生态水文模型结构复杂，参数系统庞大，以及不同计算单元参数的空间变异性，所以需要对一些关键参数进行率定。模型校验的整体策略如下。

1) 选取的校验参数与过程应易于获取。由于重视程度不够和研究起步较晚，在现阶段与生态相关的监测体系设施还相当不完备，有关生态过程的长系列观测资料十分欠缺，尚不能对生态过程进行合理的校验。而水文历史过程观测相对比较成熟，水文站点长系列的历史系列资料可以用于生态水文模型的校验。

2) 根据各参数的物理意义逐一校验。模型的构建基于严格的物理机制，每个参数都有明确的物理意义，比如地表洼地最大储留深对降雨超渗产流和蓄满产流机制均有影响，从而影响洪水峰值并和曼宁糙率一起影响洪水过程线的形状。河床材料的透水系数影响河水与地下水的交换量（地下水溢出或河道渗漏），对河川基流量大小有重要作用。地下水含水层导水系数与给水度影响地下水运动过程，对河水与地下水的水量交换产生影响等等。调参时根据每个参数对模拟结果的影响采用参数自动优化和手动试错相结合的方法逐一进行调试。

3）关键参数的率定与原型观测试验相结合。模型中部分参数是可以直接通过野外试验获取的，但由于模型采用的网格型计算单元参数具有空间异质性，不可能通过试验手段给每个计算单元赋予一套参数，所以数值模拟过程中有一些假设和简化处理。但原型观测试验可以为一些关键参数提供阈值范围，从而在很大程度上减少调参的盲目性，提高率定的效率。比如饱和土壤导水系数决定地表入渗和壤中流大小，通过野外入渗试验获取的不同土壤类型、不同深度的入渗率实验数据，可以在模型校验中得到很好的应用。

滦河流域和白洋淀流域是海河流域内两个相对独立的子流域，区内生态环境特征差异较大，在模型校验过程中，需要将滦河、白洋淀流域分开，分别进行生态过程和水文过程的校验。

(2) 校验结果

1）模型校验准则。模型校验及参数率定参照如下准则进行：①模拟期年均径流量误差尽可能接近 0；②模拟径流系列与实测径流系列之间的相关系数尽可能接近 1；③Nash-Sutcliffe 效率系数（以下简称 Nash 效率系数）尽可能接近 1。

其中，相对误差是模拟区内径流模拟值与径流量观测值之差百分比的绝对值，计算公式为

$$R_e = |F_m - F_o|/F_o \times 100\% \tag{5-1}$$

式中，R_e 为径流量误差（%）；F_o 为实测流量过程的均值（m³/s）；F_m 为模拟流量过程的均值（m³/s）。

相对误差越小，则模拟效果越好。

Nash 与 Sutcliffe 在 1970 年提出了模型效率系数（也称确定性系数），用来评价模型模拟结果的精度，计算公式如下所示：

$$R^2 = 1 - \frac{\sum_{i=1}^{n}(Q_m - Q_o)^2}{\sum_{i=1}^{n}(Q_o - \overline{Q})^2} \tag{5-2}$$

式中，R^2 为 Nash 效率系数，在 0~1 变化，值越大表示实测与模拟流量过程拟合越好，模拟效果越好；Q_m 为河流月径流量模拟值；Q_o 为河川月径流量实测值；$\overline{Q}$ 为多年平均月径流量。

2）滦河流域校验结果。以经过格式化处理的生态信息、气象信息参数为基础，驱动模型以日为时间步长进行 50 年的模拟计算，模拟选取 1976~1980 年累计 15 年为模型校正期，1991~2000 年累计 10 年为验证期，1971~1975 年累计 5 年作为模型的"预热期"，以消除初始条件对模拟结果的影响。选取滦河支流青龙河上的桃林口水库水文站和位于滦

河干流上的滦县水文站的历史实测径流系列资料，对模型进行参数率定和模拟效果评价。

桃林口水库水文站和滦县水文站的模拟流量与观测流量的对比表明，该模型在滦河流域生态水文模拟应用中整体上具有较好的模拟精度。桃林口水库站控制的集水区面积为 0.49 万 km^2，校正期年均径流量误差为 −4.39%，模拟月径流系列与实测月径流系列的 Nash 效率系数与相关系数分别为 0.83、0.91，验证期年均径流量误差为 4.29%，Nash 效率系数与相关系数分别达到 0.89、0.94。滦县水文站控制的集水区面积为 4.35 万 km^2，校正期年均径流量误差为 −5.88%，模拟月径流系列与实测月径流系列的 Nash 效率系数与相关系数分别为 0.72、0.85，验证期年均径流量误差为 3.93%，Nash 效率系数与相关系数分别为 0.80、0.91。

具体模拟效果见表 5-1，图 5-5 和图 5-6 分别为桃林口水库水文站和滦县水文站的月过程径流模拟效果图。

表 5-1 选取水文站月径流过程模拟效果

水文站	指标	实测年均径流量/亿 m^3	模拟年均径流量/亿 m^3	相对误差/%	Nash 效率系数	相关系数
桃林口水库水文站	校正期（1976~1980 年）	8.02	7.67	−4.39	0.83	0.91
	验证期（1991~2000 年）	8.83	9.20	4.29	0.89	0.94
滦县水文站	校正期（1976~1980 年）	38.65	36.38	−5.88	0.72	0.85
	验证期（1991~2000 年）	41.86	43.50	3.93	0.80	0.91

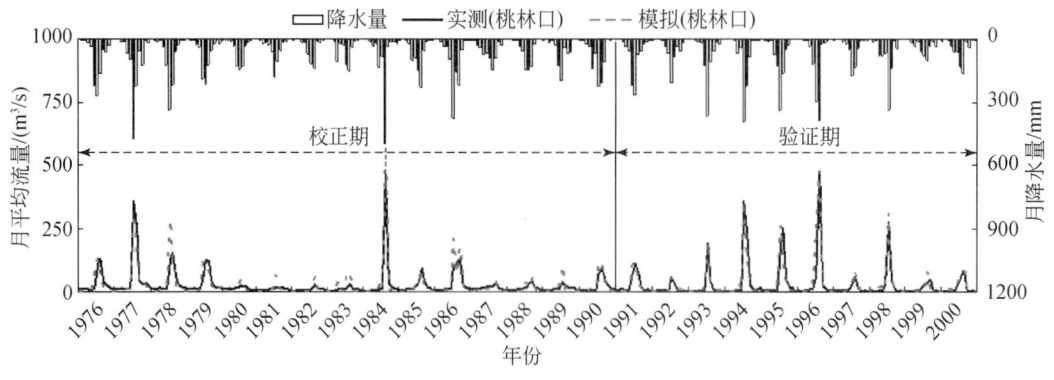

图 5-5 桃林口水库水文站模拟结果与实测结果对比

3）白洋淀流域校验结果。以 500m×500m 的正方形网格将白洋淀流域划分为 139 513 个单元，以日为时间步长进行了 50 年的模拟计算。收集到横山岭水库、王快水库、西大

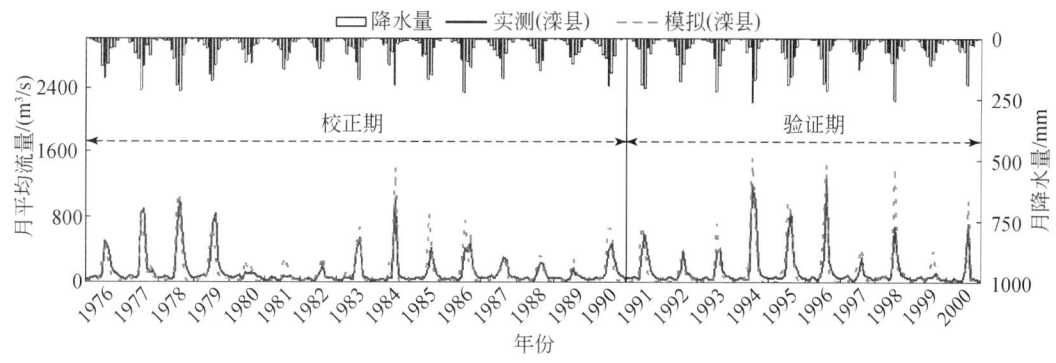

图 5-6　滦县水文站模拟结果与实测结果对比

洋水库、安各庄水库、紫荆关和张坊 6 处水文站 1990~2000 年共 11 年的月径流实测值，并以此为依据进行模型校正。

为弥补初值条件设置方面导致的不足，选取 1987~1989 年为模型预热期，各个水文站径流模拟结果见图 5-7。经模拟计算发现：除西大洋水库和紫荆关水文站外，其他水文站模拟值的 Nash 效率系数均在 0.8 以上，相关系数均在 0.9 以上。由于径流量基数值较小，模拟值与实测值间的相对误差普遍较大，各个水文站处相对误差均超过了 5%（表 5-2），但都小于 10%，模拟结果基本可以接受。

表 5-2　白洋淀流域各水文站径流模拟结果

水文站	横山岭水库	王快水库	西大洋水库	安各庄水库	紫荆关	张坊
相关系数	0.98	0.95	0.96	0.88	0.94	0.95
Nash 效率系数	0.94	0.89	0.67	0.85	0.73	0.85
相对误差/%	5.28	6.41	5.27	9.74	8.66	9.42

5.2　水分生态演变机理定量评价

5.2.1　典型生态系统水分生态演变表征指标体系构建

在流域尺度分布式生态水文模拟的基础上，确定不同水分条件和水文情势下，海河流域典型森林生态系统、草地生态系统和内陆湿地生态系统的水分胁迫特征，并分别对滦河流域内森林、草地生态系统和白洋淀流域内的白洋淀湿地生态系统的生态水分相互作用机理进行综合定量评价。

（1）森林生态系统水分生态演变表征指标体系

气候变化是影响生态环境的主要自然因素，其中温度和降水是主要驱动力，因此选取温度变率和降水变率作为评价指标，对于社会经济指标，主要选取人口密度、经济总量、第三产业产值以及山区耕地面积 4 个指标，其中人口密度主要体现了人口增加对增加粮食

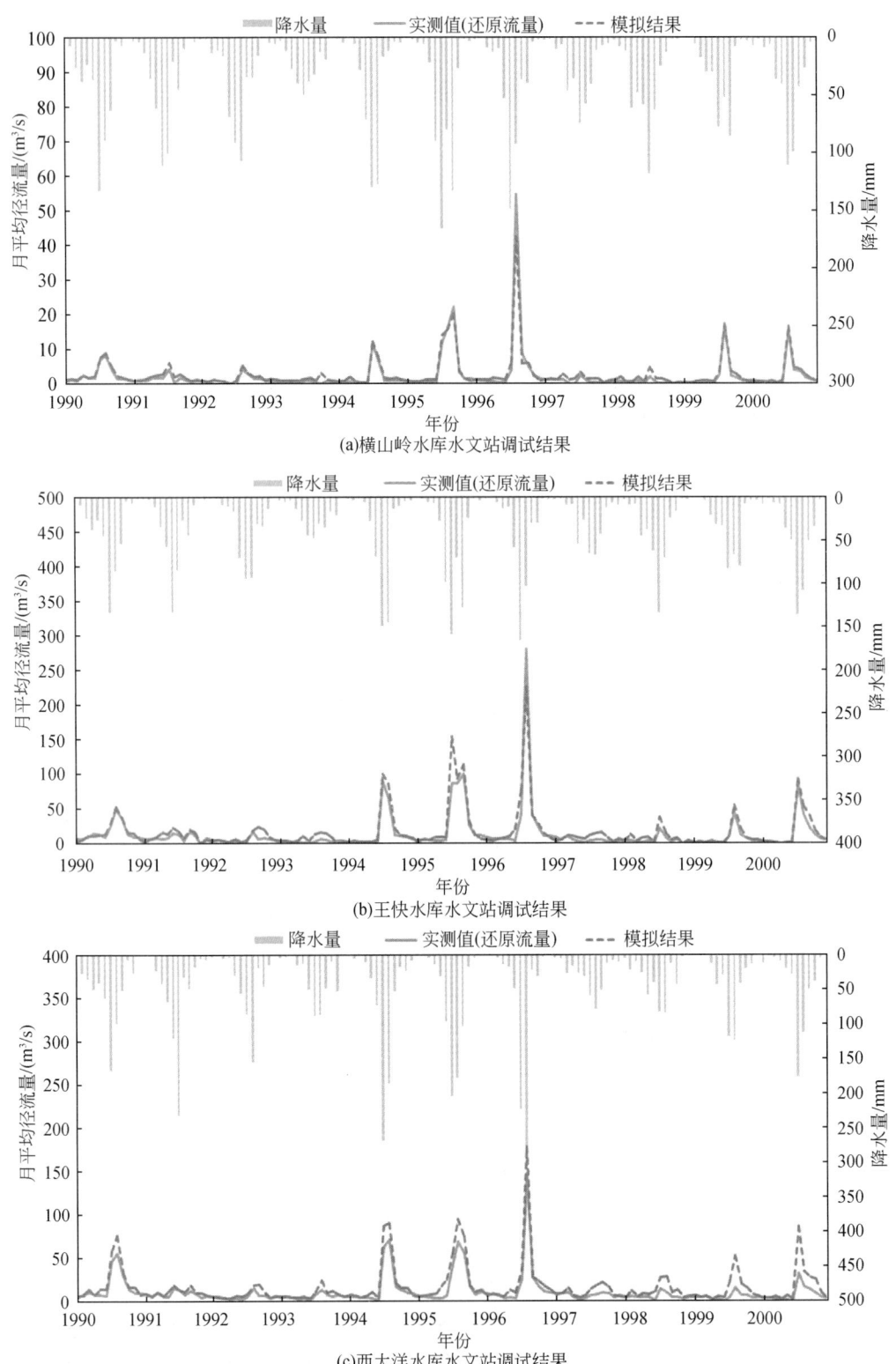
(a) 横山岭水库水文站调试结果
(b) 王快水库水文站调试结果
(c) 西大洋水库水文站调试结果

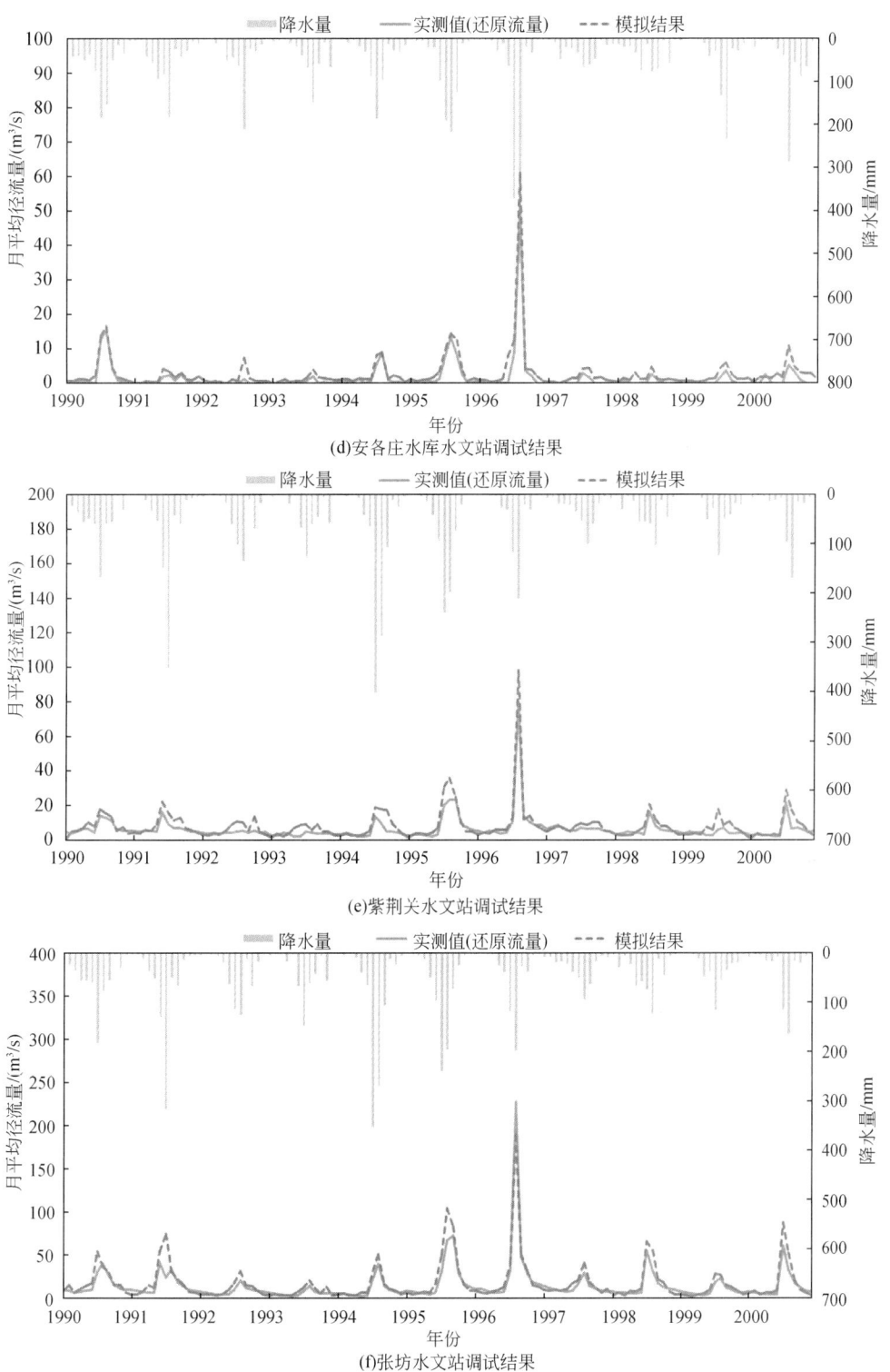

图 5-7 白洋淀流域各水文站径流模拟结果与实测值对比

生产的需求以及对水资源与土地资源带来的压力。由于第三产业对资源环境的依赖程度相对工农业来说较低，所以选取第三产业产值来衡量和评价产业结构调整对生态系统的影响。另外山区耕地面积的多少将直接影响到林地面积，盲目地开荒扩大耕地面积会对森林生态系统造成严重的破坏，所以选取耕地面积作为评价项之一，耕地面积越大，越不利。通常林地面积在整个流域中需要占据一定的面积比例才能发挥其生态功能，而良好的群落构成对于生态系统功能的稳定发挥，对外界压力的响应恢复都很有利，成熟的天然林往往比人工林具有更强的抵抗力和恢复力。结合滦河流域的特点，选取针叶林面积来表征成熟林所占比例，景观破碎化影响景观连通性以及对生物多样性的保护，因此破碎化指数亦作为森林生态系统功能指标的评价项之一。指标体系如图5-8所示。

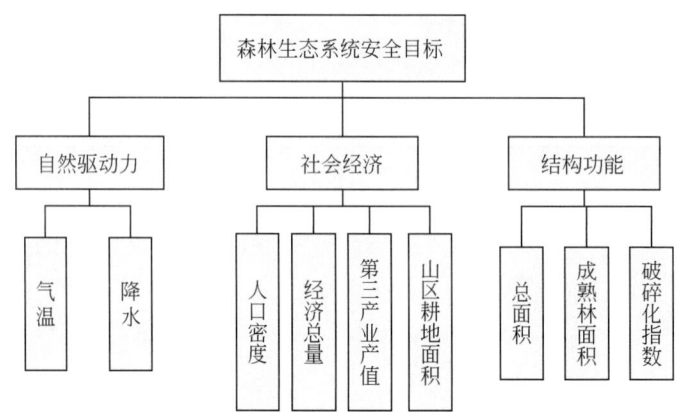

图 5-8　森林生态系统水分生态演变表征指标体系

（2）草地生态系统水分生态演变表征指标体系

同为雨养补给的草地生态系统，其评价指标体系与森林生态系统相似，只是针对草地生态系统的特点对个别表征指标进行调整。整体上也分为自然驱动力、社会经济以及结构功能等3个方面，只是在社会经济项中增加载畜量，结构功能指标中保留面积与破碎化指数，增加覆盖度指标。具体不再赘述。指标体系如图5-9所示。

（3）白洋淀湿地生态系统水分生态演变表征指标体系

本研究主要从湿地可持续利用的角度出发，分析湿地生态系统稳定性与湿地水文情势的关系，并对水分驱动下湿地生态系统的稳定性演变规律与发展趋势进行分析评价。

结合湿地水分生态演变特征，同时考虑人类活动对湿地水分生态演变的影响，本研究将表征指标分为湿地水文情势指标、生态系统指标和社会经济指标三大类，各类指标包含的二级指标及其生态学意义如下。

1）湿地水文情势指标。①入淀水量比例平均变化率：入淀水量占湿地蓄滞洪区设计洪水位（10.5m，大沽高程）以下库容容积（19.17亿m^3）的比例的多年平均变化率，表征白洋淀湿地供水保证率；②生态补水量变化率：流域上游水库或跨流域调水补给湿地的水量（实际入淀量）占当年入淀总水量比例的多年平均变化率，表征湿地的生态缺水程度；③流域降水量变化率：白洋淀流域内部及周边气象站（保定、蔚县、北京、石家庄、饶阳、廊坊

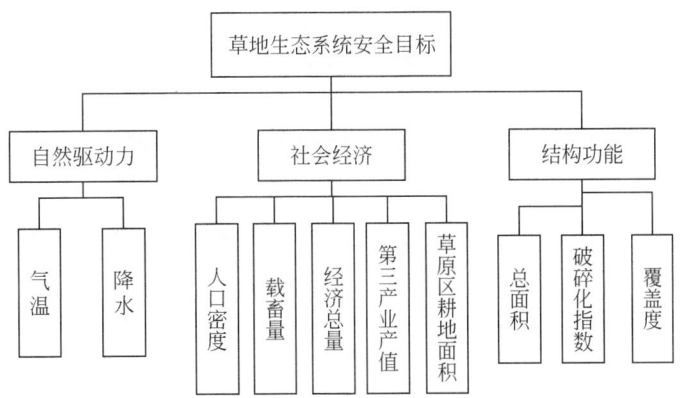

图 5-9 草地生态系统水分生态演变表征指标体系构建

和五台山)降水实测值的多年平均变化率,表征湿地受区域气候变化影响的程度;④地下水资源量变化率:白洋淀湿地周边地下水资源的多年平均变化率,用于表征湿地周边地下水资源量的动态变化情况,在一定程度上反映人为抽取地下水的效应;⑤补给地下水量:湿地水体渗漏量多年平均值,表征湿地在补给区域地下水的过程中所发挥的作用和价值。

2) 生态系统指标。①夏季 (6~9 月) 水面面积变化率:由时相为 6~9 月份的 Landsat TM、ETM+影像解译得到夏季水面空间分布情况,基于 ArcGIS 9.0 平台计算历年的水面面积,再以当年水面面积为基准,计算面积增加或萎缩的比例,用于表征湿地明水面景观的变化程度;②夏季明水面景观破碎化指数变化率:基于 Fragstats 3.3 分别计算湿地堤防范围内类别(class)水平上明水面景观的斑块数量(NP)和平均斑块面积(AREA_MN),然后利用平均斑块面积除以斑块数量,得到破碎化指数,并计算其在统计年份内的平均变化率,用于表征明水面景观的破碎化程度;③上游山区当年造林面积变化率:通过查取白洋淀湿地上游山区历年的造林面积(《河北农村统计年鉴》),计算上游地区植树造林面积的多年平局变化率,表征湿地上游山区水土保持措施实施的程度,在一定程度上能够减少湿地上游河流的泥沙含量;④芦苇产量变化率:通过查取白洋淀历年的芦苇产量(《安新县志》),计算其多年平均变化趋势,表征白洋淀湿地提供生产服务功能的演变特征,在一定程度上能够表明湿地生态系统的稳定程度;⑤栖息地破碎化指数变化率:由 Landsat TM 解译出湿地景观类型数据,利用 Fragstats 3.3 分别计算类别水平上芦苇景观的斑块数量和平均斑块面积,然后利用平均斑块面积除以斑块数量,得到破碎化指数,并计算其在统计年份内的平均变化率,用于表征白洋淀湿地内珍惜保护鸟类的生境破碎化程度;⑥大型植物多样性变化率:通过查阅相关研究论文,利用近年来白洋淀湿地植被调查成果,得到不同年份湿地内大型植物的种(属)数,计算其多样性指数,并将依据两(多)期调查计算的多样性指数结果进行比较,得到统计年份内大型植被的多样性变化率,表征湿地植物群落的演替趋势;⑦浮游植物多样性变化率:利用相关研究成果,得到不同年份湿地内原生动物的种数,计算其多样性指数,并将两(多)期计算结果进行比较,得到统计年份内原生动物的多样性变化率,表征湿地水质水量的演变过程和趋势(需要指出:由于不同的采样和分析方法往往产生较大差异,本研究在选择原始数据时,均选择同种采样方法下的统计结果）；⑧原生动物多样性变化率：计算方法同上，用于表征湿地水质水量的演变过程与趋势；⑨浮游动物多样性变化率：计算方法同上，用于表征湿地水质水量的演变过程与趋势；⑩鱼类多样性变化率：利用近年来湿地内鱼类种群的调查结果，得到不同年份湿地鱼类的种数，计算其多样性，并将依据两（多）期调查计算的多样性指数结果进行比较，得到统计年份内鱼类的多样性变化率，用于表征湿地水质水量的演替过程和趋势，并在一定程度上反映人为捕捞的强度和效应；⑪鸟类多样性变化率：利用近年来湿地内鸟类的调查结果，得到不同年份湿地鸟类的种数，其计算方法同上，用于表征湿地整体生态状况的演替过程和趋势，并在一定程度上反映湿地生态系统的稳定性。

3）社会经济指标。①水产品产量：统计历年白洋淀湿地内水产品的总产量，得到湿地内水产品产量的演变过程和趋势，用于表征湿地提供生产服务功能的程度和趋势；②水产品产值百分比变化率：由统计资料统计得到湿地历年水产品的产值，计算其所占总产值的比例，得到该比例的多年平均变化率，用于表征水产业所占工农业总产值的变化趋势；③人口数量变化率：由统计资料统计得到白洋淀流域内历年人口总数量，计算人口多年平均变化率，用于表征人类活动对湿地的干扰程度；④物质生活指数变化率：由统计资料统计得到白洋淀湿地周边农民历年人均纯收入，计算其多年平均变化率，用于表征区域经济社会发展程度；⑤湿地周边人口素质：由统计资料统计得到白洋淀周边地区历年中学在校总人数，计算其与区域总人口的比例和多年平均变化率，用于表征湿地周边的人口素质的高低程度和演变趋势；⑥湿地保护意识：通过在湿地周边地区调查走访，推算具有湿地保护意识的人数，计算其与区域总人口的比例和不同时段的平均变化率，用于表征湿地周边居民对湿地保护重要性和必要性的认识程度。

5.2.2 评价方法

各个生态系统均采用综合模糊评价方法进行评价，其基本思想是应用模糊关系合成的原理，根据多个因素被评价对象本身存在的形态或隶属上的亦此亦彼性，从数量上对其所属成分都给予刻画和描述。

(1) 表征指标标准划分

1）森林、草地生态系统标准指标标准划分。将森林、草地生态系统这两类生态系统评价指标计算结果分为 5 级，各个等级对应的安全级别和指标计算阈值如下：安全（>0.75），较安全（0.75~0.65），基本安全（0.65~0.55），较不安全（0.55~0.45），不安全（<0.45）。

2）白洋淀湿地生态系统标准指标标准划分。对于白洋淀湿地而言，根据前人的研究成果，综合考虑白洋淀湿地生态系统的实际情况，依据实事求是的原则，将评价指标划分为稳定、较稳定、较不稳定、不稳定 4 级。由于各项指标的计算方法和考核目标不同，分级标准也存在差异（表5-3）。

表5-3 白洋淀湿地水分生态演变机理表征指标标准划分 （单位:%）

一级指标	二级指标	稳定	较稳定	较不稳定	不稳定
水文情势指标	入淀水量变化率	>10	0~10	-10~0	<-10
	生态补水量变化率	0	0~5	5~10	>10
	流域降水变化率	>2	0~2	-2~0	<-2
	湿地周边地下水资源量	>5	0~5	-5~0	<-5
	补给地下水量	>5	0~5	-5~0	<-5
生态系统指标	夏季水面面积变化率	>8	0~8	-8~0	<-8
	水面破碎化指数变化率	>7	0~7	-5~0	<-5
	芦苇产量变化率	>20	0~20	-20~0	<-20
	栖息地破碎化指数变化率	>6	0~6	-6~0	<-6
	上游山区造林面积变化率	>30	0~30	-30~0	<-30
	湿地植物多样性变化率	>5	0~5	-5~0	<-5
	浮游植物多样性变化率	>5	0~5	-5~0	<-5
	原生动物多样性变化率	>5	0~5	-5~0	<-5
	浮游动物多样性变化率	>3	0~3	-3~0	<-3
	鱼类多样性变化率	>5	0~5	-5~0	<-5
	鸟类多样性变化率	>1	0~1	-1~0	<-1
社会经济指标	人口数量变化率	0	0~0.5	0.5~1	>1
	湿地保护意识程度	>5	0~5	-5~0	<-5
	湿地周边人口素质变化率	>5	0~5	-2~0	<-2
	物质生活指数变化率	>10	0~10	-5~0	<-5
	渔业产值变化率	>10	0~10	-5~0	<-5
	水产品产量变化率	>10	0~10	-5~0	<-5

（2）指标权重的获取

不同的生态系统内部的生态过程多种多样，在表征指标选取和标准划分的基础上，采用咨询专家法确定各类生态系统的分项指标权重。

1）森林、草地生态系统标准权重获取。表5-4、表5-5给出了各参评指标的权重值。二级指标的各分项指标根据收集到的1986~2008年研究区域气象、社会经济、生态等各方面的信息，计算得到各分项指标多年平均的变化倾向率。

表5-4 森林生态系统各评价指标权重

一级指标	权重	归一化权重	二级指标	权重	归一化权重
自然驱动力	1	0.4	气温	0.5	0.3333
			降水	1	0.6667

续表

一级指标	权重	归一化权重	二级指标	权重	归一化权重
社会经济	1	0.4	人口密度	0.25	0.1250
			经济总量	0.5	0.2500
			第三产业产值	0.25	0.1250
			山区耕地面积	1	0.5000
结构功能	0.5	0.2	面积	1	0.5714
			成熟林面积	0.5	0.2857
			破碎化指数	0.25	0.1429

表 5-5 草地生态系统各评价指标权重

一级指标	权重	归一化权重	二级指标	权重	归一化权重
自然驱动力	1	0.4	气温	0.6	0.375
			降水	1	0.625
社会经济	1	0.4	人口密度	0.25	0.0893
			载畜量	0.8	0.2857
			生产总值	0.5	0.1786
			第三产业产值	0.25	0.0893
			耕地面积	1	0.3571
结构功能	0.5	0.2	面积	1	0.5714
			破碎化指数	0.25	0.1429
			覆盖度	0.5	0.2857

2）白洋淀湿地生态系统标准权重获取。各分项指标权重结果见表 5-6。

表 5-6 白洋淀湿地水分生态演变机理表征指标权重

一级指标	权重	归一化权重	二级指标	权重	归一化权重
水文情势指标	1	0.4	入淀水量变化率	1	0.0645
			生态补水量变化率	1	0.0645
			流域降水变化率	0.5	0.0323
			湿地周边地下水资源量	0.5	0.0323
			补给地下水量	0.25	0.0161

续表

一级指标	权重	归一化权重	二级指标	权重	归一化权重
生态系统指标	1	0.4	夏季水面面积变化率	1	0.0645
			水面破碎化指数变化率	1	0.0645
			芦苇产量变化率	1	0.0645
			栖息地破碎化指数变化率	1	0.0645
			上游山区造林面积变化率	0.5	0.0323
			湿地植物多样性变化率	1	0.0645
			浮游植物多样性变化率	0.5	0.0323
			原生动物多样性变化率	0.5	0.0323
			浮游动物多样性变化率	0.5	0.0323
			鱼类多样性变化率	1	0.0645
			鸟类多样性变化率	1	0.0645
社会经济指标	0.5	0.2	人口数量变化率	0.25	0.0161
			湿地保护意识程度	0.25	0.0161
			湿地周边人口素质变化率	0.25	0.0161
			物质生活指数变化率	0.5	0.0323
			渔业产值变化率	1	0.0645
			水产品产量变化率	1	0.0645

5.2.3 评价结果分析

(1) 森林、草地生态系统评价结果分析

评价结果表明，森林生态系统的安全度指数等于 0.57，表明整体上安全指数处于中等程度，系统整体上处于一个基本安全的状态（0.65~0.55），但相对脆弱（接近不安全的临界值 0.55）。滦河流域森林生态系统健康安全与地形地貌、海拔、气候条件、林地结构、人类活动干扰以及国家宏观政策有关。从单项因子的安全度看，系统中结构功能指标的成熟林面积所占比例过低是造成森林生态系统整体安全度不高的一个重要原因。群落组成物种多样、结构越复杂、功能越稳定的生态系统，安全指数就越高，而人工林，尤其是人工纯林，生产力水平虽高，但安全指数低。降水是植物生长和森林物种分布的重要限制性因子，降水可以通过物种多样性来影响生态系统的稳定。气温也是决定森林生长分布的主导因子之一，主要是通过对森林物种多样性和森林生产力来影响森林生态系统安全指数，但对整体安全度影响不是很明显。

草地生态系统的安全度指数等于 0.51，处于不安全状态（0.55~0.45）。从分项因子的安全度看，覆盖度指数、载畜量是影响整体草地生态系统安全度指数的重要因素。覆盖度与草场新鲜可食草量有直接关系，进而影响载畜量。另外，降水是影响草地生态系统初级生产力的关键影响因子，近些年降水量的减少趋势在一定程度上降低了草地生态系统的安全度指数。

（2）白洋淀湿地生态系统评价结果分析

将各项二级指标的变化率计算结果乘以表 5-6 中对应的权重值并相加，得到白洋淀湿地水分生态演变机理的定量评价结果，计算得到湿地生态水分演变的稳定度为 -2.15%，处于较不稳定状态。

对于水文情势指标而言，除入淀水量变化率、补给地下水量变化率处于稳定状态以外，生态补水量变化率、流域降水量变化率、地下水资源量变化率均处于较不稳定状态。

生态系统各二级指标中，芦苇产量变化率为 -4.82%，处于较不稳定状态；栖息地破碎化指数变化率取值 -6.8%，夏季水面面积变化率平均变化率达 -8.71%，二者均处于不稳定状态；水面破碎化指数变化率、各生物多样性变化率均处于较不稳定状态。

社会经济指标中的湿地保护意识、湿地周边人口素质、物质生活指数均处于较稳定状态，人口数量变化率、水产品产量和渔业产值则处于较不稳定状态。

5.3 流域生态系统服务功能评估模型

（1）模型选取与构建

与斯坦福大学共同完善了生态系统服务功能评估模型 InVEST（integrated valuation of ecosystem services and tradeoffs）。

1）水质净化模型。水质净化功能评价主要基于输出系数途径进行评价，评价方法为

$$\text{ALV}_x = \text{HSS}_x \cdot \text{pol}_x \tag{5-3}$$

式中，ALV_x 为栅格 x 调节的载荷值；pol_x 为栅格 x 的输出系数；HSS_x 为栅格 x 的水文敏感性得分值，其计算方法为

$$\text{HSS}_x = \frac{\lambda_x}{\bar{\lambda}_W} \tag{5-4}$$

式中，λ_x 为栅格 x 的径流指数，$\bar{\lambda}_W$ 为流域平均径流指数。其中：

$$\lambda_x = \log\left(\sum_{u=1}^{x} Y_u\right) \tag{5-5}$$

式中，$\sum_{u=1}^{x} Y_u$ 为径流路径内 x 栅格以上栅格产水量的总和（包括栅格 x 的产水量）。

2）水量模型。水量通过下述模型进行计算：

$$Y_{jx} = \left(1 - \frac{\text{AET}_{xj}}{P_{xj}}\right) P_{xj} \tag{5-6}$$

式中，Y_{jx} 为第 j 土地利用类型栅格 x 的产水量；AET_{xj} 为第 j 土地利用类型栅格 x 的每年实际腾发量；P_{xj} 为第 j 土地利用类型栅格 x 的年降水量。

$\dfrac{\text{AET}_{xj}}{P_{xj}}$ 通过 Zhang 系数确定：

$$\frac{\text{AET}_{xj}}{P_{xj}} = \frac{1 + \omega_{xj}R_{xj}}{1 + \omega_{xj}R_{xj} + \dfrac{1}{R_{xj}}} \quad (5\text{-}7)$$

式中，R_{xj} 是一无量纲的比例（即腾发量与降水量，土地利用 j 中栅格 x 的值），其计算公式为

$$R_{xj} = \frac{k_j \cdot \text{ET}_{0x}}{P_{xj}} \quad (5\text{-}8)$$

式中，ET_{0x} 为栅格 x 的参考腾发量；k_j 为植物土地利用 j 栅格 x 的植物蒸腾系数；ω_{jx} 为一个无量纲的比例（即植物可获得的水分储量与期望的降水量）：

$$\omega_{xj} = Z\left(\frac{\text{AWC}_x}{P_{xj}}\right) \quad (5\text{-}9)$$

式中，AWC_x 为土壤中植物可获得水的体积（mm）；Z 为用于每一同质流域的参数，主要取决于降水量及其分布。

（2）模型验证

各模型验证如图 5-10 所示。

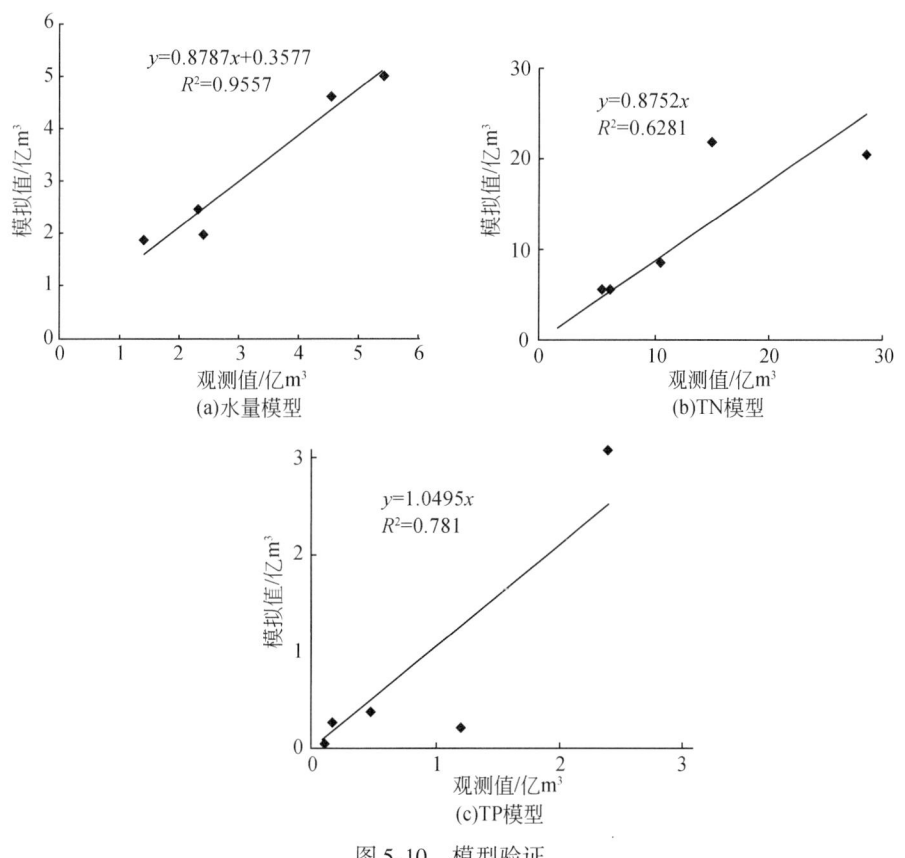

图 5-10　模型验证

(3) 情景模拟

白洋淀流域位于华北平原中部，113°39′E ~ 116°11′E，39°4′N ~ 40°4′N，流域面积31 200km²。流域地形地貌复杂，地势西高东低，山区占流域面积的64.1%。山区主要是森林和草地，平原地区主要是农田（图5-11）。森林、草地和农田分别占流域面积的26.13%、26.74%和36.57%。流域内多年平均水资源量为31.18亿 m³，人均水资源量仅为297 m³，大大低于国际公认的人均500 m³的极度缺水线，属极度缺水地区。此外，由于受自然条件和人类活动影响，近年来河流地表径流减少，且接纳了大量的城镇生活污水、工业废水和农业上大量的农药、化肥，造成水质严重污染，白洋淀流域生态环境受到严重威胁。本研究选取白洋淀流域开展研究。

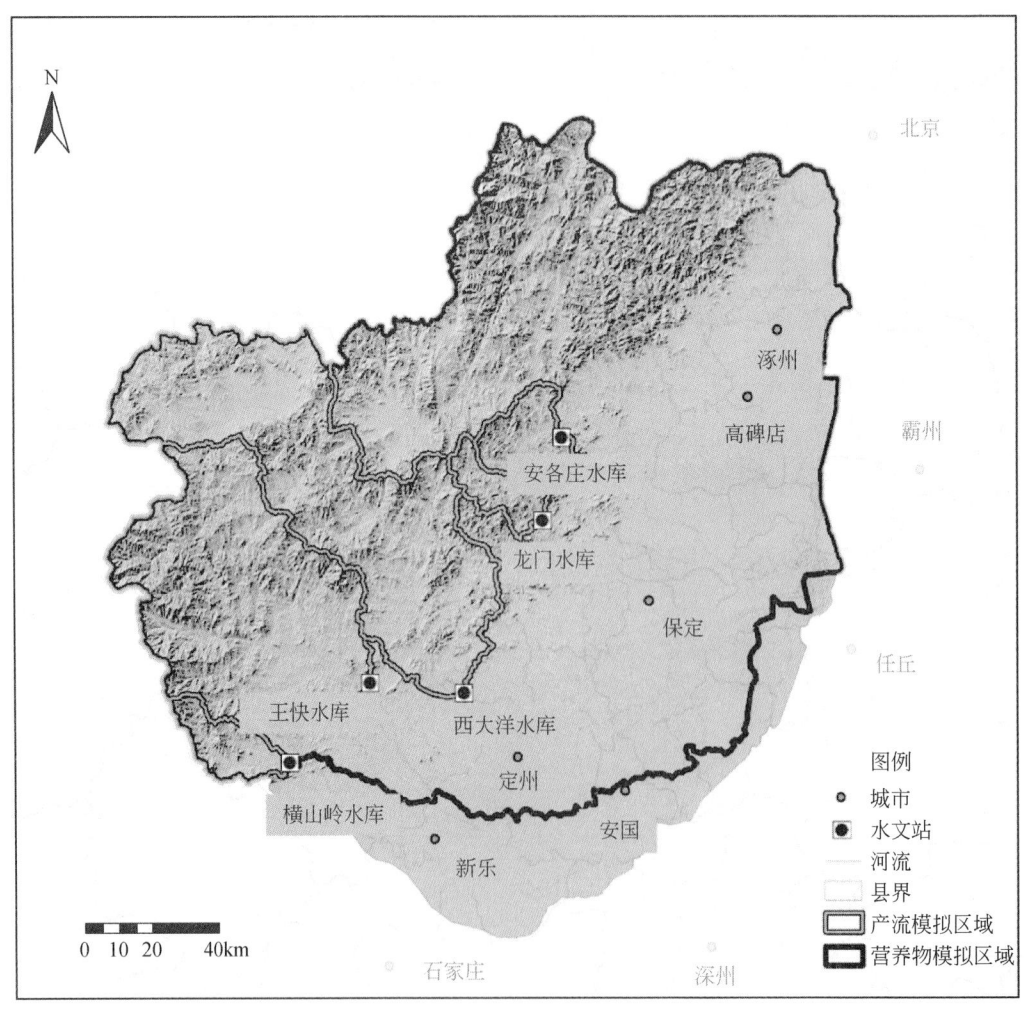

图5-11 白洋淀流域位置

1）情景设置。

情景1（se1）：没有农田被侵占；

情景2（se2）：没有城市扩张（研究时间段内，所有转移为农田或城市的土地将保留为起始年份的状态）；

情景3（se3）：农田扩张（将研究区土地进行土地适宜性评价，将具有高农业产出的区域全部定为农业区域，即使有些地方不是耕地，也转移过来，城市和水域除外）；

情景4（se4）：森林扩张1（将研究区土地进行土地适宜性评价，将具有高林业产出的区域全部定为森林，即使有些地方不是森林，也转移过来，城市和水域除外）；

情景5（se5）：森林扩张2（沿水系建立50m缓冲区，全部转移为森林，城市和水域除外）。

2）土地利用变化对生态系统服务功能影响及调控。

从水电来看，2007年白洋淀流域用于水电生产的水量是 $360.91\times10^6 m^3$，水电价值是 21.91×10^6 元。与2007年相比，仅se3情景下，白洋淀流域水电生产的能力下降，水电价值减少了 13.51×10^6 元。其他情景下，水电价值增加，尤其se4和se5两种情景下水电价值最多，分别增加了 13.55×10^6 和 4.34×10^6 元（表5-7，表5-8，图5-12，图5-13）。

表5-7 不同情景下服务功能物质量

情景	水源涵养量 /$10^6 m^3$	保持量/$10^6 kg$ N	保持量/$10^6 kg$ P	输出量/$10^6 kg$ N	输出量/$10^6 kg$ P
2007年	360.91	28.60	0.96	9.18	0.45
se1	385.98	24.93	1.05	6.15	0.40
se2	372.50	24.75	1.11	5.58	0.43
se3	138.31	30.62	1.25	9.86	0.65
se4	584.08	27.84	0.92	8.91	0.42
se5	432.34	30.66	1.27	5.26	0.24

表5-8 与2007年相比不同情景服务功能增减量

与2007年相比	水力发电用水量/$10^6 m^3$	水质/$10^6 kg$ N	水质/$10^6 kg$ P	农业生产价值量/10^6 元
se1	25.08	-3.68	0.09	141.84
se2	11.59	-3.86	0.15	254.26
se3	-222.59	2.01	0.28	725.22
se4	223.17	-0.76	-0.05	-156.31
se5	71.43	2.06	0.31	-30.29

2007年白洋淀流域各种生态系统保持的N总量为 $28.60\times10^6 kg$。其他各种情景下，se5保持的N最多，为 $30.66\times10^6 kg$；其次是se3，保持量为 $30.62\times10^6 kg$；se2情景下保持的N最少，仅为 $24.75\times10^6 kg$。各种情景与2007年相比，se1、se2和se4 3种情景下，保持的N减少，尤其在se2减少的最多。se3和se5增加，但se5的增加量大于se3的增加

量。从不同生态系统类型的 N 保持的情况来看，各种情景下农田的保持量均是最大，其次是草地和森林。与 2007 年相比，农田 N 保持量仅在 se3 呈增加趋势，在其他情景下均是减少，减少最多的是在 se1。森林 N 保持量在 se1 和 se2 两种情景下减少，在其他 3 种情景下均是增加，尤其在 se5 情景下增加得非常多（图 5-12，图 5-13，表 5-7，表 5-8）。

2007 年白洋淀流域各种生态系统保持的 P 总量为 0.96×10^6 kg。不同情景来看，se5 保持的 P 最多，为 1.27×10^6 kg；其次是 se3，保持量为 1.25×10^6 kg；se4 情景下保持的 P 最少，仅为 0.92×10^6 kg。各种情景与 2007 年相比，仅 se4 P 保持量减少，其减少量为 0.05×10^6 kg，其他情景下均是增加，其中增加最多的是 se5，增加量为 0.31×10^6 kg。从不同生态系统类型的 P 保持情况来看，各种情景下农田的保持量均是最大，其次是草地和森林。与 2007 年相比，农田 P 保持量在 se1、se2 和 se3 呈增加趋势，在其他情景下均是减少。森林 P 保持量在所有情景下都是增加，尤其在 se5 情景下增加得非常多（图 5-12，图 5-13，表 5-7，表 5-8）。

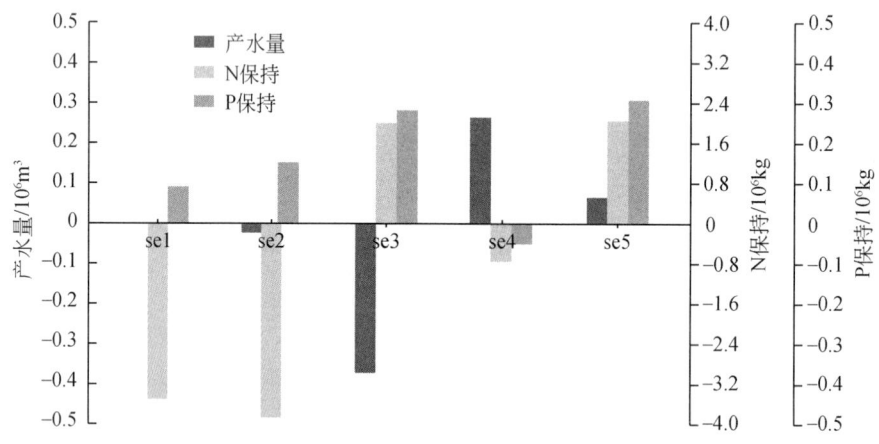

图 5-12　与 2007 年相比各种情景下水文服务功能变化量

不同服务功能在各种情景下经数据标准化后的大小如图 5-14 所示。se1 和 se2 两种情景下，农业产出价值与 2007 年相比相差不大，但 N、P 保持量太少，导致流域 N、P 输出量较多。se3 情景下，农业产出价值最大，输出 N、P 量最多，分别为 N 9.65×10^6 kg，P 0.65×10^6 kg。se4 水电价值最大，但是农田产出价值仅为 1.41×10^9 元，而且出水口 N、P 输出量也比较高。se5 N、P 保持价值最大，水电的价值在所有情景里排第二，而且在各个情景下 N、P 输出量最少。不同情景下服务功能权衡如图 5-14 所示。

本研究模拟了 5 种不同管理策略下白洋淀流域土地利用情况，分别是：没有农田被侵占情景（se1）、没有城市扩张情景（se2）、农田扩张情景（se3）、森林扩张情景 1（se4）和森林扩张情景 2（se5）。本研究利用 InVEST 模型，模拟了各种情景下 3 种服务功能（农业生产、水电和水质），权衡了服务功能与人们实际收益之间的关系。结果表明：水电在 se4 情景下最大，在 se3 情景下最小；N、P 保持功能 se5 最大，流域输出的 N、P 量在该情景下最少。se4 情景下农业生产在各种情景下损失最多，se5 情景下损失较少。se5 较

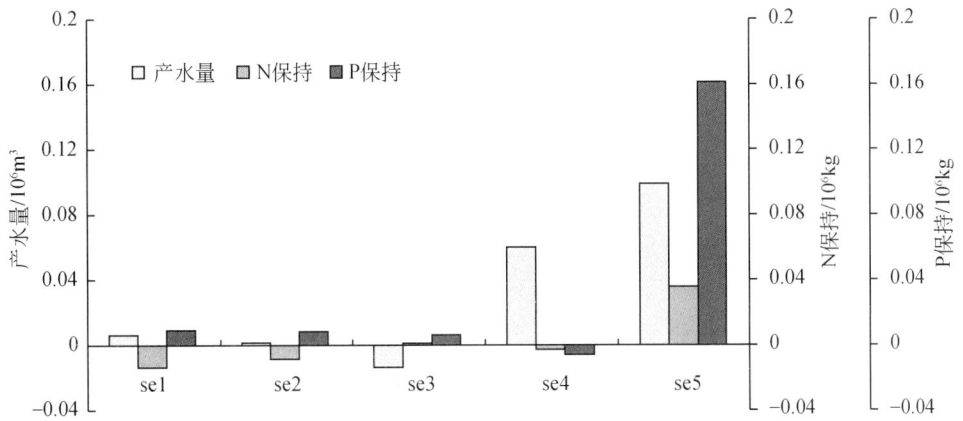

图 5-13　各种情景下农田面积增加 1% 对应的水文服务功能变化（基于 2007 年）

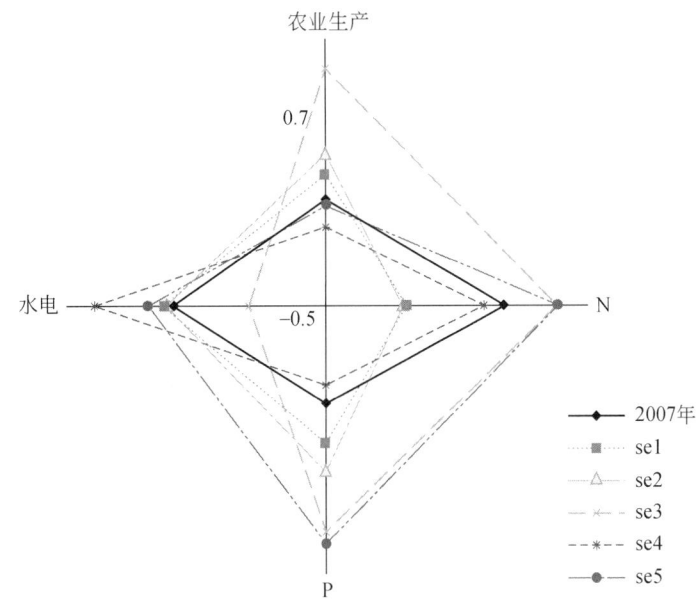

图 5-14　各种情景下生态系统服务功能权衡

好地权衡了人们实际收益与服务功能之间的关系。在该情景下，既最大限度地保障了人们的实际收益，生态系统的其他服务功能也得到了保护和增强。

5.4　海河流域河流生态的水文调控策略

海河流域水生态问题很多，水污染严重和和生态供水不足是目前流域水生态最为严重的问题，如何保持或增加现有水域、改善水质，是流域水资源保护和水生态修复最为核心的问题。

5.4.1 海河流域河流生态修复布局分析

(1) 流域上游：建立以水源地为核心的生态保护屏障

海河流域89%的水源地分布于流域上游，目前89%的水源地水质达到地表饮用水标准。保护和恢复这些水源地水质，不仅是为了保障海河流域供水安全，同时也是保持和维护以水源地为核心的流域上游水生态屏障的必然要求。为此，应尽快划定水源地保护区，加强水源地上游城市及工业重点污染源治理，限期关闭所有入河排污口，加强面污染源治理和控制，继续开展水土保持水源涵养工程建设。加强内陆河湿地生态系统监测和水源涵养工作，保持流域内陆河良好生态系统。

(2) 流域中游：保护重点湿地水域生态系统

目前流域中游现存湿地102个，其中滨海湿地1个，河流湿地57个，湖泊湿地10个，沼泽湿地2个，库塘湿地32个。维护湿地现有水域，改善湿地水质，是实现"湿润海河、清洁海河"，保持和改善流域水生态环境的关键和重要组成部分。应紧紧围绕白洋淀、衡水湖等重点湿地和京杭大运河等骨干河段开展湿地生态修复工作。

(3) 流域下游：保护和改善环渤海湾生态带

海河流域海岸线总长920 km，沿线分布有入海河口12个，面积超过2000hm^{2}的滨海湿地7处，湿地总面积25万hm^2。保护好环渤海湾滨海湿地生态带对恢复和改善流域生态系统将起到至关重要的作用。重点做好滦河、永定新河、海河、漳卫新河河口以及七里海、南北大港等滨海湿地保护工作，控制入海污染物排放总量。

5.4.2 流域河流生态系统水文调控工程措施

(1) 闸坝控制工程

目前海河流域七大水系均建立了山区水库和平原水闸水资源控制枢纽，对流域水资源的调配能力很高，可以充分利用这些枢纽开展河道生态水量调配工作。

(2) 河网化工程

由于地形和历史的原因，流域七大河系有六大河系水系相连，虽经分流入海治理，但河系相通的格局仍然未变，稍加整治即可实现河网化水量调配，充分利用雨洪资源，并保证重点湿地和河段生态供水。

(3) 京杭大运河

京杭大运河不仅具有深厚的文化资源，其自身的横穿海河各河系的河道工程也为修复海河生态系统提供了良好的工程条件，它使海河五大河系相连，京、津、沧、德城市水陆相通，恢复京杭大运河生态走廊对修复海河生态具有特殊的文化和历史意义。

(4) 南水北调工程

已经开工的南水北调工程，将为海河流域带来68亿m^{3}的外调水量，不仅弥补了流域水资源的严重不足，更使得海河流域能有机会进行"三生"用水的结构调整，从而提高流域生态用水保证程度，改善水生态环境。

5.4.3 流域河流生态系统水文调控非工程措施

（1）水库生态调度系统

水库大坝对河流生态环境的影响越来越多地得到了政府和社会公众的关注。改善现行的水库调度方法，在不影响水库的社会经济效益的前提下，应尽可能满足水生生物对于水文、水力学因子的需求。另外，采用新的水库调度模式对于减轻水库淤积、改善河湖连通性等也会带来益处。因此可以说，实施"水库的多目标生态调度"，是对筑坝河流的一种生态补偿。

1）生态调度主要考虑以下生态需求：①维持水库下游河道基本生态用水；②模拟自然水文情势，为河流重要生物产卵、繁殖和生长创造适宜的水文水力条件；③防止库区富营养化和应对突发水环境事件。

针对上述生态需求，应协调各水库管理单位制订具有可操作性的生态调度实施方案。

2）水库生态调度。水库作为人类改造河流湖泊、利用水资源的重要方式，对社会发展起到了不可替代的作用；在新时期，它还要承担起维持河流健康的使命，维护安全的人类生态格局。因此，水库生态调度应遵循以下基本原则：①以满足人类基本需求为前提。人类修建水库的初衷和目的是维护人类生计，保护人类生命财产安全，因此水库生态调度也首先应考虑满足人类的基本需求。②以河流生态需水为基础。河流生态需水是水库生态调度的重要依据，水库下泄水量（泄流时间、泄流量、泄流历时等）应根据下游河道生态需水要求进行泄放。③遵循生活、生态和生产用水共享的原则。生态需水只有与社会经济发展需水相协调，才能得到有效保障。生态系统对水的需求有一定弹性，在生态系统需水阈值区间内，应结合区域社会经济发展的实际情况，兼顾生态需水和社会经济需水，合理确定生态用水比例。④维护河流健康。水库生态调度既要在一定程度上满足人类社会经济发展的需求，同时也要考虑满足河流生命得以维持和延续的需要，其最终目标是维护河流健康，实现人与河流和谐发展。

3）水库多目标生态调度模型。

水库生态调度通过控制水库的出库流量，控制库区水位的变化速率，防止库区水环境恶化；通过分层泄流设施协调泄流，使水库下泄水流的温度满足水生生物的要求；通过控制汛期水库的下泄流量和泄洪孔的开启状态，解决水库库区泥沙淤积和气体过饱和问题；通过控制水库最小泄流量及流量变化率，解决水库下游河道生态需水问题。

水库生态调度以水库调度所产生的经济效益、社会效益和生态环境效益等综合效益最大为目标函数。经济效益包括发电、灌溉、航运等效益，社会效益包括防洪、供水等效益，生态环境效益包括生态效益和环境效益。本研究在满足可持续发展前提下，对于以供水为主的水库，寻求对下游河道生态需水满足程度、对供水系统所产生的经济效益、社会效益3个目标之间的非劣转换关系，从而确定水库最佳的运行方式。目标函数描述如下：

生态目标：水库下游最小生态流量缺水率最小。其函数为

$$\min f_1 = \sum_{t=1}^{T} \left(\frac{D_{et} - Q_{et}}{D_{et}} \right)^2 \tag{5-10}$$

式中，D_{et}为第t时段水库下游生态需水量；Q_{et}为第t时段水库下游生态需供水量。

社会目标：供水系统缺水率最小。其函数为

$$\min f_2 = \sum_{j=1}^{J} \sum_{k=1}^{K} \alpha_{jk} \sum_{t=1}^{T} \left(\frac{D_{jkt} - Q_{jkt}}{D_{jkt}} \right)^2 \tag{5-11}$$

式中，D_{jkt}为第t时段第j供水区第k用水部门需水量；Q_{jkt}为第t时段水库向第j供水区第k用水部门供水量；α_{jk}为第j供水区第k用水部门权重系数；J为供水区数；K为用水部门数。

经济目标：经济效益最大化。其函数为

$$\min f_3 = \sum_{j=1}^{J} \sum_{k=1}^{K} \alpha_{jk} \left(b_{jk} \sum_{t=1}^{T} Q_{jkt} - c_{jk} \sum_{t=1}^{T} Q_{jkt} \right) \tag{5-12}$$

式中，b_{jk}为水库向第j供水区第k用水部门供水的效益（元/m³）；c_{jk}为水库向第j供水区第k用水部门供水的费用（元/m³）。

约束条件：

水量平衡：

$$V_t = V_{t-1} + \mathrm{WI}_t - \sum_{j=1}^{J_m} Q_{jt} - \mathrm{VS}_{m,t} - Q_{et} - q_{弃,t} \tag{5-13}$$

式中，V_{t-1}为水库第$t-1$时段水库蓄水量；V_t为水库第t时段水库蓄水量；WI_t为水库第t时段入库水量；$\mathrm{VS}_{m,t}$为水库第t时段损失量；$q_{弃,t}$为水库第t时段弃水量；m为水库数。

需水约束：

$$Q_{jkt} \leq D_{jkt} \tag{5-14}$$

可供水量约束：

$$\sum_{j=1}^{J} \sum_{k=1}^{K} Q_{jkt} \leq W_t \tag{5-15}$$

供水能力约束：

$$\sum_{k=1}^{K} Q_{jkt} \leq Q_{j\max} \tag{5-16}$$

库容约束：

$$V_{i\min} \leq V_i \leq V_{i\max} \tag{5-17}$$

非负约束：所有变量均为非负值。

（2）基于生态调度的流域水资源优化配置

现行的水库调度中为了尽可能减轻水库建设对河流生态系统和天然水环境的影响，考虑水库下游的生态需水要求和库区水环境要求的调度方式。在流域水资源配置过程中也存在同样的问题，尤其是海河流域支流众多，为了保持干流与各支流的河道生态需水，在海河流域水资源优化配置研究中，生态调度也显得尤为重要。

1）模型目标函数。水资源的开发、利用、治理、配置、节约和保护等活动，必须以生态经济系统为依托，以可持续性、有效性、公平性为原则进行科学配水。

社会目标：考虑公平性原则，各地区之间要统筹规划，合理地分配过境水量。近期原则上要不断减少乃至停止对深层地下水的开采，作为未来的应急水源地。用水目标上，要尽量保证最为必要的生活用水部分，然后依次是河道内最小生态需水、第二产业和第三产业需水、农业需水、河道外生态需水等；在用水对象中，要注意提高农村饮水保障程度和保护城市低收入人群的用水。此处所拟定的公平性原则目标为使供水系统缺水率最小：

$$\min f_1 = \sum_{j=1}^{J} \sum_{k=1}^{K} \alpha_{jk} \sum_{t=1}^{T} \left(\frac{D_{jkt} - \sum_{i=1}^{I} Q_{ijkt}}{D_{jkt}} \right)^2 \tag{5-18}$$

式中，D_{jkt} 为规划水平年第 j 个子区第 k 用水部门时段 t 的需水量；Q_{ijkt} 为规划水平年第 i 供水水源给第 j 供水子区第 k 用水部门第 t 时段的供水量；α_{jk} 为第 j 供水子区第 k 用水部门的权重系数。

经济目标：考虑有效性原则，通过各种措施提高参与生活、生产和生态过程的水量及其有效程度。增加单位供水量对农作物及第二三产业的产出，增加有效水资源量，力求达到供水的最大经济效益。此处拟定经济目标，为经济效益最大化目标：

$$\max f_2 = \sum_{j=1}^{J} \sum_{k=1}^{K} \left(\sum_{i=1}^{I} b_{ijk} \sum_{t=1}^{T} Q_{ijkt} - \sum_{i=1}^{I} c_{ijk} \sum_{t=1}^{T} Q_{ijkt} \right) \tag{5-19}$$

式中，b_{ijk} 为第 i 水源向第 j 供水区第 k 用水部门供水的效益（元/m³）；c_{ijk} 为第 i 水源向第 j 供水区第 k 用水部门供水的费用（元/m³）。

环境目标：考虑可持续性原则，尽量减少污水排放量以及污水中的污染物质含量，保证水环境和流域生态环境健康稳定。此处列出环境目标，为排放污水中 COD 排放量最小的目标：

$$\min f_3 = \sum_{j=1}^{J} \sum_{k=1}^{K} 0.001 d_{jk} p_{jk} \sum_{t=1}^{T} \sum_{i=1}^{I} Q_{ijkt} \tag{5-20}$$

式中，d_{jk} 为第 j 子区第 k 用水部门单位废水排放量中重要污染因子的含量（mg/L）；p_{jk} 为第 j 子区第 k 用水部门的污水排放系数。

2）模型约束条件。此配置模型的约束条件有如下几点：

生态调度需水量约束：为了保持河道生态需水，拟定了以下约束：

$$\sum_{t=1}^{T} WR_{nt} - \sum_{t=1}^{T} \sum_{j=1}^{p} Q_{njt} - \sum_{t=1}^{T} WS_{nt} \geqslant W_{nb} \tag{5-21}$$

$$j = 1, 2, \cdots, p$$

式中，WR_{nt} 为第 n 支流第 t 时段的径流量；p 为第 n 支流所供水的子区数目；W_{nb} 为第 n 支流的最小生态需水量；WS_{nt} 为第 n 支流第 t 时段的损失水量；Q_{njt} 为第 n 支流向第 j 子区第 t 时段的供水量。

可供水量约束：

$$\sum_{j=1}^{J} \sum_{k=1}^{K} Q_{ijkt} \leqslant W_{it} \tag{5-22}$$

式中，W_{it} 为第 i 水源第 t 时段的水资源量。

需水量约束：

$$\sum_{i=1}^{I} Q_{ijkt} \leq D_{jkt} \tag{5-23}$$

供水能力约束：

$$\sum_{k=1}^{K} Q_{ijkt} \leq Q_{\max ij} \tag{5-24}$$

水库库容约束：

$$\text{VD}_{m,t} \leq V_{m,t} \leq \text{VX}_{m,t} \tag{5-25}$$

式中，$\text{VD}_{m,t}$ 为第 m 水库第 t 时段的死库容；$\text{VX}_{m,t}$ 为第 m 水库第 t 时段的最大允许蓄水库容，在非汛期对应的是兴利库容，汛期对应的防洪限制水位对应的库容，该数值等于兴利库容减去结合库容；$V_{m,t}$ 为第 m 水库第 t 时段的库容，其计算公式为

$$V_{m,t} = V_{m,t-1} + \text{WI}_{m,t} - \sum_{j=1}^{J_m} Q_{mjt} - \text{VS}_{m,t} - q_{\text{下泄}m,t} \tag{5-26}$$

$$j = 1, 2, \cdots, m$$

式中，$V_{m,t-1}$ 为第 m 水库第 $t-1$ 时段的库容；$\text{WI}_{m,t}$ 为第 m 水库第 t 时段的来水量；Q_{mjt} 为第 m 水库第 t 时段向第 j 子区的供水量；$\text{VS}_{m,t}$ 为第 m 水库第 t 时段的损失水量；$q_{\text{下泄}m,t}$ 为第 m 水库第 t 时段的下泄水量；J_m 为第 m 水库所供水的子区数目。

水库下游河道最小生态最小生态需水约束：

$$q_{\text{下泄}m,t} \geq \text{QE}_{m,t} \tag{5-27}$$

式中，$q_{\text{下泄}m,t}$ 为第 m 水库第 t 时段的下泄水量；$\text{QE}_{m,t}$ 为第 m 水库下游河道第 t 时段的最小生态需水流量。

河口防潮压咸流量约束：针对入海河流在入海口处需要防潮压咸的流量，提出如下约束：

$$W_M \geq W_{M\min} \tag{5-28}$$

式中，W_M 为入海河流入海流量；$W_{M\min}$ 为入海河流最小入海压咸水量。

地下水允许开采约束：

$$\sum_{j=1}^{J} \sum_{t=1}^{T} Q_{ljt}^u \leq \sum_{t=1}^{T} W_{lt}^u \tag{5-29}$$

$$l = 1, 2, \cdots, n$$

式中，Q_{ljt}^u 为第 l 地下水源第 t 时段向第 j 个子区的供水量；W_{lt}^u 为第 l 地下水源第 t 时段的可开采量；n 为地下水源数目。

变量非负约束：

$$Q_{ijkt} \geq 0 \tag{5-30}$$

5.4.4 流域水文调控实例——以海河流域内河北省南水北调受水区为例

河北省南水北调受水区地处京津以南的太行山前平原区，涉及邯郸、邢台、石家庄、保定、廊坊、沧州、衡水共 7 个市 91 个县（市），总土地面积 6.21 万 km²。该区是河北

省经济发展的重点区域，在国家京津冀都市圈经济发展战略和河北省"一线两厢"战略、"两环开放"带动战略、城市化战略和可持续发展战略中具有举足轻重的地位。

河北省属于典型的资源型缺水省份，多年平均水资源量 205 亿 m^3，人均 304 m^3，亩均 211 m^3，仅为全国均值的 1/7 和 1/9。受水区又是河北省最为缺水的地区，近年来，由于经济的发展，人口的增加，水资源供需矛盾日益突出。目前区内地表水开发利用程度已经超过 90%，平均每年超采地下水 45 亿 m^3 左右。

地表水的过度开发造成河道断流，土地沙化，湿地面积急剧萎缩，生态环境遭到严重破坏。另一方面，过度地开采地下水导致地下水位持续下降，地下水降落漏斗扩大，引起了地面沉降、地裂、海水入侵等一系列环境地质问题，地下水环境日益恶化。

地表水枯竭，水环境容量极小，基本无稀释自净能力，水污染状况日趋严重，且已从城市向城郊蔓延，从地面向地下渗透，从局部向广大平原扩展。保定市的府河、石家庄市的洨河、邯郸市的滏阳河、邢台市的牛尾河均已成为流经城市的排污河道。海河南系各河呈现"有河皆干，有水皆污"的严重局面。河道污染程度和地下水污染状况都是国内十分罕见的。

可以说，河北省近 20 年来的经济发展是依靠超采地下水来维持的，是以牺牲农业用水和生态环境为代价的。水资源严重短缺已成为受水区经济社会发展的瓶颈，严重制约了经济的发展。

为解决水资源紧缺的问题，最为有效的措施就是实施跨流域调水，切实增加供水资源量，解决现实和发展用水的需要。南水北调工程就是为缓解北方缺水问题采取的重大战略举措，是落实以人为本和科学发展观的重要体现，它的实施将大大提高河北省水资源和水环境的承载能力，有效缓解受水区水资源紧张状况。

为了使南水北调工程能够最大限度地缓解河北省严重缺水状况以及在工程建成后更好地发挥工程的效益，特别是一些大型水库的功能，改善区域生态环境，支撑经济和社会的可持续发展，以水库的生态调度为基础，保证受水区内生态需水的供给，建立一个涉及水资源-社会-经济-生态环境的复杂的大系统。其优化配置是一个大系统优化问题，根据大系统分解协调思想，运用粒子群算法求解水资源系统多目标优化问题，利用算法的内在并行机制及其全局优化的特性，无需将多目标转换成单目标从而生成相应的非劣解集，利用支持向量机对这些非劣解进行评价，从而选出该系统最优的配置结果。得到各供水目标在近期 2010 年和远景 2030 年两个水平年外调来水频率分别为 50%、75%、90% 与当地水来水频率为 50%、75%、90% 的 9 种组合下的水资源供需平衡分析结果，对受水区水资源配置结果分析如下。

1）2010 水平年。

当地来水频率为 50%：

当外调水来水频率为 $P=50\%$ 条件下，受水区利用当地水资源总量为 51 196.0 万 m^3，外调水供水总量为 300 590.0 万 m^3。其中，地下水供水水量为 34 501 万 m^3，约占总供水量的 9.81%，污水供水量为 16 695.0 万 m^3，约占总供水量的 4.75%，中线供水量为 300 590.0 万 m^3，约占总供水量的 85.45%，供水完全满足需水。由于中线水的供水，山区水库的

294 724.0 万 m³ 水量可用于河道生态用水、农业用水以及其他用水。

当外调水来水频率为 $P=75\%$ 条件下,受水区利用当地水资源总量为 59 055.1 万 m³,外调水供水总量为 292 730.8 万 m³。其中,山区水库供水量为 7859.1 万 m³,约占总供水量的 2.23%,地下水供水水量为 34 501 万 m³,约占总供水量的 9.81%,污水供水量为 16 695.0 万 m³,约占总供水量的 4.75%,中线供水量为 292 730.8 万 m³,约占总供水量的 83.21%,供水完全满足需水。山区水库可以有 286 864.9 万 m³ 的水量用于河道生态用水、农业用水以及其他用水。

当外调水来水频率为 $P=90\%$ 条件下,受水区利用当地水资源总量为 119 588.7 万 m³,外调水供水总量为 232 197.3 万 m³。其中,山区水库供水量为 68 392.7 万 m³,约占总供水量的 19.44%,地下水供水水量为 34 501 万 m³,约占总供水量的 9.81%,污水供水量为 16 695.0 万 m³,约占总供水量的 4.75%,中线供水量为 232 197.3 万 m³,约占总供水量的 66.01%,供水完全满足需水,山区水库供水比例有所增加。山区水库可以有 226 331.3 万 m³ 的水量用于河道生态用水、农业用水以及其他用水。

当地来水频率为 75%:

当外调水来水频率为 $P=50\%$ 条件下,受水区利用当地水资源总量为 51 196.0 万 m³,外调水供水总量为 300 590.0 万 m³。其中,地下水供水水量为 34 501 万 m³,约占总供水量的 9.81%,污水供水量为 16 695.0 万 m³,约占总供水量的 4.75%,中线供水量为 300 590.0 万 m³,约占总供水量的 85.45%,供水完全满足需水。由于中线水的供水,山区水库的 166 324.0 万 m³ 水量可用于河道生态用水、农业用水以及其他用水。

当外调水来水频率为 $P=75\%$ 条件下,受水区利用当地水资源总量为 59 055.1 万 m³,外调水供水总量为 292 730.8 万 m³。其中,山区水库供水量为 7859.1 万 m³,约占总供水量的 2.23%,地下水供水水量为 34 501 万 m³,约占总供水量的 9.81%,污水供水量为 16 695.0 万 m³,约占总供水量的 4.75%,中线供水量为 292 730.8 万 m³,约占总供水量的 83.21%,供水完全满足需水。山区水库可以有 158 464.9 万 m³ 的水量用于河道生态用水、农业用水以及其他用水。

当外调水来水频率为 $P=90\%$ 条件下,受水区利用当地水资源总量为 119 588.7 万 m³,外调水供水总量为 232 197.3 万 m³。其中,山区水库供水量为 68 392.7 万 m³,约占总供水量的 19.44%,地下水供水水量为 34 501 万 m³,约占总供水量的 9.81%,污水供水量为 16 695.0 万 m³,约占总供水量的 4.75%,中线供水量为 232 197.3 万 m³,约占总供水量的 66.01%,供水完全满足需水,山区水库供水比例有所增加。山区水库可以有 97 931.3 万 m³ 的水量用于河道生态用水、农业用水以及其他用水。

当地来水频率为 90%:当外调水来水频率为 $P=50\%$ 条件下,受水区利用当地水资源总量为 51 196.0 万 m³,外调水供水总量为 300 590.0 万 m³。其中,地下水供水水量为 34 501 万 m³,约占总供水量的 9.81%,污水供水量为 16 695.0 万 m³,约占总供水量的 4.75%,中线供水量为 300 590.0 万 m³,约占总供水量的 85.45%,供水完全满足需水。由于中线水的供水,山区水库的 116 492.0 万 m³ 的水量可用于河道生态用水、农业用水以及其他用水。

当外调水来水频率为 $P=75\%$ 条件下，受水区利用当地水资源总量为 59 055.1 万 m^3，外调水供水总量为 292 730.8 万 m^3。其中，山区水库供水量为 7859.1 万 m^3，约占总供水量的 2.23%，地下水供水水量为 34 501 万 m^3，约占总供水量的 9.81%，污水供水量为 16 695.0 万 m^3，约占总供水量的 4.75%，中线供水量为 292 730.8 万 m^3，约占总供水量的 83.21%，供水完全满足需水。山区水库可以有 108 632.9 万 m^3 的水量用于河道生态用水、农业用水以及其他用水。

当外调水来水频率为 $P=90\%$ 条件下，受水区利用当地水资源总量为 119 588.7 万 m^3，外调水供水总量为 232 197.3 万 m^3。其中，山区水库供水量为 68 392.7 万 m^3，约占总供水量的 19.44%，地下水供水水量为 34 501 万 m^3，约占总供水量的 9.81%，污水供水量为 16 695.0 万 m^3，约占总供水量的 4.75%，中线供水量为 232 197.3 万 m^3，约占总供水量的 66.01%，供水完全满足需水，山区水库供水比例有所增加。山区水库可以有 48 099.3 万 m^3 的水量用于河道生态用水、农业用水以及其他用水。

2）2030 水平年。

当地来水频率为 50%：

当外调水来水频率为 $P=50\%$ 条件下，受水区利用当地水资源总量为 73 422.0 万 m^3，外调水供水总量为 447 836.0 万 m^3。其中，地下水供水水量为 34 501 万 m^3，占总供水量的 6.62%，污水供水量为 38 921.0 万 m^3，占总供水量的 7.47%，中线供水量为 374 013.0 万 m^3，占总供水量的 71.75%，东线供水量为 73 823.0 万 m^3，占总供水量的 14.16%，供水完全满足需水。由于中线水的供水，山区水库的 294 724.0 万 m^3 水量可用于河道生态用水、农业用水以及其他用水。

当外调水来水频率为 $P=75\%$ 条件下，受水区利用当地水资源总量为 146 630.4 万 m^3，外调水供水总量为 374 627.6 万 m^3。其中，山区水库供水量为 73 208.4 万 m^3，占总供水量的 14.04%，地下水供水水量为 34 501 万 m^3，占总供水量的 6.62%，污水供水量为 438 921.0 万 m^3，占总供水量的 7.47%，中线供水量为 300 804.6 万 m^3，占总供水量的 57.71%，东线供水量为 73 823.0 万 m^3，占总供水量的 14.16%，供水完全满足需水。山区水库可以有 221 515.6 万 m^3 的水量用于河道生态用水、农业用水以及其他用水。

当外调水来水频率为 $P=90\%$ 条件下，受水区利用当地水资源总量为 206 828.0 万 m^3，外调水供水总量为 261 309.0 万 m^3。其中，山区水库供水量为 144 815.0 万 m^3，约占总供水量的 30.93%，地下水供水水量为 23 092.0 万 m^3，约占总供水量的 4.93%，污水供水量为 38 921.0 万 m^3，约占总供水量的 8.31%，中线供水量为 187 486.0 万 m^3，约占总供水量的 40.05%，东线供水量为 73 823.0 万 m^3，约占总供水量的 15.77%，供水不能满足需水，总缺水量为 53 121.0 万 m^3。除邯郸片、石家庄市片、千顷洼片和大浪淀片不缺水外，其余各片区均缺水，且不同子区缺水和同一子区不同时段的缺水都比较均匀，缺水程度为 16.45% 左右。

当地来水频率为 75%：

当外调水来水频率为 $P=50\%$ 条件下，受水区利用当地水资源总量为 73 422.0 万 m^3，外调水供水总量为 447 836.0 万 m^3。其中，地下水供水水量为 34 501 万 m^3，占总供水量的 6.62%，污水供水量为 38 921.0 万 m³，占总供水量的 7.47%，中线供水量为 374 013.0 万 m³，占总供水量的 71.75%，东线供水量为 73 823.0 万 m³，占总供水量的 14.16%，供水完全满足需水。由于中线水的供水，山区水库的 166 324.0 万 m³ 水量可用于河道生态用水、农业用水以及其他用水。

当外调水来水频率为 P=75% 条件下，受水区利用当地水资源总量为 146 630.4 万 m³，外调水供水总量为 374 627.6 万 m³。其中，山区水库供水量为 73 208.4 万 m³，占总供水量的 14.04%，地下水供水水量为 34 501 万 m³，占总供水量的 6.62%，污水供水量为 438 921.0 万 m³，占总供水量的 7.47%，中线供水量为 300 804.6 万 m³，占总供水量的 57.71%，东线供水量为 73 823.0 万 m³，占总供水量的 14.16%，供水完全满足需水。山区水库可以有 93 115.6 万 m³ 的水量用于河道生态用水、农业用水以及其他用水。

当外调水来水频率为 P=90% 条件下，受水区利用当地水资源总量为 197 528.0 万 m³，外调水供水总量为 261 309.0 万 m³，其中，山区水库供水量为 134 608.0 万 m³，占总供水量的 29.34%，地下水供水水量为 23 999.0 万 m³，占总供水量的 5.23%，污水供水量为 38 921.0 万 m³，占总供水量的 8.48%，中线供水量为 187 486.0 万 m³，占总供水量的 40.86%，东线供水量为 73 823.0 万 m³，占总供水量的 16.09%。供水不能满足需水，总缺水量为 62 421.0 万 m³。除邯郸片、石家庄市片、千顷洼片和大浪淀片不缺水外，其余各片区均缺水，且不同子区缺水和同一子区不同时段的缺水都比较均匀，缺水程度为 19.34% 左右。

当地来水频率为 90%：

当外调水来水频率为 P=50% 条件下，受水区利用当地水资源总量为 73 422.0 万 m³，外调水供水总量为 447 836.0 万 m³。其中，地下水供水水量为 34 501 万 m³，占总供水量的 6.62%，污水供水量为 38 921.0 万 m³，占总供水量的 7.47%，中线供水量为 374 013.0 万 m³，占总供水量的 71.75%，东线供水量为 73 823.0 万 m³，占总供水量的 14.16%，供水完全满足需水。由于中线水的供水，山区水库的 116 492.0 万 m³ 的水量可用于河道生态用水、农业用水以及其他用水。

当外调水来水频率为 P=75% 条件下，受水区利用当地水资源总量为 146 630.4 万 m³，外调水供水总量为 37 4627.6 万 m³。其中，山区水库供水量为 73 208.4 万 m³，占总供水量的 14.04%，地下水供水水量为 34 501 万 m³，占总供水量的 6.62%，污水供水量为 438 921.0 万 m³，占总供水量的 7.47%，中线供水量为 300 804.6 万 m³，占总供水量的 57.71%，东线供水量为 73 823.0 万 m³，占总供水量的 14.16%，供水完全满足需水。山区水库可以有 43 283.6 万 m³ 的水量用于河道生态用水、农业用水以及其他用水。

当外调水来水频率为 P=90% 条件下，受水区利用当地水资源总量为 164 914.0 万 m³，外调水供水总量为 261 309.0 万 m³，其中，山区水库供水量为 91 492.0 万 m³，占总供水量的 21.47%，地下水供水水量为 34 501.0 万 m³，占总供水量的 8.09%，污水供水量为 38 921.0 万 m³，占总供水量的 9.13%，中线供水量为 187 486.0 万 m³，占总供水量的 43.99%，东线供水量为 73 823.0 万 m³，占总供水量的 17.32%，供水不能满足需水，总缺水量为 95 035.0 万 m³。除千顷洼片和大浪淀片不缺水外，其余各片区均缺水，且不同子区缺水和同一子区不同时段的缺水都比较均匀，缺水程度为 22.7% 左右。

第 6 章　主 要 结 论

本书以海河流域为研究区，深入探讨了海河流域生态系统演变特征及水文生态效应、海河流域典型生态系统与水循环的耦合机制，系统地研究了白洋淀的水文变化特征、生态效应及其驱动因子，分析了海河流域生态系统服务功能的空间格局，开展了海河流域生态功能区划，构建了大尺度流域生态–水文模型，提出了基于生态安全的水文调控方案。

6.1　海河流域生态系统演变特征及水文生态效应

1）海河流域生态系统类型以农田为主，森林、草地和农田在流域内都有集中分布的趋势，而湿地和裸地趋于分散分布。森林、湿地和裸地斑块被分割的程度加大，趋于破碎化；城市、农田和草地斑块被分割的程度减小。城市和农田之间连通性增加，湿地、森林、草地和裸地的连通性下降。1990~2005 年海河流域森林主要转移为草地和旱地，湿地和水田主要转移为旱地，裸地主要转移为草地和旱地，旱地主要转移为草地和城市。

2）水资源利用变化是驱动生态系统演变的主要驱动力之一，一方面，修建水库和大坝改变了河川径流量的分配格局；另一方面，过度消耗地下水资源量，使得地下水位降低，驱动了生态系统格局发生变化。

3）近 45 年（1956~2000 年）来，海河流域降水量、径流量、产流系数、地下水资源量和河川基流量均呈下降趋势。海河流域年均降水量平均每年减少 2.99mm，各二级流域以徒骇马颊河流域减少最多，平均每年减少 3.45mm；天然径流量平均每年减少 5.85mm，各二级流域以海河南系减少最多，减小幅度达 48.1%；产流系数呈下降趋势；与 1956~1979 年相比，1980~2000 年，海河流域地下水资源量减少 12.6%；与 1956~1979 年相比，1980~2000 年海河流域河川基流量减少 32%，各水资源二级区减少幅度为 22.4%~40.45%。

4）海河流域降水量、径流量、产流系数、地下水资源流和河川基流量也进一步加速了生态系统格局的演变，促使湿地和水田不断转移为旱地。

6.2　海河流域典型生态系统与水循环的耦合机制

1）明确了海河流域典型生态系统与水分补给模式的对应关系。依据生态系统对水分的依赖程度，构建了海河流域生态系统类型与水分补给模式的对应关系。海河流域森林和草原生态系统主要为雨养型生态系统；湿地生态系统为河川径流补给型生态系统；海河流域河口湿地构成的生态系统处于沿海和入海口地区的高潮位与低潮位之间，其补给水源主要来自大气降水、河川径流和海水，属于综合补给型生态系统；农田生态系统属于人工灌溉补给型生态系统；城镇绿地生态系统属于人工灌溉补给型生态系统。

2）揭示了海河流域区域耗水特征及演变趋势，提出了海河流域参考作物腾发量的预测方法。近50年来，海河流域有20个站点RET呈现显著下降趋势，且主要分布于东部和东南部的平原区域；呈现显著上升趋势的站点主要分布在西部高原区（北京站除外）。依据海河流域RET的REOF空间分布类型识别结果，海河流域可以划分为3个RET变化敏感区，即西部区、北部区和东部区。总体上，在20世纪七八十年代以前海河流域各分区的RET变化趋势并不显著，80年代之后西部区的RET呈现增加趋势，而北部区和东部区的RET变化趋势与之相反，呈现减少趋势，并且这种增加和减少趋势自20世纪90年代中后期以来逐渐呈现显著性。

海河流域几个典型站50年（1966~2005）参考作物腾发量序列存在一定的混沌特性。本研究运用自相关函数法和饱和关联维数法确定了该序列重构相空间的嵌入维数和延迟时间，并在此基础上进行了相空间的重构。同时，本研究基于混沌局域法预测模型对相空间的演化进行了计算，实现了参考作物腾发量的预测，并与时间序列AR模型、基于气象资料的BP神经网络模型预测结果进行了比较。结果分析表明，混沌局域法预测模型预测效果明显优于AR模型，这为解决缺乏气象资料地区的参考作物腾发量预测问题提供了新的思路。

3）揭示了农田生态系统对流域水循环的影响。本研究以滦河流域为研究对象，用MK趋势检测法及线性回归检测分析法对整个滦河流域1957~2007年的降水、温度在年尺度及季节尺度上分别进行了时间趋势分析，同时用反距离权重差值法对其变化进行了空间上的分析。为评估未来气候变化对水资源量的影响及预测潘家口上游的未来径流量，基于GCMs模型和滦河流域未来的气候数据，用两参数月水量平衡模型模拟了2021~2050年的气候变化与水文的响应关系。由于滦河流域未来温度显著上升，未来2021~2050年的径流量有明显的下降趋势。同时敏感度分析表明，未来温度每增高1℃和2℃，径流量的变化分别是12%和24%，而未来降水每变化5%和10%，径流量的变化分别是15%和30%。同时，研究选定了6个典型子流域，基于实测水文数据，统计分析了水文循环变化与农田生态格局的响应关系，分析结果同已有相关研究相互验证，表明流域下游农田生态格局变化对径流的减少起了决定作用。

4）预测揭示了农田生态系统物质循环对水循环的响应特征。通过田间原位试验，揭示了现状地下水埋深条件下包气带水盐肥运移及累积规律，并利用田间实测数据对HYDRUS-1D模型进行了验证。通过HYDRUS-1D模型模拟不同地下水埋深条件下的包气带水盐肥运移及累积规律，预测揭示了10年情景下包气带盐分及养分（硝态氮）的累积层变化规律。试验区包气带盐分及硝态氮分别出现累积层，盐分的主要累积层分布在350~450cm，硝态氮的主要累积层分布在100~250cm。利用HYDRUS-1D模型模拟得出：当地下水埋深继续加大时，包气带盐分及养分（硝态氮）的累积层有所下移但幅度很小，峰值浓度升高。

5）揭示了河流生态系统变化对水循环系统的影响。河流流量是水循环的重要量化指标，同时河流流量是河流生态系统的控制性因子，它不但影响河流的物理环境，如河道内的沉积物颗粒的运动和周围环境景观的形成，还影响河流中动物、植物等的生命过程。通过对海河流域河流环境流量进行分析，明确了水循环系统和河流生态系统的响应机制。研究以河流生态系统的整体性理论为基础，着眼于恢复生态过程和生物丰富度的自然变化特征，将河海流域历史演变过程划分为人类干扰前和人类干扰后两个阶段，全面分析了河流水文特征值（32 个水文变化指数）的量值、频率、历时、发生时间以及变化率 5 个因子在人类干扰前后的变化特征；将流量过程曲线划分为一系列与生态紧密相关的流量模式（提取为 28 个环境流量指数），并归纳了各个流量模式的相关统计特征。结果表明，人类的活动严重改变了海河流域河流汛期高流量及其出现频率、极端低流量与出现时间、流量脉动次数出现规律和日间流量变化率等水文要素，而这些水文要素的改变是导致河流生物种群结构破坏和数量减少的重要原因。最后，研究提出了基于生态恢复的河流情势恢复目标和河流生态径流过程。

6.3 白洋淀水文变化特征、生态效应及其驱动机制

1）构建了湿地水文环境的遥感监测模型。运用 ASTER、TM 遥感数据，通过研究 NDVI、地表温度和 ED 的关系，研究与预测了湿地水文条件与水位。首先建立了地表温度（T）与 NDVI 和 ED 的关系，并通过实地研究与遥感数据的结合，建立了水文条件与 NDVI 和 ED 的关系，然后运用遥感数据反演，预测了湿地水文环境。这一模型可为湿地水资源管理提供理论依据。

2）揭示了白洋淀流域水文演变特征及其驱动机制。1957~2007 年，白洋淀流域年平均气温呈不断增加的趋势（10.4~13.2℃）；1951~2000 年，白洋淀入淀径流量从 4.90 亿 m^3 减小到 0.24 亿 m^3，2000 年以后基本无天然径流入淀；20 世纪 50 年代以来，湿地水位也呈现显著下降趋势；1962~2007 年，除安各庄水库水文站以外的其他 6 个水文站（倒马关、阜平、龙门水库、紫荆关、西大洋水库和王快水库）的年平均径流量均呈现下降趋势；1988 年以来，白洋淀所在的安新县平均地下水位有明显的下降趋势，地下水埋深由 1988 年的 6.1 m 下降到 2007 年的 11.0 m。

主成分分析结果表明，白洋淀水位变化的主要影响因素是白洋淀流域粮食产量、人口数量、有效灌溉面积和棉花产量。白洋淀入淀径流变化的主要影响因素包括人口、粮食产量、机井数量、油料产量和棉花产量。降水量减少对白洋淀入淀径流量也有一定影响。

3）明确了白洋淀水文变化对湿地生态系统与生态服务功能的影响及其机制。水位变化是影响白洋淀景观和苇地面积变化的主要因素。水位变化也是造成白洋淀湿地生态系统服务功能变化的重要原因。水位变化主要影响调蓄洪水、水资源蓄积、水质净化和生态服务功能总价值，随着水位升高，湿地调蓄洪水、水资源蓄积、水质净化和生态服务功能总价值相应增加。1974~2007 年，白洋淀湿地面积在不断减少，而农田面积、居民地面积在不断增加。土地利用变化主要以沼泽向农田、水体向沼泽的转变为主。与此同时，白洋淀地区景观类型斑块密度有所增加，景观破碎度加大。白洋淀生态系统服务功能经济价值减少了 31.73%。与 1974 年相比，2007 年白洋淀提供产品和休闲娱乐的价值增加，而大气

调节、洪水调蓄、水资源蓄积和水质净化的价值减小，直接价值所占比例增加，间接价值所占比例减小。

6.4 海河流域生态系统服务功能评估与生态功能区划

本研究构建了海河流域森林、湿地、草地和农田生态系统服务功能评价的指标体系，评价了洪水调蓄、水源涵养、土壤保持、生物多样性保护、环境净化、固碳释氧、营养物质循环、景观保护等服务功能特征，揭示了海河流域生态系统服务功能的空间特征。海河流域生态系统服务功能极重要区域主要分布于流域北部山区和中部、南部山区，面积为30 336.6km^2，占流域总面积的9.5%；重要区域主要分布于流域太行山、燕山山区，面积为35 496.69km^2，占流域总面积的11.1%；中等重要区域主要分布于流域北部内蒙古草原和太行山山区，面积为65 742.3km^2，占流域总面积的20.6%；一般区域主要分布于流域东部、中部、南部平原和山西盆地，面积为186 224.4km^2，占流域总面积的58.4%。

研究构建了海河流域生态敏感性评价指标体系，揭示了海河流域土壤侵蚀敏感性、沙漠化敏感性和地质灾害敏感性的空间分布特征。研究显示，海河流域敏感性综合评价极敏感区域主要分布于流域北部山区和西部山区，另外南部平原区域有零星分布，面积为19 369.35km^2，占流域总面积的6.1%；高度敏感区域主要分布于流域北部、西部和南部的太行山、燕山山区，面积为35 574.38km^2，占流域总面积的11.2%；中度敏感区域主要分布于流域北部山区和中部平原区，面积为78 813.94km^2，占流域总面积的24.7%；轻度敏感区域主要分布于流域东部和中部的山前平原区，面积为62 319.45km^2，占流域总面积的19.6%；一般区域主要分布于流域北部内蒙古草原和沿海地区，面积为121 595km^2，占流域总面积的38.2%。

在此基础上，本研究编制了海河流域生态功能区划方案，包括5个生态区，24个生态亚区和114个生态功能区，依据主导生态功能提出了对海河流域生态安全具有重要意义的11个重要生态功能区。

6.5 大尺度流域生态-水文模型与基于生态安全的水文调控方案

1) 提出了海河流域生态水文相互作用的概念模式，构建了基于统一物理机制的海河流域生态水文模型，选取滦河流域和白洋淀流域为研究对象，率定了模型参数并评价了模拟效果，为海河流域生态水文演变的模拟预测和流域管理提供了技术支撑。在明晰变化环境下海河流域典型生态系统与水循环系统的耦合与适应机制的基础上，综合考虑各类生态系统对水分依赖程度的差异性及其与流域水循环之间的相互影响程度的强弱，提出了海河流域生态水文相互作用的概念模式，并以此概念模式为依据，将生态要素、过程和水文要素过程进行了合理的简化，并最终在基于统一的物理机制前提下，选择了具有代表性的滦河流域、白洋淀流域作为典型区，构建起适用于海河流域的生态水文模型。选取滦河流域和白洋淀流域的历史与实测径流系列资料对模型进行了参数率定和模拟效果评价。结果显示，模型在流域生态水文模拟应用中整体上具有较好的模拟精度。该模型可用于海河流域生态水文演变的模拟和预测，为流域管理提供技术支撑。

2）在流域尺度分布式生态水文模拟的基础上，确定了不同水分条件和水文情势下，海河流域典型森林生态系统、草地生态系统和内陆湿地生态系统的水分胁迫特征，构建了森林、草地和湿地生态系统水分生态演变表征指标体系，并分别对滦河流域内森林、草地生态系统和白洋淀流域内的湿地生态系统的生态水分相互作用机理进行了综合定量评价。

滦河流域森林生态系统的安全度指数为 0.57，安全指数处于中等程度，表明系统整体上处于一个基本安全的临界状态（0.65~0.55），但相对脆弱（接近不安全的临界值 0.55）。滦河流域森林生态系统健康安全与地形地貌、海拔、气候条件、林地结构、人类活动干扰以及国家宏观政策有关。

草地生态系统的安全度指数为 0.51，处于不安全状态（0.55~0.45）。覆盖度指数、载畜量是影响草地生态系统安全度指数的重要因素。覆盖度与草场新鲜可食草量有直接关系，进而影响载畜量。另外，降水是影响草地生态系统初级生产力的关键影响因子，近些年降水量的减少趋势在一定程度上降低了草地生态系统的安全度指数。

白洋淀湿地生态水分演变的稳定度为-2.15%，处于较不稳定状态。水文情势指标生态补水量变化率、流域降水量变化率、地下水资源量变化率均处于较不稳定状态；生态系统各二级指标中，芦苇产量变化率、栖息地破碎化指数变化率和夏季水面面积变化率均处于不稳定状态；水面破碎化指数变化率、各生物多样性变化率均处于较不稳定状态。社会经济指标中的湿地保护意识、湿地周边人口素质、物质生活指数均处于较稳定状态，人口数量变化率、水产品产量和渔业产值则处于较不稳定状态。

3）构建并完善了基于景观尺度的生态系统水源涵养、土壤保持和水质净化功能的评价模型，并以白洋淀流域为例，率定了模型参数，验证了模型模拟效果，实现了流域生态系统服务功能评价结果的空间化，为模拟不同土地利用情境下生态系统服务功能的变化提供了方法。研究以白洋淀流域为例，模拟了 5 种情景下（没有农田被侵占，没有城市扩张，没有农田扩展，没有森林扩展和沿水系建立 50m 缓冲区）生态系统水源涵养、土壤保持和水质净化功能的变化，为白洋淀流域水资源和生态系统服务功能管理提供了依据。

4）提出了海河流域河流的生态水文调控方案，构建了水库多目标生态调度模型以及基于生态调度的流域水资源优化配置模型，提出了各模型的目标函数和约束条件。水文调控方案包括：河流生态修复布局（在流域上游建立以水源地为核心的生态保护屏障，在流域中游保护重点湿地水域生态系统，在流域下游保护和改善环渤海湾生态带），河流生态系统水文调控工程措施（闸坝控制工程，河网化工程，京杭大运河，南水北调工程），河流生态系统水文调控非工程措施，即水库生态调度与基于生态调度的流域水资源优化配置。

以海河流域内河北省南水北调受水区为例，分析了各供水目标在 2010 年和 2030 年两个水平年外调水来水频率分别为 50%、75%、90% 与当地水来水频率为 50%、75%、90% 的 9 种组合下的水资源供需平衡情况，对受水区水资源配置结果进行了分析。分析表明，近期通过南水北调输水，受水区可保证一定的生态供水量，为受水区河流生态系统的恢复提供了条件。远景年（2030年）在外调水来水频率为90%时，由于社会经济发展对水资源需求的不断增加，生态需水将得不到保证。通过科学调度和优化配置方法，利用水利工程对海河流域实施水文调控策略，可促进海河流域河流生态的恢复和健康持续发展。

参考文献

北京市统计局.2006.北京统计年鉴.北京：中国统计出版社.
滨州市统计局.2006.滨州统计年鉴.滨州：滨州市统计局.
陈国阶.2000.长江上游水土流失主要成因与防治对策.农村生态环境，16（3）：5-8.
陈立民.2004.海河流域山西省段土地利用变化研究.山西建筑，30（23）：5-6.
陈利顶，傅伯杰，徐建英，等.2003.基于"源-汇"生态过程的景观格局识别方法——景观空间负荷对比指数.生态学报，23（11）：2406-2413.
陈灵芝，黄建辉，严昌荣.1997.中国森林生态系统养分循环.北京：气象出版社.
陈同斌，曾希柏，胡清秀.2002.中国化肥利用率的区域分异.地理学报，57（5）：531-538.
陈遐林，马钦彦，康峰峰，等.2002.山西太岳山典型灌木林生物量及生产力研究.林业科学研究，15（3）：304-309.
陈仲新，张新时.2000.中国生态系统效益的价值.科学通报，45（1）：17-22.
陈佐忠，汪诗平.2000.中国典型草原生态系统.北京：科学出版社.
程晓玲.2007.雾灵山野生植物资源价值评估.北京：北京林业大学硕士学位论文.
崔丽娟.2002.扎龙湿地价值货币化评价.自然资源学报，17（4）：451-456.
崔文彦，罗阳，王迎，等.2007.海河流域湿地生态服务价值评价及对策研究.海河水利，（6）：13-16，29.
戴晓兵.1989.怀柔山区荆条灌丛生物量的季节动态.植物学报，31（4）：307-315.
东营市统计局.2006.东营统计年鉴.东营：东营市统计局.
董琼，李乡旺.2008.大中山自然保护区森林生态系统服务功能价值评估.山东林业科技，179（6）：8-11.
段晓男，王效科，逯非，等.2008.中国湿地生态系统固碳现状和潜力.生态学报，28（2）：463-469.
樊江文，钟华平，梁飚，等.2003.草地生态系统碳储量及其影响因素.中国草地，25（6）：51-58.
方精云，刘国华，徐嵩龄.1996.中国陆地生态系统的碳循环及其全球意义//王庚辰.1996.温室气体排放监测及相关过程.北京：中国环境科学出版社，81-149.
冯宗炜，王效科，吴刚.1999.中国森林生态系统的生物量和生产力.北京：科学出版社.
傅伯杰，吕一河，陈利顶，等.2008.国际景观生态学研究新进展.生态学报，28（2）：798-804.
郭浩，王兵，马向前，等.2008.中国油松林生态服务功能评估.中国科学（C辑：生命科学），38（6）：565-572.
郭然，王效科，逯非，等.2008.中国草地土壤生态系统固碳现状和潜力.生态学报，28（2）：862-867.
国家环境保护总局.2005.全国生态现状调查与评估.北京：中国环境科学出版社.
国家统计局工业交通统计司，国家发展和改革委员会能源局.2006.中国能源统计年鉴.北京：中国统计出版社.
国家统计局国民经济综合统计司.2006.中国区域经济统计年鉴.北京：中国统计出版社.
海河志编纂委员会.1998.海河志：第二卷.北京：中国水利水电出版社.
韩冰，王效科，逯非，等.2008.中国农田土壤生态系统固碳现状和潜力.生态学报，28（2）：612-619.
韩士杰，董云社，蔡祖聪，等.中国陆地生态系统碳循环的生物地球化学过程.2008.北京：科学出版社.

何方, 吴楠, 李玲, 等.2009.淮河流域上游山丘区景观格局动态变化研究.水土保持研究, 16 (1): 32-38.

何桐, 谢健, 徐映雪, 等.2009.鸭绿江口滨海湿地景观格局动态演变分析.中山大学学报（自然科学版）, 48 (2): 113-118.

河北省人民政府.2006.河北经济年鉴.北京：中国统计出版社.

河南省统计局.2006.河南统计年鉴.北京：中国统计出版社.

黄银晓, 林舜华, 蒋高明, 等.1994.海河流域植物土壤中氮碳的含量特征.生态学报, 14 (3): 226-233.

济南市统计局.2006.济南统计年鉴.北京：中国统计出版社.

贾良清, 欧阳志云, 赵同谦, 等.2005.安徽省生态功能区划研究.生态学报, 25 (2): 254-260.

姜立鹏, 覃志豪, 谢雯, 等.2007.中国草地生态系统服务功能价值遥感估算研究.自然资源学报, 22 (2): 161-170.

蒋高明, 黄银晓, 林舜华, 等.1995.海河流域61种植物磷元素化学特征及地理分异.植物资源与环境, 4 (1): 47-53.

蒋丽红.1997.加强牧区家畜粪便管理 提高草地生产力.内蒙古草业, 2 (3): 49-50.

蒋文伟, 姜志林, 周国模.2002.安吉山区景观格局的应用研究.南京林业大学学报：自然科学版, 26 (2): 59-62.

蒋有绪.1996.中国森林生态系统结构与功能规律研究.北京：中国林业出版社.

晋中市统计局.2008.晋中统计年鉴.北京：中国统计出版社.

井学辉, 臧润国, 曹磊, 等.2008.新疆额尔齐斯河流域北屯段景观格局及破碎化.林业科学, 44 (3): 21-28.

李长生, 肖向明, Frolking S, 等.2003.中国农田的温室气体排放.第四纪研究, 23 (5): 493-503.

李恒鹏, 杨桂山, 金洋.2007.太湖流域土地利用变化的水文响应模拟.湖泊科学, 19 (5): 537-543.

李禄康.2001.湿地与湿地公约.世界林业研究, 14 (1): 1-7.

李明峰, 董云社, 齐玉春, 等.2005.温带草原土地利用变化对土壤碳氮含量的影响.中国草地, 27 (1): 1-6.

李庆云, 万猛, 樊巍, 等.2008.黄淮海平原农区杨树人工林生物量和生产力研究.河南科学, 26 (4): 434-437.

李文华, 等.2008.生态系统服务功能价值评估的理论、方法与应用.北京：中国人民大学出版社.

李英华, 崔保山, 杨志峰.2004.白洋淀水文特征变化对湿地生态环境的环境.自然资源学报, 19 (1): 62-68.

刘起.1999.中国草地资源生态经济价值的探讨.四川草原, 4: 1-4.

刘全友, 孙建中, 黄银晓, 等.1994.海河流域土壤中磷的库存量与通量研究.生态学报, 14 (2): 121-127.

刘世海, 白明洲.2007.密云水库北京集水区油松水源保护林主要养分元素积累与分配研究.水土保持研究, 14 (3): 326-329.

刘世荣, 温远光, 王兵, 等.1996.中国森林生态系统水文生态功能规律.北京：中国林业出版社.

刘玉萃, 吴明作, 郭宗民, 等.1998.宝天曼自然保护区栓皮栎林生物量和净生产力研究.应用生态学报, 9 (6): 569-574.

刘玉萃, 吴明作, 郭宗民, 等.2003.宝天曼自然保护区锐齿栎林生态系统营养元素循环.生态学报, 23 (8): 1489-1497.

刘再清, 陈国海, 孟永庆, 等.1995.五台山华北落叶松人工林生物生产力与营养元素的积累.林业科学研究, 8 (1): 88-93.

刘志刚，马钦彦．1992．华北落叶松人工林生物量及生产力的研究．北京林业大学学报，14（增刊1）：114-122．

鲁如坤，刘鸿翔，闻大中，等．1996．我国典型地区农业生态系统养分循环和平衡研究：Ⅲ．全国和典型地区养分循环和平衡现状．土壤通报，27（5）：193-196．

罗天祥．1996．中国主要森林类型生物生产力格局及其数学模型．北京：中国科学院研究生院博士学位论文．

马钦彦．1989．中国油松生物量的研究．北京林业大学学报，11（4）：1-10．

毛富玲，郭雅儒，刘雅欣．2005．雾灵山自然保护区森林生态系统服务功能价值评估．河北林果研究，3（20）：220-223．

闵庆文，谢高地，胡聃．2004．青海草地生态系统服务功能的价值评估．资源科学，26（3）：56-60．

欧阳志云，王如松，赵景柱．1999a．生态系统服务功能及其生态经济价值评价．应用生态学报，10（5）：635-640．

欧阳志云，王效科，苗鸿．1999b．中国陆地生态系统服务功能及其生态经济价值的初步研究．生态学报，19（5）：607-613．

欧阳志云，赵同谦，王效科，等．2004a．水生态服务功能分析及其间接价值评价．生态学报，24（10）：2091-2099．

欧阳志云，赵同谦，赵景柱，等．2004b．海南岛生态系统生态调节功能及其生态经济价值研究．应用生态学报，15（8）：1395-1402．

欧阳志云，郑华．2009．生态系统服务的生态学机制研究进展．生态学报，29（11）：6183-6188．

潘成忠，上官周平．2005．牧草对坡面侵蚀动力参数的影响．水利学报，36（3）：371-377．

彭子恒，王怀领，王宇欣．2008．井冈山国家级自然保护区森林生态系统服务功能价值测度．林业经济问题，28（6）：512-516．

任立良，陈喜，章树安．2008．环境变化与水安全．北京：中国水利水电出版社．

任宪韶．2007．海河流域水资源评价．北京：中国水利水电出版社．

任宪韶，户作亮，曹寅白．2008．海河流域水利手册．北京：中国水利水电出版社．

任志远，张艳芳，等．2003．土地利用变化与生态安全评价．北京：科学出版社．

桑卫国，苏宏新，陈灵芝．2002．东灵山暖温带落叶阔叶林生物量和能量密度研究．植物生态学报，26（增刊）:88-92．

山东省统计局．2006．山东统计年鉴2006．北京：中国统计出版社．

水利部海河水利委员会．2007．海河年鉴．北京：方志出版社．

孙鸿烈．2005．中国生态系统．北京：科学出版社．

孙江河，初元满，何华，等．2003．鸡西市生态系统效益的价值估算．北方环境，28（3）：30-33．

孙新章，周海林，谢高地．2007．中国农田生态系统的服务功能及其经济价值．中国人口·资源与环境，17（4）：55-60．

唐衡，郑渝，陈阜，等．2008．北京地区不同农田类型及种植模式的生态系统服务价值评估．生态经济，(7)：56-59．

唐小平，黄桂林．2003．中国湿地分类系统的研究．林业科学研究，16（5）：531-539．

王德艺，蔡万波，李东义，等．1998．雾灵山蒙古栎林生物生产量的研究．生态学杂志，17（1）：9-15．

王根绪，刘进其，陈玲．2006．黑河流域典型区土地利用格局变化及影响比较．地理学报，61（4）：339-348．

王庚辰，杜睿，孔琴心．2004．中国温带典型草原土壤呼吸特征的实验研究．科学通报，49（7）：692-696．

王建新，董肖丽，王静．2005．海河流域水环境治理与改善途径．海河水利，(4) 14-15．

王克如,李少昆,曹连莆,等.2003.新疆高产棉田氮、磷、钾吸收动态及模式初步研究.中国农业科学,36(7):775-780.

王苏民,窦鸿身.1998.中国湖泊志.北京:科学出版社.

王卫光,彭世彰,罗玉峰.2008.参考作物腾发量混沌性识别及预测.水利学报,39(9):1030-1036.

王卫光,邢万秋,彭世彰,等.2012.海河流域参考蒸发量变化规律及其可能原因.应用基础与工程科学学报,20(2):237-252.

王伟,陆健健.2005.生态系统服务功能分类与价值评估探讨.生态学杂志,24(11):1314-1316.

王赟峰.2006.内蒙古典型草原受损生态系统土壤性状变化规律研究.呼和浩特:内蒙古农业大学硕士学位论文.

王中根,朱新军,夏军,等.2008.海河流域分布式SWAT模型的构建.地理科学进展,27(4):1-6.

王宗明,宋开山,刘殿伟,等.2007.三江平原桦南县景观格局时序变化与驱动因素研究.生态科学,26(5):401-407.

乌恩,夏庆梅,高娃,等.2006.内蒙古天然草地磷素营养问题及其解决途径.内蒙古草业,18(3):4-7.

吴刚,冯宗炜,王效科,等.1993.黄淮海平原农林生态系统N、P、K营养元素循环——以泡桐–小麦、玉米间作系统为例.应用生态学报,4(2):141-145.

吴光红,刘德文,丛黎明.2007.海河流域水资源与水环境管理.水资源保护,23(6):80-83,88.

吴泽民,孙启祥,陈美工.2001.安徽长江滩地杨树人工林生物量和养分积累.应用生态学报,12(6):806-810.

肖寒,欧阳志云,赵景柱,等.2000.森林生态系统服务功能及其生态经济价值评估初探——以海南岛尖峰岭热带森林为例.应用生态学报,11(4):481-484.

肖洋,陈丽华,余新晓,等.2008.北京密云油松人工林生态系统N、P、K养分循环.北京林业大学学报,30(增刊2):72-75.

肖玉,谢高地,鲁春霞,等.2004.稻田气体调节功能形成机制及其累积过程.生态学报,25(12):3282-3288.

谢高地,鲁春霞,肖玉,等.2003.青藏高原高寒草地生态系统服务价值评价.山地学报,21(2):50-55.

谢高地,张钇锂,鲁春霞,等.2001.中国自然草地生态系统服务价值.自然资源学报,16(1):47-53.

谢会成,葛云,孙居文,等.2005.华北落叶松人工林叶内营养元素含量的变异.福建林学院学报,25(2):163-166.

辛琨,肖笃宁.生态系统服务功能研究简述.2000.中国人口.资源与环境,10(3):20-22.

徐中民,张志强,龙爱华,等.2003.额济纳旗生态系统服务恢复价值评估方法的比较与应用,生态学报,(09):1842-1850.

许丽忠,吴春山,王菲凤,等.2007.条件价值法评估旅游资源非使用价值的可靠性检验.生态学报,27(10):4301-4309.

许宁.2002.天津湿地现状及其保护利用对策分析.海河水利,(6):11-14.

许中旗,王义弘.2002.蒙古栎研究进展.河北林果研究,17(4):365-370.

杨华,姚能昌,白杨,等.2008.怒江流域中段典型地区(福贡县)景观格局变化研究.林业调查规划,33(1):25-29.

杨志新,郑大玮,文化.2005.北京郊区农田生态系统服务功能价值的评估研究.自然资源学报,20(4):564-571.

姚允龙,吕宪国,王蕾.2009.流域土地利用/覆被变化水文效应研究的方法评述.湿地科学,7(1):83-88.

于磊, 朱新军. 2007. 基于SWAT的中尺度流域土地利用变化水文响应模拟研究. 水土保持研究, 14 (4): 53-56.

张岑, 任志远, 高孟绪, 等. 2007. 甘肃省森林生态服务功能及价值评估. 干旱区资源与环境, 8 (11): 147-151.

张成林, 彭海田. 1997. 天然次生白桦木质部及韧皮部营养元素含量的分布及动态特性. 林业科技, 22 (6): 18-20.

张达志. 2002. 防洪效益计算方法. 广东水利水电, (5): 1-4.

张明华. 1995. 中国的草原. 北京: 商务印书馆.

张培栋, 马金宝. 2005. 森林与草地生态系统服务的内涵. 草业科学, 22 (8): 38-42.

张天华, 陈利顶, 普布丹巴, 等. 2005. 西藏拉萨拉鲁湿地生态系统服务功能价值估算. 生态学报, 25 (12): 3176-3180.

张小泉, 孟永庆, 刘命荣, 等. 1995. 五台青杨天然林净生产力与营养元素积累的研究. 林业科学研究, 8 (3): 291-296.

张修峰, 刘正文, 谢贻发, 等. 2007. 城市湖泊退化过程中水生态系统服务功能价值演变评估——以肇庆仙女湖为例. 生态学报, 27 (6): 2349-2354.

张学玲, 蔡海生, 丁思统, 等. 2008. 鄱阳湖湿地景观格局变化及其驱动力分析. 安徽农业科学, 36 (36): 16066-16070.

张雪英, 黎颖治. 2004. 生态系统服务功能与可持续发展. 生态科学, 23 (3): 286-288.

张焱. 2005. 天然背景下太行山主要土壤类型氮、磷流失规律研究. 南京: 南京理工大学硕士学位论文.

张有全, 宫辉力, 赵文吉, 等. 2007. 北京市降雨侵蚀力计算方法与特征研究. 中国水土保持, (5): 23-26.

张征云, 孙贻超, 柳伽. 2008. 海河地理样带土地利用/覆盖变化 (LUCC) 及其驱动机制研究. 天津师范大学学报 (自然科学版), 28 (2): 71-76.

张志强, 徐中民, 程国栋. 2003. 条件价值评估法的发展与应用. 地球科学进展, 18 (3): 454-463.

章祖同. 2004. 草地资源研究. 呼和浩特: 内蒙古大学出版社.

赵焕胤, 朱劲伟, 王维华. 1994. 林带和牧草地径流的研究. 水土保持学报, 8 (2): 56-61.

赵景柱, 肖寒, 吴刚. 2000. 生态系统服务的物质量与价值量评价方法的比较分析. 应用生态学报, 11 (2): 290-292.

赵士洞. 2001. 新千年生态系统评估——背景、任务和建议. 第四纪研究, 21 (4): 330-336.

赵同谦, 欧阳志云, 郑华, 等. 2004a. 草地生态系统服务功能分析及其评价指标体系. 生态学杂志, 23 (6): 155-160.

赵同谦, 欧阳志云, 郑华, 等. 2004b. 中国森林生态系统服务功能及其价值评价. 自然资源学报, 19 (4): 480-491.

赵勇, 王鹏飞, 樊巍, 等. 2009. 太行山丘陵区不同龄级栓皮栎人工林养分循环特征. 中国水土保持科学, 7 (4): 66-71.

中国农业百科全书总编辑委员会. 1996. 中国农业百科全书–畜牧业卷. 北京: 农业出版社.

中国湿地植被编辑委员会. 1999. 中国湿地植被. 北京: 科学出版社.

《中国物价年鉴》编辑部. 2006. 中国物价年鉴. 北京: 中国物价出版社.

中国造纸学会. 2003. 中国造纸年鉴. 北京: 中国轻工业出版社.

中国自然资源丛书编辑委员会. 1995. 中国自然资源丛书: 草地卷. 北京: 中国环境科学出版社.

中华人民共和国国家旅游局. 2006. 中国旅游年鉴. 北京: 中国旅游出版社.

中华人民共和国国家统计局.2006.中国统计年鉴.北京：中国统计出版社.

中华人民共和国农业部.2006.中国农业年鉴.北京：中国农业出版社.

中华人民共和国农业部畜牧兽医司，全国畜牧兽医总站.1996.中国草地资源.北京：中国科学技术出版社.

周道玮，姜世成，王平.2004.中国北方草地生态系统管理问题与对策.中国草地，26（1）：57-64.

宗秀影，刘高焕，乔玉良，等.2009.黄河三角洲湿地景观格局动态变化分析.地球信息科学学报，11（1）：91-97.

Allen-Wardell G, Bernhardt P, Bitner R, et al. 1998. The potential consequences of pollinator declines on the conservation of biodiversity and stability of food crop yields. Conservation Biology, 12：8-17.

Amirnejad H, Khalilian S, Assareh M H, et al. 2006. Estimating the existence value of north forests of Iran by using a contingent valuation method. Ecological Economics, 58：665-675.

Anderson B A, Armsworth P R, Eigenbrod F, et al. 2009. Spatial covariance between biodiversity and other ecosystem service priorities. Journal of Applied Ecology, 46：888-896.

Armsworth P R, Chan K M A, Daily G C, et al. 2007. Ecosystem-service science and the way forward for conservation. Conservation Biology, 21（6）：1383-1384.

Balmford A, Green R E, Jenkins M. 2003. Measuring the changing state of nature. Trends in Ecology and Environment, 18：326-330.

Balvanera P, Daily G C, Ehrlich P R, et al. 2001. Conserving biodiversity and ecosystem services. Science, 291：2047.

Balvanera P, Pfisterer A B, Buchmann N, et al. 2006. Quantifying the evidence for biodiversity effects on ecosystem functioning and services. Ecology Letters, 9：1146-1156.

Bennett E M, Peterson G D, Gordon L J. 2009. Understanding relationships among multiple ecosystem services. Ecology Letters, 12：1394-1404.

Bennett E M, Peterson G D, Levitt E A. 2005. Looking to the future ecosystem services. Ecosystems, 8：125-132.

Biao Z, Li W H, Xie G D, et al. 2008. Water conservation of forest ecosystem in Beijing and its value. Ecological Economics, 69（7）：1416-1426.

Biggs R, Bohensky E, Desanker P V, et al. 2004. Nature supporting people：the South African Millennium ecosystem assessment. Council for Scientific and Industrial Research, Pretoria, South Africa.

Blashke T. 2005. The role of the spatial dimension within the framework of sustainable landscapes and natural capital. Landscape and Urban Planning, 75（3-4）：198-226.

Bookbinder M P, Dinerstein E, Rijal A, et al. 1998. Ecotourism's support of biological conservation. Conservation Biology, 12：399-1404.

Boyd J. 2007. Nonmarket benefits of nature：what should be counted in green GDP. Ecological Economics, 61（4）：716-723.

Boyd J, Banzhaf S. 2007. What are ecosystem services？The need for standardized environmental accounting units. Ecological Economics, 63（2-3）：616-626.

Burkhard B, Petrosillo I, Costanza R. 2010. Ecosystem services-bridging ecology, economy and social sciences. Ecological Complexity, 7：257-259.

Chan K M A, Daily G C, Goldstein J, et al. 2009. Modeling multiple ecosystem services, biodiversity conservation, commodity production, and tradeoffs at landscape scales. Frontiers in Ecology and the Environment, 7：4-11.

Chan K M A, Shaw M R, Cameron D R, et al. 2006. Conservation planning for ecosystem services. PLoS Biology,

4：2138-2152.

Chen N W, Li H C, Wang L H. 2009. A GIS-based approach for mapping direct use value of ecosystem services at a county scale: management implications. Ecological Economics, 68：2768-2776.

Chen Z M, Chen G Q, Chen B, et al. 2009. Net ecosystem services value of wetland: environmental economic account. Commun Nonlinear Sci Numer Simulat, 14（6）：2837-2843.

Constanza R, d'Arge R, de Groot R, et al. 1997. The value of the world's ecosystem services and natural capital. Nature, 387：253-260.

Cork S, Stoneham G, Lowe K, et al. 2007. Ecosystem services and Australian natural resource management (NRM) futures. Paper to the Natural Resource Policies and Programs Committee (NRPPC) and the Natural Resource Management Standing Committee (NRMSC). Australian Government, Canberra.

Costanza R. 2008. Ecosystem services: multiple classification systems are needed. Biological Conservation, 141（2）：350-352.

Costanza R, Fisher B, Mulder K, et al. 2007. Biodiversity and ecosystem services: a multi-scale empirical study of the relationship between species richness and net primary production. Ecological Economics, 61：478-491.

Daily G C. 1997. Nature's Services: Societal Dependence on Natural Ecosystems. Washington (DC): Island Press.

Daily G C, Matson P A. 2008. Ecosystem services: from theory to implementation. Proceedings of the National Academy of Sciences of the United States of America, 105：9455-9456.

Daily G C, Soderqvist T, Aniyar S, et al. 2000. Ecology: the value of nature and the nature of value. Science, 289：395-396.

Daily G C, Polasky S, Goldstein J, et al. 2009. Ecosystem services in decision-making: time to deliver. Frontiers in Ecology and the Environment, 7（1）：21-28.

de Groot R S, Alkemade R, Braat L, et al. 2010. Challenges in integrating the concept of ecosystem services and values in landscape planning, management and decision making. Ecological Complexity, 7：260-272.

de Groot R S, Wilson M A, Boumans M R. 2002. A typology for the classification, description and valuation of ecosystem functions, goods and services. Ecological Economics, 41：393-408.

Dolinar N, Rudolf M, Sraj N, et al. 2010. Environmental changes affect ecosystem services of the intermittent Lake Cerknica. Ecological. Complexity, 7（3）：403-409.

Egoh B, Reyers B, Rouget M, et al. 2008. Mapping ecosystem services for planning and management. Agric. Ecosyst. Environ, 127：135-140.

Egoh B, Reyers B, Rouget M, et al. 2009. Spatial congruence between biodiversity and ecosystem services in South Africa. Biological conservation, 142：553-562.

Egoh B, Rouget M, Reyers B, et al. 2007. Integrating ecosystem services into conservation assessments: a review. Ecological Economics, 63：714-721.

Ehrlich P R, Ehrlich A H. 1992. The value of biodiversity. Ambio, 21：219-226.

Eigenbrod F, Anderson B J, Armsworth P R, et al. 2009. Ecosystem service benefits of contrasting conservation strategies in a human-dominated region. Proceedings of the Royal Society B: Biological sciences, 276：2903-2911.

Faith D P, Magallon S, Hendry A P, et al. 2010. Evosystem services: an evolutionary perspective on the links between biodiversity and human well-being. Current Opinion in Environmental Sustainability, 2：66-74.

Fisher B, Turner R K, Morling P. 2009. Defining and classifying ecosystem services for decision making. Ecological Economics, 68（3）：643-653.

Free J B. 1993. Insect Pollination of Crops: London. Academic Press.

Fu B J, Chen L D, Ma K M, et al. 2000. The relationships between land use and soil conditions in the hilly area of the loess plateau in northern Shannxi, China. Catena, 39（1）: 69-78.

Gimona A, Van der Horst D. 2007. Mapping hotspots of multiple landscape functions: a case study on farmland afforestation in Scotland. Landscape Ecology, 22: 1255-1264.

Goldman R L, Tallis H, Kareiva P, et al. 2008. Field evidence that ecosystem service projects support biodiversity and diversify options. Proceedings of the National Academy of Sciences of the United States of America, 105: 9445-9448.

Gong L, Xu C Y, Chen D. 2006. Sensitivity of the Penman-Monteith reference evapotranspiation to key climatic variables in the Changjiang (Yangtze River) basin. Journal of Hydrology 329: 620-629.

Gordon L J, Finlayson C M, Falkenmark M. 2010. Managing water in agriculture for food production and other ecosystem services. Agricultural Water Management, 97: 512-519.

Grêt-Regamey A, Bebi P, Bishop I D, et al. 2008. Linking GIS-based models to value ecosystem services in an Alpine region. Journal of Environmental Management, 89（3）: 197-208.

Haines-Young R, Watkins C, Wale C, et al. 2006. Modelling natural capital: The case of landscape restoration on the South Downs, England. Landscape and Urban Planning, 75: 244-264.

Heal G. 2000. Nature and the Marketplace: Capturing the Value of Ecosystem Services. Covelo: Island Press.

Hein L, Koppen K V, de Groot R, et al. 2006. Spatial scales, stakeholders and the valuation of ecosystem services. Ecological Economics, 57（2）: 209-228.

Holmes T P, Bergstrom J C, Huszar E, et al. 2004. Contingent valuation, net marginal benefits, and the scale of riparian ecosystem restoration. Ecological Economics, 49: 19-30.

Houlahan J E, Findlay C S. 2004. Estimating the critical distance at which adjacent land-use degrades wetland water and sediment quality. Landscape Ecology, 19: 677-690.

Hulshoff R H. 1995. Landscape indices describing a Dutch landscape. Landscape Ecology, 8（10）: 101-111.

Jackson R B, Carpenter S R, Dahm C N, et al. 2001. Water in a changing world. Ecological Application, 11: 1027-1045.

Janzen D H. 1998. Gardenification of wildland nature and the human footprint. Science, 279: 1312-1313.

Kremen C. 2005. Managing ecosystem services: what do we need to know about their ecology? Ecology Letters, 8: 468-479.

Krishnaswamy J, Bawa K S, Ganeshaiah K N, et al. 2009. Quantifying and mapping biodiversity and ecosystem services: utility of a multi-season NDVI based Mahalanobis distance surrogate. Remote Sensing of Environment, 113: 857-867.

Lambin E F, Turner B L, Geist H J, et al. 2001. The causes of land-use and land-cover change: moving beyond the myths. Global Environmental Change, 11: 261-269.

Lant C L, Ruhl J B, Kraft S E. 2008. The tragedy of ecosystem services. BioScience, 58（10）: 969-974.

Le Maitre D C, Milton S J, Jarmain C, et al. 2007. Linking ecosystem services and water resources: landscape-scale hydrology of the Little Karoo. Frontiers in Ecology and the Environment, 5（5）: 261-270.

Liang W J, Hu H Q, Liu F J, et al. 2006. Reseach advance of biomass and carbon storage of poplar in China. Journal of Forestry Research, 17（1）: 75-79.

Liu B M, Xu M, Gong W. 2004. A spatial analysis of panevaporation trends in China, 1955-2000. Journal of Geophsical Research, 109: D15102.

Lu F, Wang X K, Han B, et al. 2009. Soil carbon sequestrations by nitrogen fertilizer application, straw return and no-tillage in China's cropland. Global Change Biology, 15: 281-305.

Luck G W, Daily G C, Ehrlich P R. 2003. Population diversity and ecosystem service. Trends in Ecology & Evolution, 18: 331-336.

Margules C R, Pressey R L. 2000. Systematic conservation planning. Nature, 405: 243-253.

Menon S, Bawa K S. 1997. Applications of Geographic Information Systems (GIS), remote-sensing, and a landscape ecology approach to biodiversity conservation in the Western Ghats. Current Science, 73: 134-145.

Mertz O, Ravnborg H M, Lövei G L, et al. 2007. Ecosystem services and biodiversity in developing countries. Biodiversity Conservation, 16: 2729-2737.

Meyer B C, Grabaum R. 2008. MULBO: Model framework for multicritieria landscape assessment and optimisation. A support system for spatial land use decisions. Landsc Res, 33 (2): 155-179.

Millennium Ecosystem Assessment. 2003. Ecosystems and Human Well-Being: A Framework For Assessment. Washington (DC): Island Press.

Millennium Ecosystem Assessment. 2005. Ecosystem and Human Well-Being. Washington (DC): Island Press.

Naidoo R, Balmford A, Costanza R, et al. 2008. Global mapping of ecosystem services and conservation priorities. Proceedings of the National Academy of Sciences of the United States of America, 105 (28): 9495-9500.

Naidoo R, Balmford A, Ferraro P J, et al. 2006. Integrating economic costs into conservation planning. Trends in Ecology and Evolution, 21 (12): 681-687.

Naidoo R, Ricketts T H. 2006. Mapping the economic costs and benefits of conservation. PLoS Biology, 4 (11): e360.

National Research Council. 2000. Watershed Management for Potable Water Supply: Assessing the New York City Strategy. A Report. Washington (DC): National Academy Press.

Naughton-Treves L M, Holland B, Brandon K. 2005. The role of protected areas in conserving biodiversity and sustaining local livelihoods. Annual Review of Environment and Resources, 30: 219-252.

Nelson E G, Mendoza J, Regetz, et al. 2009. Modeling multiple ecosystem services, biodiversity conservation, commodity production, and tradeoffs at landscape scales. Frontiers in Ecology and the Environment, 7 (1): 4-11.

Odling-Smee, L. 2005. Dollars and sense. Nature, 437: 614-616.

Orme C D L, Davies R G, Burgess M, et al. 2005. Global hotspots of species richness are not congruent with endemism or threat. Nature, 436: 1016-1019.

Palmer M A, Morse J, Bernhardt E, et al. 2004. Ecology for a crowded planet. Science, 304: 1251-1252.

Peng S Z, Liu W X, Wang W G. 2013. Estimating the effects of climatic variability and human activities on streamflow in the Hutuo River Basin, China. Journal of Hydrologic Engineering, 18 (4): 422-430.

Pert P L, Butler J R A, Brodie J E, et al. 2010. A catchment-based approach to mapping hydrological ecosystem services using riparian habitat: A case study from the Wet Tropics, Australia. Ecological Complexity, 7: 378-388.

Peterson D L, Parker V T. 1998. Ecological Scale: Theory and Applications. New York: Columbia University Press.

Pfisterer A B, Schmid B. 2002. Diversity-dependent production can decrease the stability of ecosystem functioning. Nature, 416 (6876): 84-86.

Ramesh B R, Menon S. 1997. Map of Biligiri Rangaswamy Temple Wildlife Sanctuary, vegetation types and land use. French Institute, Pondicherry, India and ATREE, Bangalore, India.

Raymond C M, Bryan B A, MacDonald D H, et al. 2009. Mapping community values for natural capital and ecosystem services. Ecological Economics, 68: 1301-1315.

Ricketts T H, Daily G C, Ehrlich P R, et al. 2004. Economic value of tropical forest to coffee production. Proceedings of the National Academy of Sciences of the United States of America, 101: 12579-12582.

Robertson G P, Swinton S M. 2005. Reconciling agricultural productivity and environmental integrity: a grand challenge for agriculture. Frontier in Ecology and Environment, 3: 38-46.

Russ G R, Alcala A C, Maypa A P, et al. 2004. Marine reserves benefit local fisheries. Ecological Application, 14: 597-606.

Sala O E, Paruelo J M. Ecosystem services in grasslands//Daily G C. 1997. Nature's Services: Societal Dependence on Natural Ecosystems. Washington (DC): Island Press.

Sandhu H S, Wratten S D, Cullen R. 2007. From poachers to gamekeepers: Perceptions of farmers towards ecosystem services on arable farmland. International Journal of Agricultural Sustainability, 5: 39-50.

Sandhu H S, Wratten S D, Cullen R. 2010. Organic agriculture and ecosystem services. Environmental Science & Policy, 3: 1-7.

Sathirathai S. 1998. Economic valuation of mangroves and the roles of local communities in the conservation of natural resources: case study of Surat Thani, South of Thailand. EEPSEA Reasearch Report Series, IDRC. Regional Office for Southeast and East Asia, Economy and Environment Program for Southeast Asia, Signapore.

Sivakumar B. 2000. Chaos theory in hydrology: important issues and interpretation. J. Hdrol., 227: 1-20.

Stork N E, Samways M J. Inventorying and monitoring//Heyward V H. 1995. Global Biodiversity Assessment. New York: Cambridge Press.

Sutherland W J, Armstrong-Brown S, Armsworth P R, et al. 2006. The identification of 100 ecological questions of high policy relevance in the UK. Journal of Applied Ecology, 43: 617-627.

Swift M J, Izac A M N, van Noordwijk M. 2004. Biodiversity and ecosystem services in agricultural landscapes-are we asking the right questions? Agriculture, Ecosystems and Environment, 104: 113-134.

Swinton S M, Lupi F, Robertson G P, et al. 2007. Ecosystem services and agriculture: Cultivating agricultural ecosystems for diverse benefits. Ecological Economics, 64: 245-252.

Thiere G, Milenkovski S, Lindgren P E, et al. 2009. Wetland creation in agricultural landscapes: biodiversity benefits on local and regional scales. Biological Conservation, 142: 964-973.

Tilman D. 1999. Global environmental impacts of agricultural expansion: the need for sustainable and efficient practices. Proceedings of the National Academy of Sciences of the United States of America, 96: 5995-6000.

Tong C, Feagin R A. 2007. Ecosystem service values and restoration in the urban Sanyang wetland of Wenzhou, China. Ecological Engineering, 29 (3): 249-258.

Tuan T H, Xuan M V, Nam D, et al. 2009. Valuing direct use values of wetlands: A case study of Tam Giang-Cau Hai lagoon wetland in Vietnam. Ocean & Coastal Management, 52 (2): 102-112.

Turner M G. 1990. Spatial and temporal analysis of landscape patterns. Landscape Ecology, 5 (4): 21-30.

Turner W R, Brandon K, Brooks T M, et al. 2007. Global conservation of biodiversity and ecosystem services. Bioscience, 57 (10): 868-873.

van Jaarsveld A S, Freitag S, Chown S L, et al. 1998. Biodiversity assessment and conservation strategies. Science, 279: 2106-2108.

Vitousek P M, Monney H A, Lubchenco J, et al. 1997. Human domination of earth´s ecosystems. Science, 277: 494-499.

Wallace K J. 2007. Classification of ecosystem services: Problems and solutions. Biological Conservation, 139: 235-246.

Wan H Y, Bryan B A, Darla H M, et al. 2010. A conservation industry for sustaining natural capital and ecosystem services in agricultural landscapes. Ecological Economics, 69: 680-689.

Wang W G, Peng S Z, Yang T, et al. 2011a. Spatial and temporal characteristics of reference evapotranspiration trends in the Haihe River basin, China. ASCE Journal of Hydrologic Engineering, 16 (3): 239-252.

Wang W G, Shao Q X, Peng S Z, et al. 2011b. Spatial and temporal patterns of changes in precipitation during 1957-2007 in the Haihe River basin, China. Stochastic Environmental Research and Risk Assessment, 25 (7), 881-895.

Wang W G, Shao Q X, Peng S Z, et al. 2012a. Reference evapotranspiration change and the causes across the Yellow River Basin during 1957-2008 and their spatial and seasonal differences. Water Resources Research, 48 (05), W05530.

Wang W G, Shao Q X, Yang T, et al. 2012b. Quantitative assessment of the impact of climate variability and human activities on runoff changes: a case study in four catchments of the Haihe River Basin, China. Hydrological Processes, 27 (8), 1158-1174.

Wang W G, Xing W Q, Shao Q X, et al. 2013. Changes in reference evapotranspiration across the Tibetan Plateau: Observations and future projections based on statistical downscaling. Journal of Geophysical Research: Atmospheres, 118 (10): 4049-4068.

Worm B, Barbier E B, Beaumout N, et al. 2006. Impacts of biodiversity loss on ocean ecosystem services. Science, 314 (787): 787-790.

Xiao Y, Xie G D, Lu C X, et al. 2005. The value of gas exchange as a service in rice paddies in suburban Shanghai, P R China. Agriculture, Ecosystem and Environment, 109: 273-283.

Xu C Y, Gong L B, Jiang T. 2006. Analysis of spatial distribution and temporal trend of reference evapotranspiration and evaporation in Changjiang (Yangtze River) catchment. Jounral of Hydrology, 327: 81-93.

Yang Y, Tian F. 2009. Abrupt damage of runoff and its major driving factors in the Haihe River catchment, China. Journal of Hydrology, 374: 373-383.

Yapp G, Walker J, Thackway R. 2010. Linking vegetation type and condition to ecosystem goods and services. Ecological Complexity, 7 (3): 292-301.

Yue T X, Liu J Y, Li Z Q, et al. 2005. Considerable effects of diversity indices and spatial scales on conclusions relating to ecological diversity. Ecological Modelling, 188: 418-431.

Zhang B, Li W, Xie G D. 2010. Ecosystem services research in China: Progress and perspective. Ecological Economics, 69 (7): 1389-1895.

Zhang S, Zhang J, Li F, et al. 2006. Vector analysis theory on landscape pattern (VATLP). Ecological Modelling, 193: 492-502.

Zhao M, Zhou G S. 2004. A new methodology for estimating forest NPP based on forest inventory data—a case study of Chinese pine forest. Journal of Forestry Research, 15 (2): 93-100.

Zheng W, Shi H H, Chen S, et al. 2009. Benefit and cost analysis of mariculture based on ecosystem services. Ecological Economics, 68 (6): 1626-1632.